NCS 집필진

[개정판]

# MEDIA MAKEUP

# 미디어 메이크업

메디시인

## Special Thanks

이 책을 집필하는데 도움을 주신 많은 분들께 감사의 인사를 전합니다.
특수분장사 김동완님, 특수분장사 류희원님 그리고 유영분장 스텝분들과 모델로 참여해 주신 정화예술대학 학생들에게 감사의 인사를 전합니다.
재료협찬을 해주신 메이크업 매직 박성선 대표님과 안민희 실장님 이하 직원분들께도 감사의 인사를 전합니다.
특별히 넉넉하지 않은 시간에도 불구하고 애써주신 (주)지구문화 주민기 이사님 감사드립니다.
여러분 모두가 행복하십시오.

저자일동

# 머리말

정보화 사회로 불리는 오늘날에는 영화, 드라마, 광고 등의 미디어의 장르 이외에도 새로운 기술과 진보된 형태로 온라인, 블로그, 소셜미디어, 웹사이트 등의 뉴미디어도 출현하고 있습니다. 다양한 형태의 미디어의 등장으로 인해 메이크업과 분장 기술 또한 미디어적 특성에 따라 다양하게 요구되어 지고 있는 실정입니다.

우리나라의 분장의 역사는 1990년대부터 비약적인 발전을 이루어왔으나 분장분야에 대한 서적과 연구들은 부족한 현실에 교육부와 한국 직업능력개발원에서 메이크업 분장 분야의 NCS 학습모듈을 개발하였으며 이에 참여했던 대표집필진을 비롯한 영상미디어 집필진이 함께 NCS 과정을 쉽게 이해하고 습득할 수 있도록 본 저작물을 집필하게 되었습니다.

이 책을 통해 미디어의 장르에 대한 이해와 함께 촬영장에서 알아야 할 카메라, 조명 등의 촬영 용어와 제작환경에 대해 이해할 수 있을 것입니다. 또한 색에 대한 기본 개념과 다양한 화장품의 종류를 이해하면서 기본기가 탄탄한 메이크업 아티스트로서의 자질을 키울 수 있게 될 것입니다. 분장테크닉 부분은 입문자가 반드시 알아야 하는 기본적인 부분부터 촬영현장에서 필요로 하는 최신 테크닉까지 골고루 첨부하여 집필하였습니다. 촬영현장 전문가가 알려주는 다양한 팁들 역시 추가 되어 있으므로 실제 현장에서의 활용도가 높을 것입니다.

분장을 배우고자 하는 많은 학생들이 이 책과 함께 하면서 단지 기술 습득만의 목적이 아니라 미디어 분야를 깊게 이해할 수 있는 통찰력을 기르며, 미디어 분야에서 요구되는 캐릭터를 창의적으로 창출할 수 있는 최고의 아티스트가 되기를 희망합니다.

마지막으로 뷰티산업이 단순한 영상산업의 양적성장에 그치지 않고 질적 성장으로까지 이어지길 바라며, 한걸음 더 나아가 대한민국 뷰티산업 전반의 발전에 기여하는 방향으로 성장하기를 바라며 그 과정에 본 교재가 교육현장에서 활용되기를 바랍니다.

임인년 만추에

저자일동

# 차 례

## Chapter #1 _ 미디어의 이해



## Chapter #2 _ 메이크업의 이해

## Chapter #3 _ 뷰티 메이크업



## Chapter #4 _ 캐릭터 메이크업



## Chapter #5 _ 특수효과 메이크업

CHAPTER _#01

# 미디어 이해

1. 미디어 장르
2. 미디어 메이크업
3. 미디어 메이크업의 종류
4. 미디어 제작환경 이해
5. 색
6. 조명

CHAPTER _#01

# 미디어 이해

## I 미디어 장르

미디어란 어떠한 사실이나 정보를 담아서 전송하는 역할을 하는 매체를 의미하며 신문, 잡지, 서적, 라디오, 텔레비전 등을 말한다. 정보화 사회로 불리는 오늘날에는 이러한 기존의 매체 외에도 새로운 기술과 결합하여 편리하고 진보된 기능을 갖는 온라인 신문, 블로그, 소셜 미디어 등 웹 사이트와 같은 뉴미디어도 출현하고 있다. 미디어의 장르는 크게 영화, 텔레비전 방송, 광고(CF 동영상, 지면), 웹 사이트(드라마, 광고)로 분류된다.

### 1. 영화

영화는 공상과학영화Science Fiction Films, 멜로Melodramatic Movie, 판타지Fantasy Film, 공포Horror Film, 코미디Comedy Film, 액션Action Film, 시대극 등 다양하게 분류되며 형식에 따라 흑백, 무성, 유성, 3D, 4D, 단편, 시리즈 등으로 구분된다. 그 외 다큐, 교육, 패러디, 저예산, 독립, 애니메이션 등으로 나뉜다. 영화 메이크업은 현실감과 생동감을 주기 위하여 시나리오 분석에 의한 적합한 메이크업이 필요하며, 대형스크린을 통해 전달되므로 사실적이고 자연스러워야 한다. 장르에 따라 특수 분장 및 특수 효과를 함께 실행하기도 한다.

### 2. TV 방송

텔레비전 프로그램에 따라 보도, 교양, 교육, 연예, 오락, 드라마 등으로 분류된다. 드라마의 경우 방송 형태에 따라 일일 연속극, 주간 연속극, 주말 연속극, 단막극, 미니 시리즈, 대하드라마 등으로 나뉘며 드라마의 성격과 시대적 배경에 따라 멜로, 사극, 현대극으로 구분된다. 드라마 메이크업의 경우 신Scene과 신의 연결에 유의하여 메이크업을 시행하는 것이 중요하다.

### 3. 광고

광고란advertising 기업이나 개인·단체가 상품 또는 이념 등을 사람들에게 알려 원하는 목적을 이루기 위해 투자하는 정보활동으로 판매를 목적으로 하는 상품을 포함한 다양한 정보를 여러 가지 매체를 통하여 소비자에게 알리는 의도적인 활동을 말한다. 광고하고자 하는 매체를 파악하고 그 컨셉에 어울리는 이미지와 정보를 보다 효과적으로 전달하기 위해 필요한 작업을 수행하는 것이 광고 메이크업이다. 광고 메이크업은 전달 매체에 따라 영상광고CF메이크업과 지면메이크업으로 분류되므로 클라이언트와 연출자가 원하는 이미지를 이해하여 컨셉에 따라 적절한 메이크업을 시행하여야 한다.

(1) 영상광고

커머셜 필름Commercial Film의 약자로 상품, 서비스, 이념 등을 대중에게 알려 매출 및 원하는 목적을 이루기 위한 광고이다. 클로즈업이 많은 것을 고려하여 투명한 베이스와 자연스러운 눈썹, 혈색 있는 립lip과 치크cheek 상태를 유지하여 디테일하게 표현하는 것이 필요하다.

(2) 지면광고

신문, 잡지, 카탈로그, 포스터, DMdirect marketing 등 주로 사진 작업에 의해 이루어지는 포토 메이크업이 지면광고 메이크업에 해당된다. 포토 메이크업은 조명에 따라 얼굴을 입체적으로 표현해야 하므로 무엇보다 광고의 컨셉을 파악한 후 적합한 메이크업을 수행하는 것이 중요하다.

## 4. 웹 사이트

텍스트뿐만 아니라 그림, 동화상, 소리 등을 모두 지원하며 원하는 정보를 쉽게 찾아볼 수 있는 특징이 있다.

(1) 웹 드라마

기존의 텔레비전으로 보는 방식이 아닌 모바일

기기 또는 웹으로 보기에 최적화된 드라마로 기존 텔레비전에서 방영되는 드라마에 비해 한 회 상영시간이 짧은 경향을 나타낸다.

(2) 웹 광고

인터넷 홈페이지에 게재되는 온라인 광고의 한 형태로서 변동 발생 시 즉시 수정이 가능한 장점을 가지고 있으며 광고 뿐 아니라 마케팅으로도 연결시킬 수 있는 장점이 있다.

# Ⅱ 미디어 메이크업

미디어에 등장하는 인물들의 특성을 살려 보다 효과적으로 정보를 전달하기 위해 필요한 작업을 수행하는 것이 미디어 메이크업이다. 미디어 메이크업은 캐릭터의 특성에 따라 스트레이트 메이크업과 캐릭터 메이크업으로 분류되므로 미디어의 장르와 캐릭터의 특징을 정확하게 파악하여 적절한 메이크업을 구사하여야 한다. 미디어 메이크업을 시행할 때 장르별 특징은 다음과 같다.

## 1. 영화 메이크업

영화메이크업을 시행할 때는 프리프로덕션pre-production 단계를 거쳐 시나리오를 분석한 후 각 배우별 메이크업 디자인을 확정한다. 그리고 확정된 메이크업 디자인으로 촬영 시 각 신Scene과 컷Cut별 연속성을 유지하기 위하여 연결표를 작성하여 세심하게 체크하여야 한다. 메이크업 톤은 영화장르와 그 캐릭터에 따라서 디자인하여야 하며 지나치게 강조되지 않도록 유의하는 것이 필요하다.

## 2. 방송 메이크업

방송메이크업은 일회성 또는 다회성 프로그램이 제작되는 환경으로 프로그램의 특성에 따라 메이크업을 시행하여야 한다. 특히 방송 출연진의 특성을 고려하여 메이크업을 시행하는 경우 또는 캐릭터에 따른 메이크업을 시행하는 경우 등 메이크업 특성을 구분하여 메이크업한다. 다회성 드라마메이크업의 경우는 영화메이크업과 진행 상황은 유사하나 매체, 카메라조명 등 매체의 특성이 다르므로 그 특성을 파악하여 시행하도록 한다.

## 3. 광고 메이크업

광고메이크업은 모델과 상품 중 노출의 중요도에 따라 메이크업디자인을 결정, 시행하여야 한다. 지나친 메이크업으로 강조된 모델의 경우 상품이미지가 부각되지 않아 효과면에서 적절하지 않을 수 있으므로 주의해야 하며, 모델 본연의 이미지가 상품 이미지로 연결되는 경우 최대한 대중에게 인지되어 있는 모델 이미지를 살려서 메이크업을 시행하는 것이 효과적이다. 또한 촬영 시 매 컷별 메이크업 이미지를 확인하며 순발력 있게 대처하는 것이 필요하다.

> **TIP**
>
> 프리 프로덕션은 영화의 개발 단계가 끝나고 난 다음부터 본격적으로 제작에 착수하면서 준비해야 할 일들을 말한다. 이는 시나리오의 개발, 제작비 펀딩, 시나리오를 바탕으로 한 장면 구분표 작성과 연출 계획에 바탕을 둔 스케줄 작성의 순서로 진행된다. 또한 이에 따른 구체적 예산서 작성이 필요하고, 감독과 프로듀서는 캐스팅 디렉터와 함께 오디션을 통해 배우를 캐스팅한다. 마지막으로 배우들과 함께 리허설을 함으로써 첫 촬영 전의 프리 프로덕션 과정이 마무리 된다.

## Ⅲ 미디어 메이크업의 종류

### 1. 스트레이트 메이크업

출연자의 피부색과 결점이 최소화되게 보완하고 조명에 의한 반사를 방지하는 기본적인 역할을 해주는 것으로 실제 메이크업을 시행하였으나 시청자 또는 관객이 매체를 통해 볼 때는 메이크업이 시행되지 않은 것처럼 보이도록 최대한 자연스럽게 연출하는 것이 중요하다. 그러므로 메이크업을 실행하는 테크닉 뿐 아니라 자연스럽게 표현되는 특징을 가지고 있는 메이크업 제품을 선택하여 사용하는 것이 필요하다.

### 2. 캐릭터 메이크업

대본이 요구하는 극중 캐릭터에 적합하게 연기자의 외형 변화를 부여하여 전달하는 것을 의미한다. 연기자의 연령, 직업, 성격, 건강 등을 표현해주기 위하여 각각의 캐릭터에 따라 분장디자인을 구상하여 시행한다. 연령별 메이크업, 대머리, 상처 메이크업 등이 캐릭터 메이크업에 속한다.

### 3. 특수효과 메이크업

대본에 등장하는 인물이 현실적으로 존재하기 어려운 상상의 캐릭터이거나 캐릭터 메이크업만으로 표현이 불가능할 경우 시행하는 메이크업이다. 프로스테틱스prosthetics 기법을 적용하여 미리 제작된 캐스트 등을 붙여서 시행하는 것으로 외계인, 좀비, 동물, 노인 등이 이에 해당된다.

> **TIP**
>
> 프로스테틱스 기법이란 사람의 몸에 새로운 재료를 붙이거나 변형하여 새로운 효과를 만들어내는 것을 말한다.

# Ⅳ 미디어 제작환경의 이해

## 1. 상영 방식

미디어 메이크업은 스테이지 메이크업과는 다르게 카메라 또는 브라운관 등 기자재를 통하여 화면에 형태와 색이 나타나면서 관객에게 전달되므로 상영되는 방식, 화면 크기를 이해하여 사실적이고 섬세하게 실행하여야 한다.

### (1) 영화

필름으로 촬영하여 편집 제작 과정을 거쳐 영사기를 통해 영화관에서 대형 스크린으로 상영되므로 누구나 같은 조건에서 시청하게 된다. 그러므로 섬세한 메이크업이 이루어져야 한다. 필름으로 촬영하는 경우 메이크업이 필름 색상에 영향을 받으므로 최대한 자연스러운 색상이 표현되도록 옐로우톤을 가미하여 시행한다. 이와 달리 디지털방식의 촬영에서는 모델의 피부톤과 동일하게 표현하여야 효과적이다.

### (2) 드라마

드라마는 TV 브라운관을 통해 주사선을 이용하여 화상이 재생되는 방식이므로 촬영 당시 동일한 메이크업을 시행하여도 각각의 시청자에 의해 콘트라스트와 색 조절이 가능한 특징을 가지고 있다. 또한 영화에 비해 화면이 작으므로 너무 복잡한 색 조합과 소품 사용을 주의하여야 한다.

### (3) 광고

광고 메이크업은 15초, 30초 등 짧은 시간 안에 제품을 홍보하는 특징을 가지고 있으므로 제품의 컨셉 방향과 광고 전체의 색감, 조도(조명)의 변화, 모델의 신체적 특징을 메이크업 시연자가 정확하게 파악하여 제품이 잘 부각되도록 소비자에게 전달하는 것이 필요하다. 그러므로 제품 특성이 부각되어 소비자가 구매하고자 하는 욕구가 생기도록 상영되는 방식, 화면 크기를 이해하여 사실적이고 섬세하게 특징을 잘 살려 실행하여야 한다. 특히 지면광고의 경우 영상과 달리 스틸컷을 사용하므로 좌우 대칭과 균형에 유의하여 메이크업을 시행하여야 한다. 또한 후반 보정작업을 통해 완성도 있는 결과물을 낼 수 있는 장점이 있다.

## 2. 촬영 장비 및 카메라 종류

촬영 시 필요한 촬영 장비 및 카메라 종류를 이해하면 보다 정확하고 효과적인 메이크업을 이행할 수 있으므로 여러 가지 촬영 장비와 카메라의 종류를 살펴보면 오른쪽 표 1-1과 같다.

표 1-1 촬영 장비 용어

| 용어 | 내용 |
|---|---|
| 스튜디오 카메라<br>Studio Camera | 텔레비전 방송국의 스튜디오에서 사용되는 카메라로서 이 카메라에는 전자식 파인더가 부착되어 있으며 촬영 중의 광경이 비치므로 구도를 잡는 데 편리하다. |
| 이엔지 카메라<br>ENG Camera | Electronic News Gathering의 약자. 카메라맨이 들고 다닐 수 있도록 휴대용으로 설계되어 별도의 소형 녹화기나 카메라에 내장된 녹화기에 영상을 기록할 수 있는 카메라로서 순발력, 기동성, 장비와 인원, 장소에 대한 융통성이 용이하다. 현장성이 강조되는 뉴스 취재물이나 다큐멘터리와 같은 로케이션 제작물에 주로 쓰인다. |
| 지미 집<br>Jimmy Jib | 크레인 같은 구조 끝에 카메라를 설치하고 아래에서 리모컨으로 촬영을 조정하는 무인 카메라 크레인. 영화의 끝 장면에서 위에서 내려다보며 시점이 점점 높아지고, 동시에 서서히 자막이 올라가는 식의 촬영 장면을 찍을 때 사용된다. |

표 1-2 영화 카메라의 종류

| 종류 | 내용 |
|---|---|
| 표준형 카메라 | 35mm 필름을 쓰는 것 |
| 소형 카메라 | 16mm 또는 8mm 필름을 쓰는 것 |
| 대형 카메라 | 70mm 필름을 쓰는 것 |
| 특수 카메라 | 초당 500~2,000 프레임을 찍을 수 있고 최고속도 1만 프레임까지 촬영할 수 있는 것. 또한 일정한 시간 간격을 두고 한 장씩 촬영하여 일반 영사속도로 연속 영사함으로써 꽃피는 광경 등을 짧은 시간에 관찰할 수 있는 것도 있음. |
| 기타 | 입체형 카메라·애니메이션 카메라·수중 카메라·고속도 카메라 등 |

## 3. 촬영 용어

영화는 카메라의 움직임, 앵글, 사이즈, 렌즈를 통해 연극과는 전혀 다른 시각 체험을 선사한다. 그러므로 시나리오에 따라 전개되는 촬영 시 화면에 나타나는 카메라의 움직임과 크기, 앵글 등을 미리 파악하여 메이크업을 해주면 효과적인 결과물을 낼 수 있다. 쇼트shot는 영상 언어 최소 단위로서 쇼트가 모여 하나의 신scene이 되고 시퀀스sequence가 된다. 물론 단 하나의 쇼트가 신과 시퀀스로 될 수도 있다.

표 1-3 촬영 용어

| 용어 | 용어 내용 |
|---|---|
| 쇼트<br>shot | 영화에서의 컷cut과 같은 뜻으로 쓰이며 한번에 촬영된 화면으로 하나의 쇼트는 여러 개의 프레임frame들로 구성됨 |
| 신<br>scene | 여러 개의 쇼트가 모여 하나의 시공간에서 이루어진 액션을 보여 주는 장면scene을 구성 |
| 시퀀스<br>sequence | 특정 상황의 시작부터 끝까지를 묘사하는 영상 단락 구분으로 몇 개의 신scene이 한 시퀀스를 이룸 |
| 디졸브<br>dissolve | 한 화면이 사라짐과 동시에 다른 화면이 점차로 나타나는 장면 전환 기법으로 오버랩over-lap과 비슷한 뜻으로 쓰임 |
| 프레임<br>frame | 영화 필름 한 장. 일명 콤마comma라고도 함. 영화 필름이 노출을 위해 카메라 애퍼처aperture 앞에 순간적으로 멈출 때 한 프레임의 이미지가 필름에 기록됨 |
| 프레임 인 & 아웃<br>frame in & out | 프레임 안으로 사람이나 생물체 또는 사물이 들어오는 것을 프레임 인, 프레임에서 벗어나는 것을 프레임 아웃이라고 함 |
| 아웃 포커스<br>out focus | 초점이 맞지 않은 화면이나 사진. 꿈같고 신비한 광경, 회상, 추억 등을 표현하기 위해 일부러 아웃 포커스, 즉 탈초점 상태로 촬영하기도 함 |

## (1) 쇼트

쇼트는 프레임frame에 잡힌 피사체의 크기를 기준으로 크게 롱 쇼트long shot, 풀 쇼트full shot, 미디엄 쇼트medium shot, 그리고 클로즈업close-up이 있다. 카메라 앵글의 높이와 거리에 따라 연기자가 화면에 보이는 크기와 각도가 달라지므로 화면에 보이는 연기자의 쇼트 분류에 따라 메이크업 강약을 조절하는 세심함이 필요하다.

프레임 안에 단 한 명의 인물만이 담겨 있다면 단독 쇼트single shot, 두 명이면 투 쇼트two shot, 세 명이면 쓰리 쇼트three shot, 그 이상이면 그룹 쇼트group shot이라고 부른다. 대개 극 중 인물의 중요도나 각 신에서의 비중으로 쇼트의 종류를 선택한다.

표 1-4 쇼트 분류

| 용어 | 내용 |
|---|---|
| 익스트림 롱 쇼트<br>Extreme Long shot | 카메라 촬영 시 주인공이나 주 사물이 아주 작게 보이고 반면 배경이 엄청나게 크게 보인다. |
| 롱 쇼트<br>Long shot | 익스트림 롱 쇼트보다는 작은 사이즈의 쇼트이다. 그러나 여전히 주인공은 작다. |
| 풀 쇼트<br>Full shot | 화면에 사람의 발끝까지 나온다. 즉 컷오프로 하면 발끝에서 끊는다. |
| 미디엄 쇼트<br>Medium shot | 주위 배경보다는 인물이나 피사체가 화면을 지배하여 주인공이 배경보다 더 많이 화면을 채운다. 사람 크기로 보면 허리 정도까지 인물이 잡힌다. |
| 클로즈업<br>Close-up | 인물이 화면을 거의 차지하고 있는 상태로써 배경은 아주 조금밖에 보이지 않는다. 일반적으로 머리에서부터 셔츠 주머니 아래 정도까지를 말한다. |
| 익스트림 클로즈업<br>Extreme Close-up | 사람으로 치면 얼굴의 일부분이 화면을 가득 채우며 배경은 거의 없다. 미국에서는 얼굴을 잘라 그중 일부분을 보여 준다는 의미로 '슬라이스 쇼트Slice shot'라고도 부른다. |

그림 1-1 익스트림 롱 쇼트
그림 1-2 롱 쇼트
그림 1-3 익스트림 클로즈업
그림 1-4 풀 쇼트
그림 1-5 미디엄 쇼트
그림 1-6 클로즈업

### (2) 앵글

카메라의 각도angle에 따라 기본적으로 네 가지로 나눌 수 있다.

표 1-5 카메라 앵글 분류

| 용어 | 내용 |
|---|---|
| 하이 앵글<br>high angle | 카메라가 피사체를 위에서 아래로 내려다는 각도. 일반적으로 피사체가 작고 왜소하며 억눌린 인상을 줌 |
| 아이 레벨<br>eye level | 지면과 피사체가 수평을 이뤄 관객의 눈높이에 맞춰서 찍은 앵글로써 가장 일반적인 앵글이며 관객이 피사체를 볼 때 가장 안정적이고 편안한 느낌을 줌 |
| 로 앵글<br>low angle | 피사체를 아래서 위로 올려다보듯이 찍는 것으로 일반적으로 로 앵글로 찍힌 피사체는 크고 우월하며 힘 있는 존재로 비쳐짐 |
| 사각 앵글<br>oblique angle | 더치 앵글dutch angle이라고도 하며 경사지고 비틀린 각도로 피사체를 찍는 것을 말하며 혼란스러운 상황에 놓인 캐릭터나 비현실적인 심리 상태를 표현해 줌 |

### (3) 렌즈

카메라의 렌즈lens에 따라 기본적으로 네 가지로 나눌 수 있다.

표 1-6 카메라 렌즈 분류

| 용어 | 내용 |
|---|---|
| 표준렌즈<br>normal lens | 렌즈의 초점거리가 50mm일 경우. 사람의 시각과 유사해 아주 멀리 있거나 가까이 있는 것에는 초점이 맞지 않아 흐려짐 |
| 망원렌즈<br>telephoto lens | 50mm 렌즈를 기준으로 그보다 초점거리가 긴 경우. 먼 곳에 있는 피사체에 카메라가 직접 다가가지 않아도 초점을 맞추며, 배경을 흐릿하게 만들 수 있음 |
| 광각렌즈<br>wide angle lens | 50mm 렌즈를 기준으로 그보다 초점거리가 짧은 경우. 가까운 곳과 먼 곳에 있는 피사체의 초점을 동시에 맞출 수 있음 |
| 줌렌즈<br>zoom lens | 광각과 망원의 세팅을 모두 허용하는 가변 초점거리를 갖는 렌즈 |

### (4) 카메라의 이동

카메라의 이동은 피사체의 움직임을 자연스럽게 따라갈 수 있으며 최초의 구도에서 미처 담아내지 못했던 공간을 소개해 주기도 한다. 또한 인물의 감정이나 시점을 다가가서 표현하거나, 화면에서 특정한 요소를 강조하는 등 다양한 방법으로 활용할 수 있다. 카메라가 삼각대tripod에 고정된 상태에서 좌우 수평적인 움직임, 상하 수직적인 움직임, 카메라를 바퀴 또는 레일이 깔린 이동차에 실은 채로 이동하면서 촬영하는 것, 흔들림을 오히려 더 강조하기 위한 카메라 움직임, 배우의 몸에 직접 장착하는 보디캠bodycam, 소형 헬기에 카메라를 장착해 원격으로 공중촬영을 하는 플라잉캠Flying cam, 최근 활용도가 높은 무인 항공기 드론drone 등 카메라의 이동 방법은 다양하다.

## 4. 촬영 현장

미디어 제작을 위한 촬영 장소로는 실내 세트장, 오픈 스튜디오, 로케이션 등으로 나눌 수 있으며, 각 촬영 현장의 특성과 광선을 고려하여 메이크업을 시행하여야 효과를 극대화시킬 수 있다.

### (1) 실내 세트장 Set

영화나 텔레비전 프로그램을 촬영하는데 필요한 실내 촬영장으로 각각의 신에 필요한 다양한 세트장뿐 아니라 메이크업과 의상 등을 시행하는 장소를 포함한다.

그림 1-7 실내 세트장

### (2) 오픈 스튜디오 Open Studio

시나리오의 시대적 배경 및 성격에 맞게 야외에 임시로 설치한 촬영장으로써 태양광을 이용할 수 있도록 천정이나 벽면이 열리는 스튜디오이다.

그림 1-8 오픈 스튜디오

### (3) 로케이션 Location

사실적 연출이 필요한 영화 제작에서 장면은 최대한 동일하거나 유사한 자연 환경으로 촬영되어야 한다. 그러므로 로케이션 촬영은 현지에서 행해지므로 현장성을 최대한 살릴 수 있어 제작의 완성도를 높여주는 효과를 가져 온다.

그림 1-9 로케이션

(3) 촬영 장소

먼저 촬영 장소가 국내 또는 국외, 세트장 또는 로케이션인지 파악하여 계획한다.

(4) 예산

전체 예산 및 각 분야별 예산을 숙지한 후 촬영 날짜, 인건비, 견적 품목, 예비비 등을 고려하여 메이크업 예산을 작성한다.

(5) 배우 및 스텝 구성

시나리오에 적합한 캐릭터별 배우 캐스팅 현황을 파악하고, 각 분야별 스텝을 구성한다.

(6) 감독 및 스텝 회의

담당 분야별 스텝이 모여 작품의 방향성을 공유하여 상황을 파악한다.

## 5. 제작 과정

(1) **프리프로덕션** Pre-production

촬영 기간과 장소, 예산을 파악하고 배우와 스텝이 구성되면 각 전문 분야별 감독들이 모여서 전체 회의를 통해 작품 의도와 방향을 정확하게 공유한 후 캐릭터별 메이크업 계획을 세운다.

(2) 촬영 기간

영화 제작을 위해 필요한 물리적인 준비가 이루어지는 단계인 사전 제작 단계, 촬영이 이루어지는 제작 단계, 편집과 사운드를 완성하는 후반 제작 단계를 거쳐 대중에게 상영된다.

## 6. 촬영 스텝

영화 제작을 위하여 분야별 필요한 구성원과 그 구성원의 역할을 이해하고 서로 회의를 통한 상호 보완으로 조화롭게 제작 과정을 진행해 나가는 것이 필요하다. 촬영 제작 구성원과 역할은 다음과 같다.

표 1-7 촬영 제작 구성원 및 역할

| 명칭 | 역할 |
|---|---|
| 제작 | 영화 제작시 필요한 자금 관리 및 기획 |
| 투자 | 영화 제작에 필요한 자금 지원 및 투자 |
| 시나리오 작가 | 플롯을 구성하여 시나리오 작성 및 수정 |

| 감독 | 영화의 드라마 구성 및 연출 |
|---|---|
| 조감독 | 촬영을 위한 스케줄 조정 및 진행 |
| 스크랩터 | 촬영의 매 씬과 컷에 대한 연결과 정리 |
| 촬영 감독 | 슈팅콘티를 작성하고 영상 촬영 담당 |
| 음향 감독 | 영화에 필요한 소리를 녹음하고 효과음 등 모든 음향소스 조율 |
| 미술 감독 | 영화에 필요한 미술적 요소의 디자인 및 설치 |
| 음악 감독 | 각 시퀀스와 어울리는 음악을 만드는 작업 |
| 편집 기사 | 후반작업 시 편집 담당 |
| 조명 감독 | 조명과 전기 기사들을 관리하고 책임을 맡은 사람 |
| 의상 디자이너 | 시대상, 배우의 캐릭터에 맞는 의상을 디자인 |
| 분장 감독 | 캐릭터, 특수분장을 포함한 분장 디자인 |
| 시각효과팀 | 컴퓨터 그래픽을 활용하여 장면 연출 |

# V 색

조형예술은 형태와 색채, 그리고 재료가 종합되어 이루어지는 것으로써 메이크업에 있어서 색채가 시각적으로 차지하는 비중은 높다고 할 수 있다. 색이란 아름답고 추한 것을 따지기 이전에 그 색들이 어떻게 배색되느냐에 따라 아름답게 보일 수도 있고 추하게 보일 수도 있는 것이다. 따라서 두 가지 이상의 색채가 서로 융합하여 미적 효과를 나타내며 메이크업의 필요성을 갖게 되는 것이다. 패션과 메이크업에서 중요한 색채 효과는 색을 나타내는 색채 언어와 이론들을 이해함으로써 생기는 색채 감각을 필요로 한다.

사람의 눈은 색과 형태에 의하여 물체를 지각하므로 색은 시각의 기본적 요소 중 하나로 되어 있다. 물론 꿈에서 색을 보거나 강한 빛을 받고 감은 눈 속에서 색의 상을 보는 등 특별한 색지각도 있지만, 보통은 빛이 눈에 들어와서 색 지각을 일으키게 된다.

눈의 망막에는 원추세포, 간상세포라는 두 종류의 시세포가 있는데 태양이나 전등과 같은 밝은 조명 밑에서는 원추세포가 작용하여 유채색 지각을 만들고, 달빛과 같은 어두운 조명 밑에서는 간상세포가 작용하여 흑백사진과 같은 무채색의 시각을 만든다.

## 1. 색의 분류

우리가 사물을 볼 때는 빛에 의한 광원색이 있고 사물자체의 물체색이 있다. 빛의 3원색은 레드·그린·블루로 이 세 가지 색을 1차색이라고 하며, 1차색을 두 가지씩 각각 섞으면 시안, 마젠타, 옐로우가 생성되어 이를 2차색이라 한다. 또한 모든 색이 합해질 때는 화이트 즉 색이 없어진다.

물체색을 구별하면 흰색·회색·검정과 같이 채색을 가지지 않는 무채색과 빨강·파랑 등과 같이 채색을 가지는 유채색의 두 가지로 나누어진다.

색의 3원색은 시안·마젠타·옐로우를 1차색이라고 하며 1차색을 두 가지씩 각각 섞으면 레드·그

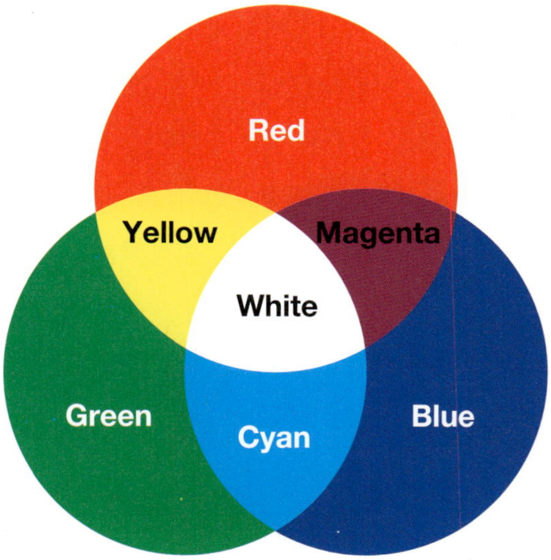


그림 1-10 빛의 3원색

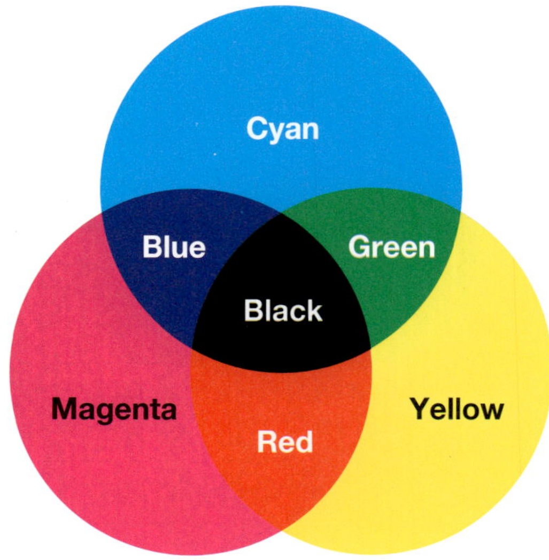


그림 1-11 색의 3원색

린·블루의 2차색이 생성된다. 또한 모든 색이 합해질 경우 블랙으로 나타난다.

무채색에는 예를 들어 흰색은 밝고, 검정색은 어둡고, 회색은 그 중간 밝기를 가지는 것처럼 밝기라는 성질이 있다. 바나나의 노랑은 밝고 포도의 보라는 어두우므로 유채색에도 명도가 있다.

유채색에는 빨강, 노랑, 파랑, 보라와 같이 색에 특성을 부여하는 색상이라는 성질이 있고, 색의 강약을 나타내는 명도가 있으며, 선명하고 탁함의 정도를 나타내는 채도가 있다. 결국 명도, 색상, 채도는 색의 기본적 성질이며 색의 3속성이라고 한다. 유채색은 3속성을 전부 지니고 있으나, 무채색은 명도만 있고 다른 두 요소는 없는 색이라고 할 수 있다.

빛과 색소의 관계에서 무채색과 중성색인 블랙, 그레이, 브라운 색상 등은 조명의 영향을 덜 받는 색감이고, 1차색과 같은 원색계열은 조명의 영향을 많이 받는 색감으로 메이크업 시 유의하여 표현하는 것이 필요하다.

## 2. 색의 3속성과 톤

### (1) 색상 Hue

어떠한 사물을 구분하는데 있어서 빨갛다, 노랗다 혹은 파랗다 등으로 물체를 표현하고 구분하는 것을 색상이라 한다. 이러한 색상은 사물을 봤을 때 각각의 색이 가지고 있는 독특한 성질이나 명칭을 말하는 것으로 각기 다른 파장의 가시광선이 물체의 표면에 반사, 분해, 투과, 굴절, 흡수되어 보이는 것이다. 색상은 무채색을 제외한 것으로 색을 구별할 때는 대부분 색상에 의해서 구분한다.

① 난색

따뜻하게 느껴지는 색으로서 빨강, 노랑, 주황 등이 있으며 팽창, 진출색이며 따뜻하고 온화한 이미지

② 한색

차갑게 느껴지는 색으로서 청록, 파랑, 남색 등이 있으며 수축, 후퇴색으로 긴장을 느끼게 하며 지적인 이미지

③ 중성색

브라운, 카키 등으로 따뜻함이나 차가움을 느끼지 않으면서도 난색과 어울릴 때는 난색으로, 한색과 가깝게 있으면 한색으로 보인다.

④ 무채색

모던하고 침착한 이미지

### (2) 명도 Value

색을 표현할 때 색상과 관계없이 밝다, 어둡다 라고 표현하는 밝기의 정도가 바로 명도이다. 어두운 색상은 명도가 낮고, 밝은 색상은 명도가 높다. 같은 색상도 명도에 따라 느낌이 다르다. 대부분 쉽게 이해할 수 있도록 무채색으로 설명하며 밝고 어두운 정도를 나타내는 것을 그레이 스케일이라 부른다. 밝기의 정도에 따라 고명도, 중명도, 저명도로 구분하며 빛의 특성상 완전한 흰색과 검정은 존재하지 않는다.

① 고명도의 색상

진출되어 보이고 부드럽고 가볍다. 예) 입체감 표현시 하이라이트

② 저명도의 색상

후퇴되어 보이고 차분하고 무겁다. 예) 입체감 표현시 섀딩, 섀도우 포인트

### (3) 채도 Chroma

채도는 색의 맑고 탁함의 정도를 말하는 것으로 빨강, 파랑, 노랑과 같은 원색 또는 순색일수록 채도가 높으며 다른 색이 섞일수록 채도가 낮아진다. 따라서 채도가 높은 색은 맑고 깨끗하고 선명하지만 채도가 낮은 색은 선명하지 못하고 흐리며 탁하다.

① 저채도 저명도

중후하고 무거운 느낌

② 저채도 고명도

부드러운 느낌

표 1-8 3속성이 주는 이미지

| 분류 | 타입 | 이미지 특생 | 색상 | 이미지 |
|---|---|---|---|---|
| 색상 | 난색 | 따뜻하다<br>자발적이다<br>활기차다 | Red | 정열적인, 즐거운, 활발한 |
| | | | Orange | 활기찬, 즐거운, 건강한 |
| | | | Yellow | 활기찬, 유쾌한, 낙천적인 |
| | 중간색 | 수동적이다<br>침착하다<br>평범하다 | Yellow green | 편안한, 신선한 |
| | | | Green | 편안한, 조용한, 발랄한 |
| | | | Purple | 고상한, 신비한, 불안정한 |
| | | | Red purple | 매혹적인, 정열적인 |
| | 한색 | 냉정하다<br>수동적이다<br>조용하다 | Blue green | 침착한, 편안한 |
| | | | Blue | 고독한, 침착한 |
| | | | Purplish Blue | 신비한, 고독한, 고상한 |
| 명암 | 고명도 | 낙천적이다<br>명랑하다 | 흰색<br>무색 | 순수한<br>산뜻한<br>온화한 |
| | 중명도 | 침착하다 | 쥐색 | 침착한<br>관대한 |
| | 저명도 | 엄숙하다<br>비판적이다 | 진한 회색<br>검정색 | 엄숙한<br>우울한 |
| 채도 | 고채도 | 신선하다<br>활기차다 | 선명한 색상 | 온화한<br>저속한 |
| | 중채도 | 온화하다<br>편안하다<br>조용하다 | 온화한 색상 | 온화한<br>온순한 |
| | 저채도 | 침착하다<br>세련되다 | 희미하고 가라앉은 색상 | 담백한<br>단순한 |

### (4) 톤 Tone

색조color tone 즉 톤이란 색상을 제외한 명도와 채도를 합쳐서 이미지에 맞게 모아놓은 것이다. 메이크업 시 가장 중요한 요소이며, 같은 색상도 톤의 변화에 따라 매우 다른 색감을 가지며 이미지 변화도 크다. 하나의 색상 가운데 여러 가지 색조를 12가지 범위로 분류하여 Vivid, Strong, Bright, Pale, Very pale, Light grayish, Light, Grayish, Dull, Deep, Dark, Dark grayish로 구분된다.

## 3. 색 배합

모든 메이크업 시 얼굴에서 두 가지 이상의 색을 볼 수 있다. 이렇게 두 가지 이상의 색이 조화를 이루는 것을 배색이라고 하며 피부색과 입술색의 배색, 피부색과 아이섀도의 배색, 아이섀도와 입술색의 배색 등 모든 부분의 배색을 고려하여 연출하여야 한다.

파운데이션 색상은 피부색을 고려하여 선택하고 눈썹색은 헤어 컬러와 유사하게 연출하는 것이 적당하며, 볼터치와 립 색상은 피부톤과 하모니가 잘 어울리는지 확인하며 표현하는 것이 필요하다.

또한 두 가지 색을 배합하여 메이크업 할 때 고려해야 할 사항으로 넓은 면적을 바르기 위해 배합하는 경우 원하는 색보다 조금 더 진하게, 좁은 면적을 바르기 위해 배합하는 경우 원하는 색

그림 1-12 톤(tone)

보다 조금 더 연하게 색을 만들어 주는 것이 실제 표현하였을 때 본인이 의도한 색상으로 표현된다는 것이다.

## Ⅵ 조명

색이란 사물 주위에 비춰진 빛의 강도에 따라 정해지는 것으로 색이 잘 표현되기 위해 가장 먼저 고려해야 할 것이 조명이다. 메이크업의 완성도를 높이고 표현하고자 하는 이미지에 적합하게 연출하기 위해서는 조명의 중요성과 역할을 이해하여 피부색이나 명암조절, 블러셔, 아이섀도, 립 등의 색을 잘 고려하여 표현하는 것이 필요하다.

### 1. 조명의 유형과 보조 장치

#### (1) 스트로브 조명 Strobes

스트로브는 가장 일반적으로 사용되는 조명으로 밝고 짧은 순간에만 터지기 때문에 효과면에서 가장 유용하며 색 온도가 주광에 가까운 장비이다. 동일한 모델을 여러 차례 촬영해야 할 경우 특히 효과적이다.

#### (2) 텅스텐 조명 Tungsten

스트로브와 반대되는 부드러운 광선의 특징을 가지고 있으며 일정한 광선의 양을 유지하지 못하고 고온의 열이 발생하는 단점이 있다. 색 온도는 대략 3,200K~3,400K로 분위기 있는 패션 촬영이나 부드러운 인물 사진, 화장품 광고 사진 등 독특한 분위기를 표현할 때 사용되기도 한다.

#### (3) 형광등 조명 Fluorescent lamp

다른 조명에 비해서 가장 부드러운 빛을 내고 고열이 발생하지 않으며 전구의 수명도 길고 절전효과도 높아서 장시간 사용이 가능하다. 부드러운 분위기 때문에 패션사진 뿐 아니라 TV방송촬영 및 뮤직비디오, CF촬영에도 많이 사용된다.

#### (4) 소프트박스 Soft Boxes와 엄브렐러 Umbrellas

콘트라스트를 줄여주기 위해 빛을 확산 또는 반사시켜서 부드럽게 만들어 주는 조명 장치로 빛의 확산을 이용하는 소프트박스와 빛의 반사를 이용하는 엄브렐러가 있다. 이 둘의 차이는 조명의 크기와 인물사진에 있어서 밝은 조명의 반사에 의해 눈의 검은자위에 생기는 하이라이트 부분인 캐치라이트의 형태가 다르게 나타나는데 소프트박스가 엄브렐러보다 조명의 크기가 크다. 엄브렐러는 소프트박스보다 장치 시간이 적고 방향성이 높으며 표면색에 따라 빛의 특성이 다르게 표현되는 특성을 가지고 있다.

#### (5) 접시형 반사 갓 Dishes

표면에 작은 요철 무늬를 넣은 모양을 하거나 매끄러운 상태를 가지기도 하고 어떤 것들은 보석의 결정체와 같은 단면을 한 것도 있는 직경 6~8인치 정도 크기의 반사 갓으로 스트로브 헤드에 장착하여 많은 양의 빛을 균일하게 반사하는 장비이다.

### (6) 반도어 Barndoor

사각형 모양의 얇은 판을 문처럼 적당한 각도로 여닫으며 빛을 차광하여 빛의 방향을 정확히 조절하며 광원의 외형까지도 조절할 수 있는 반사 장치이다.

### (7) 그리드 Grid spot

허니콤honeycombs이라고도 불리며 반사 갓에 장착하여 빛의 방향과 퍼짐 정도를 조절하여 모든 방향으로 부드럽게 분산시켜주는 효과가 있다.

## 2. 조명의 방식과 비율

### (1) 브로드 조명 Broad Lighting

가장 기본적인 조명 스타일 가운데 하나인 방식으로 모델 얼굴이 카메라를 향하여 정면에 위치하지 않고 오른쪽이나 왼쪽으로 약 15~45도 정도 향하여 카메라에 가장 근접한 얼굴 측면으로 떨어지는 빛이다. 얼굴의 넓은 부분이 밝은 부분에 속하게 된다.

### (2) 숏라이팅 Short Lighting

브로드 조명의 반대로 카메라와 먼 쪽에 빛이 떨어져 얼굴의 좁은 영역이 밝고 카메라와 근접한 부분이 어둡게 형성된다.

### (3) 루프라이팅 Loop Lighting

루프라이팅은 브로드라이트 또는 숏라이트 기법을 응용하여 만들어진 것으로 광대뼈 아래 움푹 파인 볼이 잘 드러나도록 조명을 높게 배치하는 방식이다. 얼굴 전체에 고르게 빛이 들어가므로 코의 그림자가 브로드라이트와 숏라이트에 비해서 깊게 그려지지 않아 단절되는 느낌이 적게 표현된다.

### (4) 렘브란트 라이팅 Rembrandt Lighting

유화기법에서 유래된 조명 방식으로 코의 그림자가 깊으며 어두운 볼 부분에 밝은 역삼각형 형태가 만들어져 사색에 잠긴 듯한 분위기를 자아낸다.

### (5) 측면 조명 Side Lighting 또는 Split Lighting

옆에서 빛을 주는 방법으로 극적이면서도 섬세한 분위기를 연출하여 입체적으로 묘사된다.

### (6) 버터플라이/디트리히/파라마운트 조명 Butterfly/ Dietrich/Paramount Lighting

카메라 렌즈 바로 위에 설치하여 피사체의 얼굴을 정면으로 비추는 것이다. 코 아래에 그려지는 섀도가 나비를 연상시켜 붙여진 이름이다. 마를렌 디트리히, 파라마운트 조명으로 불리기도 한다.

그 외 조명 비율은 콘트라스트의 정도를 나타내며 적절한 비율로 조명의 세기를 세팅해야만 원하는 결과물을 얻을 수 있다. 모든 광량은 카메라의 조리개로 조절하는데 주 조명을 기준으로 하며 조명 비율이 클수록 하이라이트와 섀도의 차이가 커져 콘트라스트가 강하게 나타나므로 뷰티 모델의 특징과 피부질감을 강조하기 위해서는 효과적인 조명 비율이 필요하다.

## 3. 조명색에 따른 메이크업 색상 변화

일정한 색조의 메이크업에 조명이 비쳐졌을 때 생기는 일반적인 효과를 이해하고 주어진 조명에 알맞은 얼굴색과 눈, 입술 색을 찾는 것이 중요하다. 빛과 색이 만났을 경우 동색계열은 밝아지고 보색의 경우 어두워지는데 예를 들어 붉은 가발을 착용하여 분장한 경우 레드 조명 아래에서는 가발이 밝은 붉은 색으로 보이며, 그린 조명 아래에서는 검정에 가까운 어두운 색으로 보이게 된다.

## 4. 조명의 크기와 뷰티이미지

조명의 효과적인 크기를 결정하는 일은 광원의 크기가 조명으로 생길 섀도의 유형을 결정하게 되며, 반사의 유형에도 영향을 미칠 수 있다. 높은 광원을 사용하여 카메라 옆에 주 조명을 설치하여 모델에게 비추게 되면 섀도 부분이 선명하며 윤곽도 분명한 강한 콘트라스트가 표현된다. 이러한 강한 콘트라스트는 예리하고 딱딱하면서 강한 이미지를 전달하게 되는 것이다.

이와 반대로 낮은 광원을 사용하여 모델 양옆의 천정을 향하여 분산된 주 조명만 설치하고 다른 조명은 배제하면 분산된 조명이 여러 각도로 퍼져 섀도 부분이 더 이상 딱딱하지 않고 잘 알아볼 수 없을 정도로 경계가 불분명하여 부드럽게 나타나므로 화사한 이미지를 표현할 수 있다.

표 1-9 메이크업 색상과 조명의 상관 관계

| | 레드<br>메이크업 색상 | 옐로우<br>메이크업 색상 | 그린<br>메이크업 색상 | 블루<br>메이크업 색상 | 바이올렛<br>메이크업 색상 |
|---|---|---|---|---|---|
| 레드 조명 | 흐려짐 | 레드 | 어두워짐 | 어두워짐 | 옅은 레드 |
| 오렌지 조명 | 밝아짐 | 조금 흐려짐 | 어두워짐 | 어두워짐 | 밝아짐 |
| 옐로우 조명 | 화이트 | 화이트 또는<br>흐려짐 | 어두워짐 | 바이올렛 | 핑크 |
| 그린조명 | 어두워짐 | 어두운 그레이 | 옅은 그린 | 밝아짐 | 옅은 블루 |
| 블루조명 | 어두운 그레이 | 어두운 그레이 | 어두운 그린 | 옅은 블루 | 어두워짐 |
| 바이올렛 조명 | 블랙 | 어두운 그레이 | 어두운 그레이 | 바이올렛 | 매우 옅어짐 |

그림 1-13 강한 콘트라스트

그림 1-14 소프트라이트

## 5. 조명의 방향과 뷰티이미지

조명의 방향에 따라서도 얼굴의 하이라이트와 섀도가 결정되며 전체 이미지에 변화를 가져오는데 카메라 바로 윗부분에서 모델을 향하여 정면으로 주 조명을 설치하는 정면광Front Lighting은 모델의 보이는 부분 전체가 하이라이트가 되기 때문에 피부의 질감을 최소화시켜 깨끗한 이미지 표현을 가능하게 한다.

측면광Side Lighting은 사진가들이 잡지광고용이나 인물사진 촬영에 많이 연출하는 기법으로 정면광이나 역광과는 달리 조명이 위치할 측면 각도에 따라 하이라이트와 섀도의 비율을 다르게 하며 깊이감을 나타낼 수 있어 극적이면서도 지적인 분위기를 나타낸다.

역광Back Lighting은 사진이 전체적으로 극적이며 섬세하고 환상적인 무드를 만들어내는데 모델의 얼굴이 완전히 어둡게 표현되지 않게 카메라 바로 옆에서 모델을 향해 조명 하나를 설치하고 모델의 뒤에서 목과 어깨 부분을 향해 조명을 추가 설치하여 촬영하면 헤어라인 부분과 목선을 타고 어깨선까지 자연스럽게 하이라이트가 처리

되면서 밝게 빛나고 얼굴 전체는 섬세한 빛으로 환상적이고 몽환적으로 연출된다.

## 6. 조명의 종류와 뷰티이미지

스튜디오에서 사용되는 일반적인 장비는 텅스텐 조명tungsten Lighting, 스트로브 조명Strobe Lighting, 그리고 자연광과 흡사한 HMI조명halogen-metal-iodide lamp으로 분류된다. 텅스텐 조명의 경우 부드러우며 무드있는 이미지 연출이 가능하고, 스트로브 조명은 선명하고 에지있는 이미지가 연출된다. 그리고 HMI 조명의 경우 밝고 자연스러운 이미지를 연출한다.

## 7. 조명의 색온도와 뷰티이미지

화장품광고나 잡지 화보 촬영에 사용되는 디지털 카메라의 경우 카메라에 설정되어 있는 온도와 촬영 시 조명 온도의 차이에 따라 사진의 색조가 변화된다. 색온도를 변화시켜 다른 색조 이미지를 만드는 또 다른 방법으로는 일정한 조명으로 촬영 후 후반 편집 과정에서 색온도를 화이트 밸런스로 조절하여 설정함으로써 원하는 독창적인 색조 이미지를 얻을 수 있다. 평균색 온도의 경우 자연스러운 색조를 보이고, 높은색 온도의 경우 차가운 색조, 낮은색 온도의 경우 따뜻한 색조로 연출된다.

그림 1-15 정면광

그림 1-18 텅스텐 조명

그림 1-21 평균색온도

그림 1-16 측면광

그림 1-17 역광

그림 1-19 스트로브 조명

그림 1-20 HMI 조명

그림 1-22 높은색온도

그림 1-23 낮은색온도

CHAPTER _#02

# 메이크업 이해

1. 메이크업 디자인 기획
2. 메이크업 연결표 작성
3. 콜시트 제작
4. 견적서 작성
5. 분장 계획표
6. 분장 디자인

CHAPTER _#02

# 메이크업 이해

## Ⅰ 메이크업 디자인 기획

먼저 시나리오 분석과 촬영 회의를 통해 캐릭터에 적합한 메이크업을 하기 위하여 디자인하는 과정이다. 이때 캐릭터의 특성에 따라 스트레이트 메이크업과 캐릭터 메이크업을 구분하여 디자인해야 하며 극중 캐릭터 변화에 따른 분장디자인도 반영되어야 한다. 드라마의 경우 전체 스토리가 완성된 상태에서 진행되지 않는 경우도 있으므로 영화와 같이 분장 연결표 작성이 불가능할 경우 시놉시스를 통해서 캐스팅 된 배우를 고려하여 메이크업 디자인을 결정하는 것이 필요하다. 제작 현장 상황을 고려한 메이크업 기획은 시대적 배경, 시대적 환경, 촬영 시간대, 날씨 등에 따라 상황 특징 파악이 중요하다. 콘티를 참고로 하여 캐릭터별 메이크업 디자인을 제안하며, 카메라 앵글 크기에 따라 메이크업 세부 디자인을 확정한다.

### 1. 상황에 따른 특성

#### (1) 사극

고조선부터 조선 시대까지의 역사를 소재로 한 극으로, 시대가 매우 광범위하므로 역사적·시대적 고증에 따라 재현하는 것이 중요하다. 시대별 헤어스타일에 따른 가발 및 수염 준비와 제작 등 분장 시행 시 필요한 제품을 사전에 준비한다. 또한 고증에 따른 메이크업 색조와 스타일을 반영하여야 한다.

#### (2) 시대극

일제 강점기부터 한국 전쟁까지 연대별로 크게 나뉘며 이 시기에는 외세와 내적갈등의 변화가 많은 시대로 다양한 자료에 의한 환경, 문화, 정서 등 그 시대 특유의 특징을 생동감 있게 표현하여야 한다. 또한 배경, 건물, 거리, 소품, 옷 등 작품 속 시대를 고려하여 시대상이 잘 전달될 수 있도록 문화의 특징에 맞게 재현하기 위해 잡지와 사진자료 등을 참조하여 헤어 및 메이크업 스타일을 결정하여야 한다.

#### (3) 현대극

한국 전쟁 이후부터 현재까지 의식주 충족과 다변화된 문화공간의 현대적 배경을 관점으로 현대사회의 모습이 자연스럽게 연출되어야 한다. 실내 세트장의 경우 가정집, 사무실의 실내를 실제적으로 재현하기 위해 각 장소의 특징마다 세트를 따로 지어 이동하며 촬영하고, 야외는 현대물에 적합한 장소를 선정하여 촬영한다. 메이크업 트렌드를 반영하는 것은 물론 표현에 효과적인 제품을 선택하여 메이크업을 시행한다.

### (4) 낮 신

기상에 따라 일출, 일몰 시간의 영향이 크며 자연광의 조도에 따라 찍는 것이 가장 중요하다. 이때 실내 세트의 경우 인위적으로 태양광을 만들기도 한다. 메이크업이 과하거나 진하지 않도록 표현하는 것이 중요하다.

### (5) 밤 신

자연광이 사라진 시각이기 때문에 인공조명에 의존해야 하며 흐름상 일정한 톤을 맞춰야 한다. 실내 세트의 경우 인위적으로 달빛을 만들기도 한다. 조명에 따른 색과 콘트라스트의 변화를 참조하여 메이크업의 색과 톤을 고려하여 시행한다.

### (6) 우천 시

시나리오에 따라 비 오는 날씨가 필요할 때 비 오는 날을 선택하거나 인위적으로 비 오는 장면을 연출하기도 한다. 눈과 비가 오는 날씨의 경우 메이크업이 얼룩질 수 있으므로 제품 선택에 유의하여야 한다. 눈이 있는 배경인 경우에는 빛 반사를 고려하여 색조메이크업의 색상과 명도를 결정한다.

## 2. 메이크업 디자인 시 고려사항

콘티를 보며 기획 의도를 파악, 분석하여 작품 의도에 맞는 메이크업을 기획한다. 이때 캐스팅 된 배우, 헤어 디자인, 의상, 소품 등과 조화를 고려하여 준비한다. 각 캐릭터별 메이크업 디자인을 일러스트레이션 또는 포토샵을 통해 완성하여 제안한다. 이때 캐릭터의 환경이나 시간의 흐름, 성격에 따라 변화되는 모습을 포토샵으로 다양하게 표현하여 시각적으로 공유하면 결과물에 대한 예측의 폭을 최적화할 수 있다.

① 극의 성격과 장르를 파악하고 제작 시점 전후의 사회적 배경과 문화적 사조 등에 부합하여야 한다. 한시적이며 반복적이지 않고 단발성인 현대물의 경우 시청자들과 시대적 배경, 유행 사조 등을 같이 공유하고 있어야 한다.

② 캐릭터의 성격을 파악하기 위해서 대본을 충분히 읽고 이해하여 극의 전체 흐름을 파악한다. 작가가 표현하고자 하는 극의 장르와 성격을 파악해야 하며, 연출자의 연출 기법과 의도를 분석해야 한다.

③ 작품 속에 설정된 인물들의 성격, 직업, 연령, 시대적 배경 등을 분석한다. 작품 속의 주인공을 중심으로 상대 배우, 가족 관계 그 외 인물들 순으로 관계도를 그리며 분석한다. 분석된 배역이 노인이나 젊은이, 실업자나 기업인, 경찰이나 전과자, 흑인이나 백인 등 서로 이질감이 가지 않도록 극중 인물로 변모시켜 주어야 한다. 또한 대본의 캐릭터와 캐스팅된 연기자의 차이점을 분석하여 메이크업의 방향을 설정한다.

④ 극중 캐릭터의 연령 및 상황에 따라 변화되는 메이크업 디자인을 추가하여 일러스트레이션하고 연결 넘버링 작업을 한다.

⑤ 메이크업과 의상, 헤어까지 연출했던 신scene의 장면을 함께 기억해 두어야 하며, 과거와 현재 신이 반복 될 때에는 메이크업 전 반드시 메이크업 스타일을 전달받고 진행하도록 한다.

⑥ 촬영 장소와 세트장의 조명 밝기 등을 고려하여 메이크업 방향을 제시하며 콘티에 따른 메이크업 순서를 결정하여 시행한다.

**TIP**

콘티란 콘티뉴이티continuity의 준말로 글 콘티와 그림 콘티로 나누어지는데, 일반적으로 영상을 만들기 전에 제작자의 머릿속에 있는 내용(줄거리)을 그림(만화형식)으로 그려서 구체적인 내용으로 미리 만들어 보는 것. 현장에서 촬영을 할 때 좀 더 쉽게 이해할 수 있도록 어떤 장면인지 인물, 배경, 카메라 각도 등 촬영 구도를 알기 쉽도록 시각화한 것이다.

그림 2-1 콘티 예시

| 8# | 1 | D | 1 | 수영장에서 수영 후 메이크업을 수정하는 모델 |
|---|---|---|---|---|
| 장소 | 수영장 | L | | |

C#1

수영장에서 물 위로 올라오는 여인

M.S

C#2

주변 사람들의 시선이 집중된다

F.S

C#3

머리 물기를 쓸어내린다

C.U

C#4

립스틱을 바른다
입술만 익스트림 클로즈업으로 추가 촬영 고려

E.C

C#5

립스틱을 들고 상큼한 미소를 띄운다
얼굴이 포커스 아웃되게 제품이 클로즈업되는
추가 촬영 고려

C.U

C#6

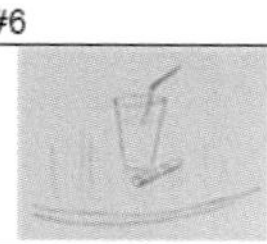

테이블 위로 제품이 부각된다

E.C

## Ⅱ 메이크업 연결표 작성

먼저 영화 시나리오를 읽고 각 배우별 등장 장면을 파악한 후 촬영 시간과 장소 등을 고려하여 배우의 분장이 대본에 따라 연속성 있게 표현되기 위해 계획표를 작성한다. 이때 변화되는 분장디자인에 따라 신별 넘버링을 한 다음 분장 연결표를 작성하여 세심하게 준비한다.

표 2-1 분장 연결표 예시

| 씬 | 장소 | D/N | S/O/L | 단 | 적 | 비 | 연 | 수 | 조연 및 단역 | 비고 |
|---|---|---|---|---|---|---|---|---|---|---|
| 1 | 갈대 숲 | SKY | L | | | | | 1 | 한1 | 수:임신한 배, 가슴, 한:가슴에 단검 박힘 |
| 2 | 매족 신단 | N | O | | | | | | | |
| 3 | 여족장 처소 | N | O | | | | | 2 | | 수:산통, 출산 |
| 5 | 매족 신단 | N | O | | | | | | 제사장1 | |
| 6 | 여족장 처소 | N | O | | | | | 2 | | 탯줄끊은 수, 태어난 아기 |
| 7 | 매족 신단 | N | O | | | | | | 제사장1 | |
| 8 | 여족장 처소 | N | O | | | | | 2 | | 곧게 정대한 수, 다리를 타고 내려오는 피 |
| 9 | 산길 | N | L | | | | | 2 | 부치1 | 7인의 무사, 매족무사들(21인), 갓 태어난 비 |
| 10 | 매족 신단 | N | O | | | | | 2 | 한1 | |
| 11 | 울창한 숲 | D | L | 1 | 1 | 1 | | | 한2, 부치1, 7인무사, 성관1, 수로1, 도은1, 장준1 | |
| 13 | 해아 처소 | D | O | | | | | | 한2, 해아1 | 한:어깨상처 연결 |
| 14 | 화산마을 광장 | D | O | 1 | | 1 | 1 | | | |
| 15 | 해아 처소 | D | O | | | 1 | | | | |
| 16 | 화산마을 광장 | N | O | | | | | | 한2, 수로1, 도은1, 장준1, 성관1 | |
| 17 | 고목아래 광야 | N | L | | | | | | 부치1 | 7인무사, 부치:상처경과 |
| 18 | 비의 거처 | D | O | 1 | 1 | 1 | 1 | | | |
| 19 | 단/적의 거처 | N | O | 1 | 1 | | | | | |
| 20 | 비의 거처 | N | O | | | 1 | | | | |
| 21 | 계곡사이 빨래터 | D | L | | | 1 | 1 | | | |
| 22 | 몽타주 | | | | | | | | | |
| | 바닷가 | D | L | 1 | | | | | | |

## Ⅲ 콜시트 제작

콜시트는 촬영 당일에 메이크업을 시행하는 순서를 결정하기 위한 작업으로 아래 사항을 고려하여 제작한다.

① 작품 진행을 위해 메이크업 제품을 준비하고 필요한 메이크업 아티스트 인원을 파악하여 공지한다.

② 메이크업 시행 순서를 정할 때 남자 배우와 단역을 먼저 실행하고 주연 배우 및 주요 역할을 담당하는 배우일수록 촬영시간에 근접하여 실시한다. 경우에 따라 시간과 순서를 분배하며 조절할 수 있다.

③ 메이크업 시간은 남자 배우의 경우 보통 15~20분, 여자 배우의 경우 30분 정도를 기본으로 한다.

**2회차** No. 2

| 일시 | 2005년 6월 18일 (토) | 집합장소 | 낙산 | 집합시간 | 오전 04:30 | 날씨 | 구름 조금 | 일출 | 05:10 | 일몰 | 19:56 |
|---|---|---|---|---|---|---|---|---|---|---|---|
| 앞 씬 | 씬10 모텔방 욕조 | 뒷 씬 | 씬15 고려정서도로 | 총 촬영컷수 | 626CUT | 누적촬영 컷수 | 63CUT | 남은 컷수 | | 563CUT | |

TOTAL 35CUT

| S# | D/N | S/O/L | CUT | 극중장소 | 촬영장소 | 내용 | 등장인물 |
|---|---|---|---|---|---|---|---|
| 11 | D | L | 9 | 골목길 | 낙산 | 골목길을 빠져나가는 중식, 아쿠르트 아줌마를 만난다. | 중식, 할머니<br>아쿠르트 아줌마 |
| 12 | D | L | 10 | 골목길 | 낙산/계동/낙원상가 | 중식의 택시를 잡는 손님, 낙산으로 출발한다. | 손님, 중식 |
| 13 | D | L | 11 | 서울 청계도로 | 한남대교 남단 | 청계도로로 인해 국도로 빠지는 택시 | 손님, 중식 |
| 14 | D | L | 5 | 올림픽 대로 | 강변북로 | 강변북로를 달리는 택시 | 손님, 중식 |

| 연출 | 촬영 | 조명 |
|---|---|---|
| • 택시 동선 확인<br>• 장소별 외부 FIX 촬영 | • 이동차, 트럭(박이사님)<br>• 차걸이 | |
| **미술** | **제작** | **특효 외** |
| • 장소별 분위기 공간 구성 | • 스텝 확인<br>• 낙산 주차 구역 확보/가게 섭외<br>• 아지랑이 장비 준비<br>• 현장 통제 | • 아지랑이 효과 |

| 분류 | 품목 | 수량 | 내용 |
|---|---|---|---|
| 1 | 택시 일체 소품 | 1/각각 | GPS, 카시트 커버(레바라기) 등 |
| 2 | 중식 핸드폰 | 1 | 중식의 핸드폰 |
| 3 | 아쿠르트아줌마 일체소품 | 1/각각 | 아쿠르트 카트/내용물 |

| 시간 | 내용 | 진행 |
|---|---|---|
| 04:00 | 촬영<br>(촬영/연출부) | 씬14 금시 건물 촬영 |
| 04:30 | 배우/<br>스텝집합 | 낙산 골다리<br>각 스텝별 현장 진행 |
| 05:00 | 리허설/<br>촬영 | 씬11, 12(골목길) |
| | 정리/이동 | 현대 계동 사옥 |
| | 촬영 | 씬12(골목길) |
| | 정리/이동 | 낙원상가 |
| | 촬영 | 씬12(신호등) |
| | 정리/이동 | 주무게터널 |
| | 촬영 | 씬14(강변북로) |
| | 정리/이동 | 잠실대교 |
| | 촬영 | 씬14(강변북로) |
| | 정리/이동 | 테크노마트 |
| | 촬영 | 씬14(강변북로) |
| | 정리/이동 | 한남대교 |
| | 촬영 | 씬13(도심정체도로) |
| 18:00 | 촬영 종료 | 수고하셨습니다 !! |

| 의상/분장/개인소품 | | |
|---|---|---|
| **손님** | **중식** | **아쿠르트 아줌마** |
| • S#11, 12, 13, 14<br>- 외출복<br>상의 : 흰색 와이셔츠<br>흰색 면 자켓<br>하의 : 연회색 면 바지<br>신발 : 낡은 구두<br>장식 : 검은 뿔테 안경/<br>결혼반지/솔더백 | • S#11, 12, 13, 14<br>- 기사복<br>상의 : 항시 런닝/노란색 남방<br>하의 : 청바지<br>신발 : 파란색 스니커즈 운동화<br>장식 : 반지/라이방/시계<br>굵은 금 목걸이 | • S#11<br>- 아쿠르트 아줌마 의상<br>• 분장 : 유 |

| 배우 | | |
|---|---|---|
| **이름** | | **도착시간** |
| 손님 | 박[illegible] | 오전 04:30 |
| 중식 | 정[illegible] | 오전 04:30 |
| 아쿠르트 아줌마 | 전 [illegible] | 오전 04:30 |

그림 2-2
콜세트 예시

## Ⅳ 견적서 작성

① 견적서 산출은 등장인물, 촬영일수, 제품 선택 등에 따라 변수가 있다.

② 회사명, 사업자 등록 번호, 주소, 전화번호, 팩스, 은행 계좌 번호 등이 기재되어야 한다.

③ 촬영 날짜, 인건비, 견적 품목, 세금 유무 등이 기재되어야 한다.

④ 출장의 경우 시간대, 지역, 일수에 따라 추가 요금이 발생한다.

⑤ 일반적으로 인건비 단가는 메이크업 아티스트의 직급에 따라 차별화된다.

⑥ 기존 제품 외 특별한 제품을 요구할 경우 제품비가 추가 발생할 수 있다는 항목을 기재한다.

⑦ 그밖에 추가촬영, 촬영지연 등 각종 돌발 상황을 미리 파악하여 대응할 수 있도록 예비비를 책정한다.

### 영화 코코넛호텔 견적서

매직 픽쳐스

2018년 8월 7일

| 일 금 | 58,000,000 | 원정 | (부가세별도) |
|---|---|---|---|
| 계약금 | | 원정 | 년 월 일 |
| 잔 금 | | 원정 | 년 월 일 |

211-12-34567
**00분장 홍길동**
서울시 강남구 논현로 00길 00
T.02-123-4567 F.02-123-1234

**견적내역서**

| 내 용 | 수 량 | 단 가 | 금 액 |
|---|---|---|---|
| ◎ **마마무 인기가요 출연 특분** | | | - |
| | | | - |
| 인건비 (25회차) | | | - |
| Key Make-up (분장감독) | 1 | 20,000,000 | 20,000,000 |
| First Makeup | 1 | 10,000,000 | 10,000,000 |
| Step Makeup | 2 | 4,000,000 | 8,000,000 |
| Hair Artist | 1 | 6,000,000 | 6,000,000 |
| | | | - |
| 재료비 | | | - |
| 화운데이션 등 분장용품 | | 3,500,000 | - |
| 소모품(클린징, 스폰지, 퍼프 등) | | 1,100,000 | - |
| | | | - |
| | | | - |
| 특수분장 | | | - |
| 상처슬랩(7ghlck+테스트 2회) | 9 | 1,000,000 | 9,000,000 |
| | 5L | 60,000 | 300,000 |
| 특수가발 | | | - |
| 노인가발 | 1 | 800,000 | 800,000 |
| 대역가발 | 2 | 150,000 | 300,000 |
| | | | - |

그림 2-3
견적서 예시

# V 분장 계획표

표 2-2 분장계획표

| Makeup Worksheet 분장 계획표 | | | |
|---|---|---|---|
| Work name<br>작품명 | | Actor<br>배우 | |
| | | | |
| Forehead | Eye | Nose | Cheek |
| | | | |
| Mouth | Eye liners | Base | Shadow |
| | | | |
| Powder | Hair | | Note |
| | | | |

표 2-3 분장/특수 분장 세분표 #1

<table>
<tr><td>배역</td><td></td><td>배 우</td><td></td><td>영화제목</td><td></td></tr>
<tr><td>분장번호</td><td>No</td><td colspan="4">세부 사항</td></tr>
<tr><td>구분</td><td colspan="3">내용</td><td colspan="2" rowspan="14">사진부착(정면)</td></tr>
<tr><td>헤어</td><td colspan="3"></td></tr>
<tr><td rowspan="3">분장</td><td>피부</td><td colspan="2"></td></tr>
<tr><td>새도우</td><td colspan="2"></td></tr>
<tr><td>입술</td><td colspan="2"></td></tr>
<tr><td>특수<br>분장<br>상태</td><td colspan="3"></td></tr>
<tr><td colspan="4">씬 연결</td></tr>
<tr><td>S#</td><td>헤어. 분장 연결</td><td>S#</td><td>헤어. 분장 연결</td></tr>
<tr><td></td><td></td><td></td><td></td></tr>
<tr><td></td><td></td><td></td><td></td></tr>
<tr><td></td><td></td><td></td><td></td></tr>
<tr><td></td><td></td><td></td><td></td></tr>
<tr><td></td><td></td><td></td><td></td></tr>
<tr><td></td><td></td><td></td><td></td></tr>
<tr><td colspan="4">사진부착</td><td colspan="2">사진부착</td></tr>
</table>

표 2-4　분장/특수 분장 세분표 #2

<table>
<tr><td>배역</td><td></td><td>배 우</td><td></td><td>영화제목</td><td></td></tr>
<tr><td>분장번호</td><td>No</td><td colspan="4">세부 내용</td></tr>
<tr><td>구분</td><td colspan="3">내용</td><td colspan="2">사진부착(정면)</td></tr>
<tr><td>헤어</td><td colspan="5"></td></tr>
<tr><td rowspan="3">분장</td><td>피부</td><td colspan="4"></td></tr>
<tr><td>섀도우</td><td colspan="4"></td></tr>
<tr><td>입술</td><td colspan="4"></td></tr>
<tr><td>특수<br>분장<br>상태</td><td colspan="5"></td></tr>
<tr><td colspan="6">씬 연결</td></tr>
<tr><td>S#</td><td colspan="3">헤어. 분장 연결</td><td>S#</td><td>헤어. 분장 연결</td></tr>
<tr><td></td><td colspan="3"></td><td></td><td></td></tr>
<tr><td></td><td colspan="3"></td><td></td><td></td></tr>
<tr><td></td><td colspan="3"></td><td></td><td></td></tr>
<tr><td></td><td colspan="3"></td><td></td><td></td></tr>
<tr><td></td><td colspan="3"></td><td></td><td></td></tr>
<tr><td></td><td colspan="3"></td><td></td><td></td></tr>
<tr><td></td><td colspan="3"></td><td></td><td></td></tr>
<tr><td></td><td colspan="3"></td><td></td><td></td></tr>
<tr><td></td><td colspan="3"></td><td></td><td></td></tr>
<tr><td colspan="6">기타 사항</td></tr>
</table>

표 2-5 분장/특수 분장 세분표 예시

<table>
<tr><td>배역</td><td>준수</td><td>배 우</td><td>강남두</td><td>영화제목</td><td>호텔 코코낫</td></tr>
<tr><td>분장번호</td><td>No 5</td><td colspan="4">세부 사항</td></tr>
</table>

<table>
<tr><td>구분</td><td colspan="3">내용</td></tr>
<tr><td>헤어</td><td colspan="3">엉클어지고 떡진 머리<br>왁스로 정리후 흐트릴 것(잠입후)</td></tr>
<tr><td rowspan="3">분장</td><td>피부</td><td colspan="2">메온 OB(50%), OS8(50%)</td></tr>
<tr><td>새도우</td><td colspan="2">튀어나온 턱 쉐이딩 OS8(메론)</td></tr>
<tr><td>입술</td><td colspan="2">내추럴(립밤)</td></tr>
<tr><td>특수<br>분장<br>상태</td><td colspan="3">지저분한 수염(본인 수염에 검정 스티플 추가)<br>왼쪽 광대위 2Cm상처: 왁스에 스킴 라이너, 젤 블러드<br>손등에 멍, 살갗이 까진 분장</td></tr>
<tr><td colspan="4">씬 연결</td></tr>
<tr><td>S#</td><td>헤어. 분장 연결</td><td>S#</td><td>헤어. 분장 연결</td></tr>
<tr><td>S#14</td><td>5일 촬영</td><td></td><td></td></tr>
<tr><td>15</td><td>“</td><td></td><td></td></tr>
<tr><td></td><td></td><td></td><td></td></tr>
<tr><td></td><td></td><td></td><td></td></tr>
<tr><td></td><td></td><td></td><td></td></tr>
<tr><td></td><td></td><td></td><td></td></tr>
</table>

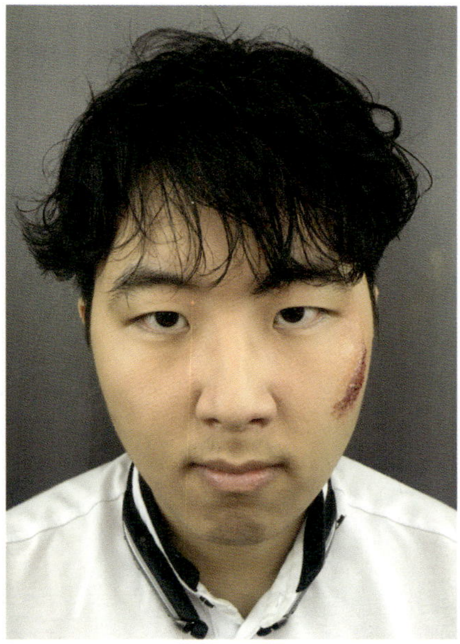

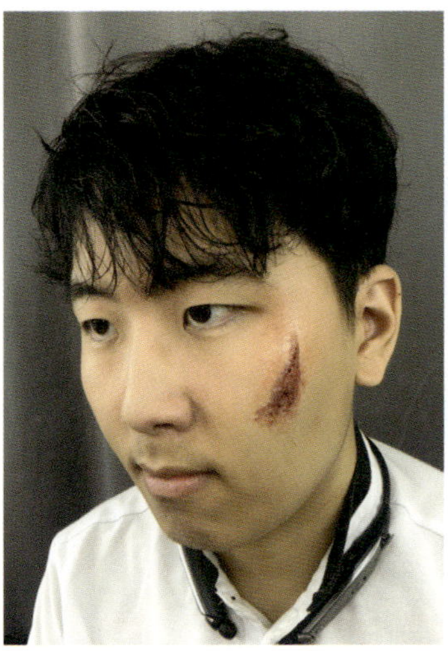

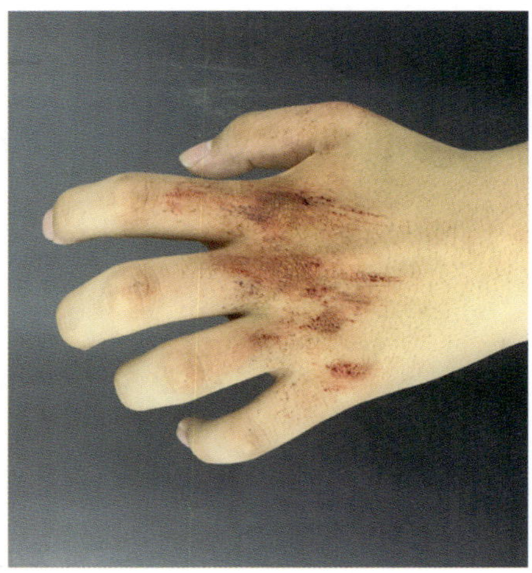

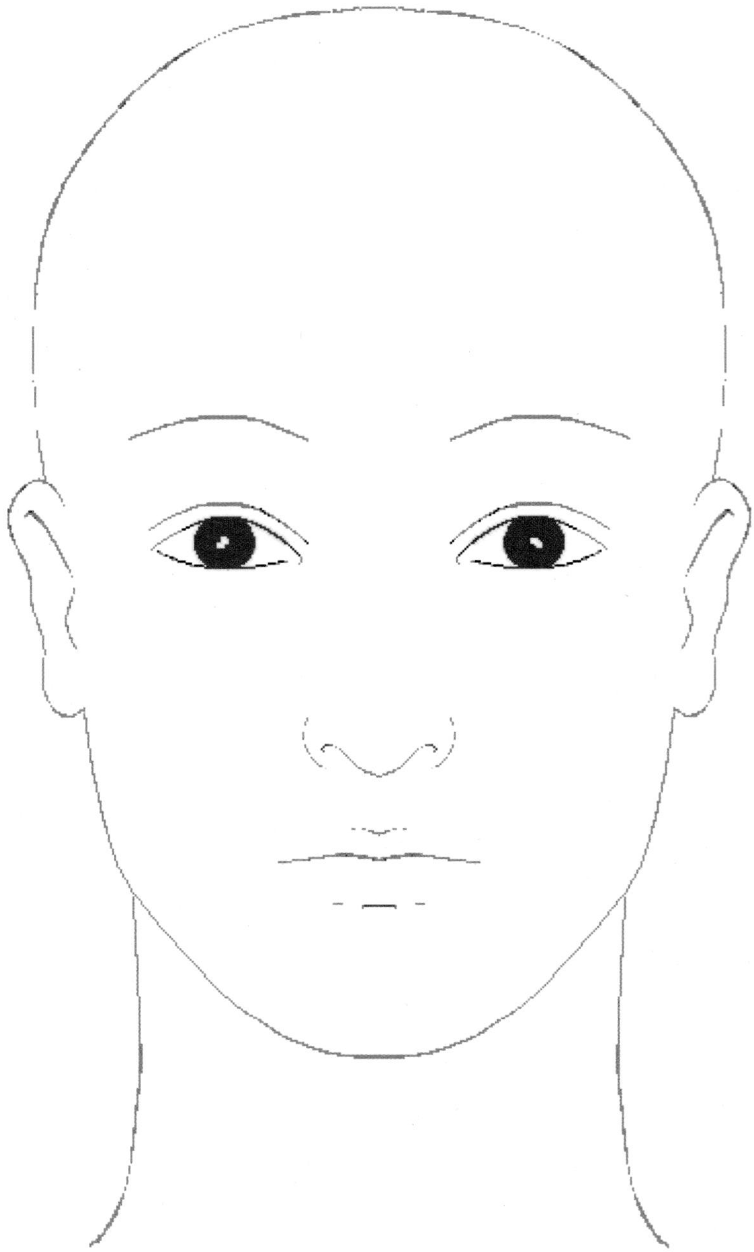

그림 2-4 여자 분장 디자인 정면

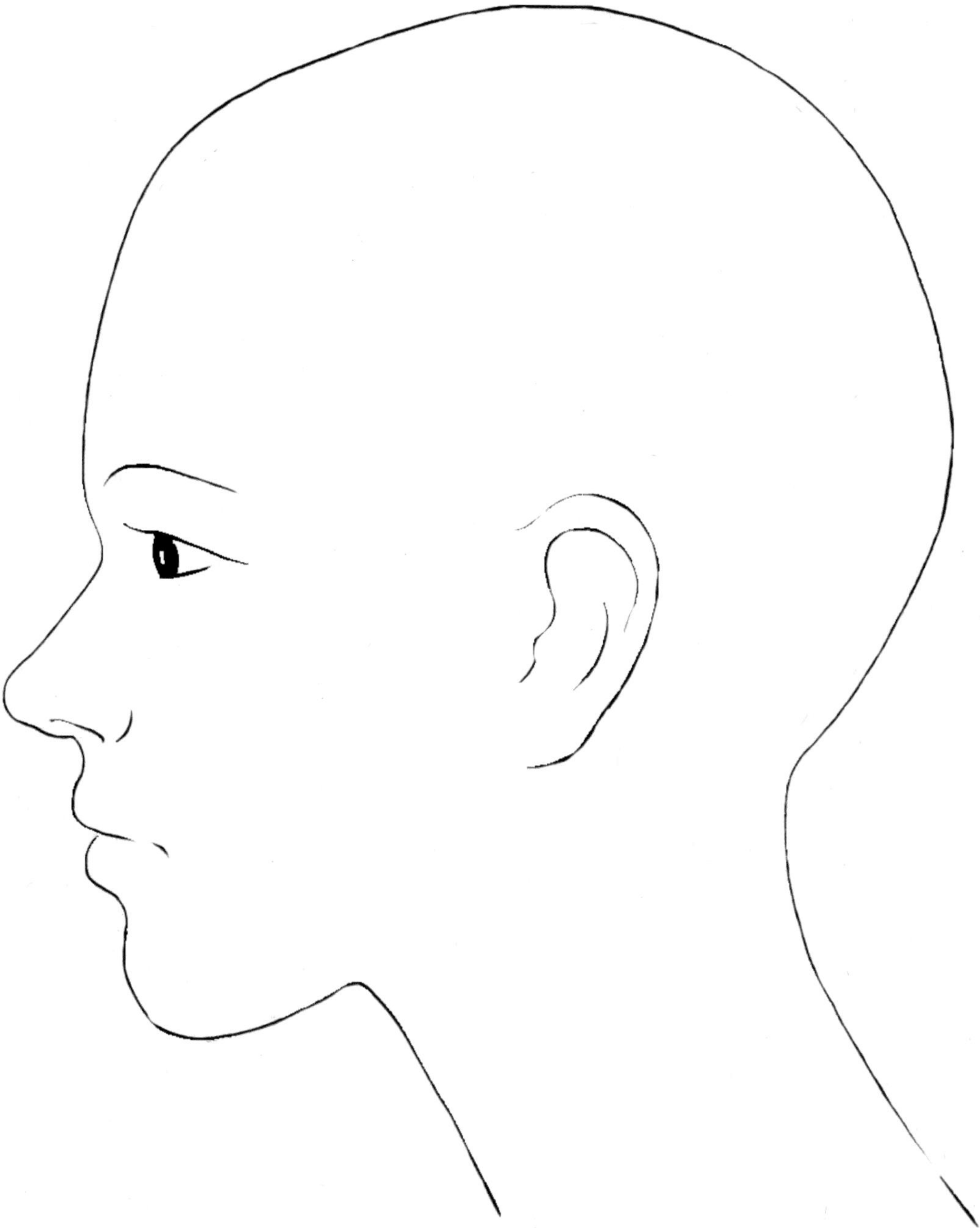

그림 2-5  여자 분장 디자인 측면

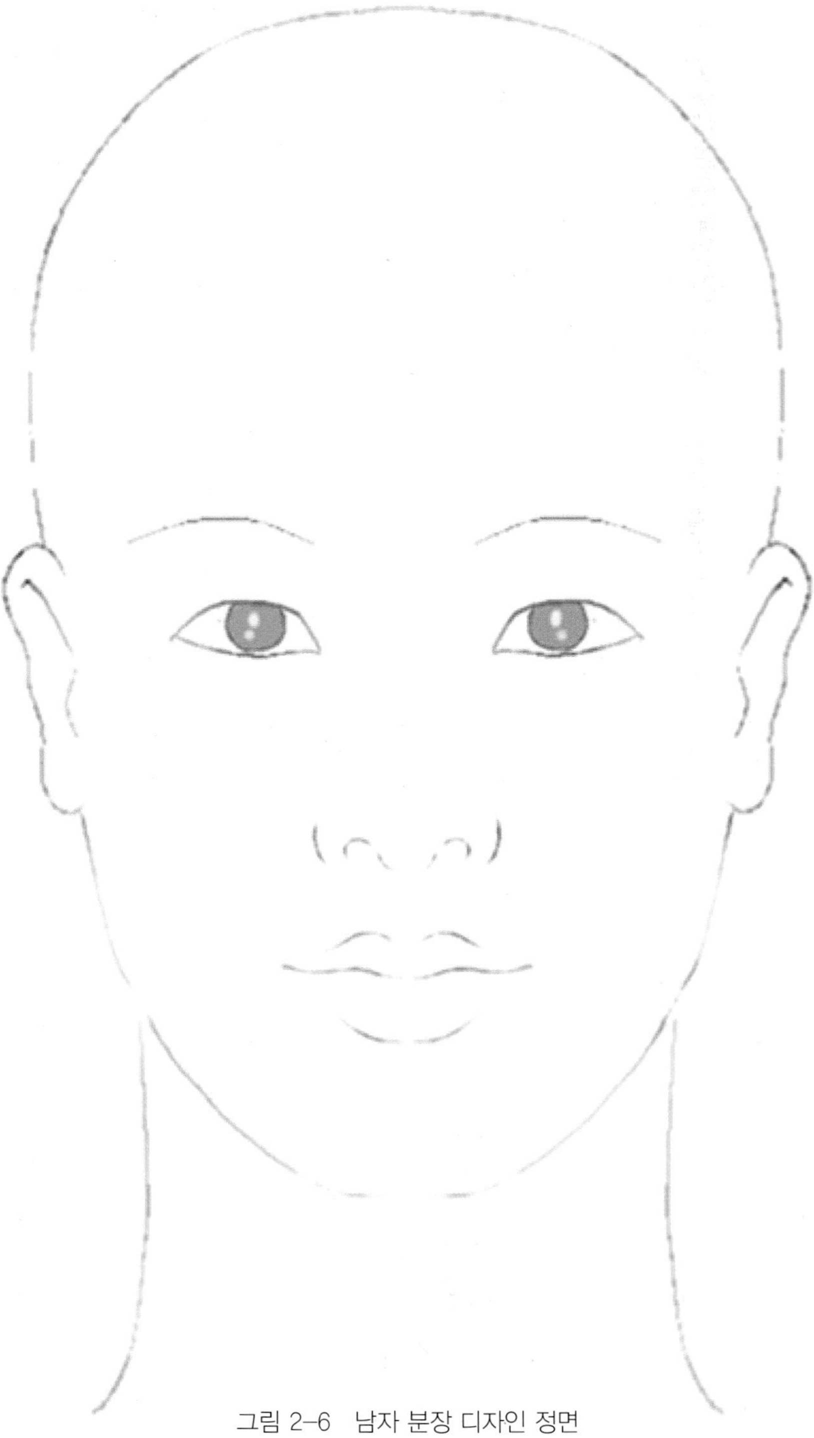

그림 2-6　남자 분장 디자인 정면

그림 2-7　남자 분장 디자인 측면

CHAPTER _#03

# 뷰티 메이크업

1. 뷰티 메이크업 이론
2. 에어브러시 이론
3. 스트레이트 메이크업 실전 ①
4. 스트레이트 메이크업 실전 ②
5. 광고 메이크업 실전

CHAPTER _#03

# 뷰티 메이크업

## I 뷰티 메이크업 이론

뷰티메이크업을 한다는 것은 감춘다는 의미보다는 아름다움을 표현해주는 미의 창조 작업이자 자신의 결점을 보완하고 장점을 강조해주는 자기 표현의 목적으로 얼굴에 균형을 잡아주면서 볼륨감과 얼굴형태의 조화를 맞추어 나가는 작업이라 할 수 있다. 또한 미디어산업의 발달로 메이크업의 범위는 더욱 다양화 되었으며 뷰티메이크업의 범위에 한정되지 않고, 새로운 캐릭터 창조라는 예술적인 분야까지 넓어지고 있다.

### 1. 화장품

#### (1) 왁스 제형

주로 왁스로 만들어진 고체이며, 색상 및 유연도를 조절하기 위해 오일이나 색소가 첨가된 제품이다. 립스틱, 스틱 아이섀도 및 모든 펜슬과 크레용 타입 제품을 포함한다. 모두 완벽히 방수가 된다.

#### (2) 크림 왁스 제형

왁스-오일 혼합으로 실온에서 고체이지만 피부 온도에서는 녹아 피부에 곱게 발리는 제품이다. 파우더로 고정 및 안정시켜야 한다. 고정된 후, 주로 방수가 되고 매우 오래간다. 그러나 지성피부는 이런 제품들을 쉽게 번지고 지워지게 하기 때문에 수시로 파우더를 발라야 한다. 크림 고체는 주로 파운데이션, 컨투어 색조, 눈화장 및 립스틱에 사용된다.

#### (3) 크림

오일이 많이 들어간 오일베이스water in oil 유화액이다. 실온에서는 액체이나 휘핑크림 타입 제품은 고체로 보인다. 파운데이션 제품에 자주 사용된다.

#### (4) 리퀴드

워터베이스oil in water 유화액으로 건성 피부보다는 지성 피부에 적합하다. 주로 파운데이션 제품에 사용된다.

#### (5) 워터 컬러 케익

압축되어 있는 케익 타입으로 물을 섞어서 사용하므로 물에 잘 지워지는 편이다. 지성 피부에 적합하고 건성 피부에는 적합하지 않다. 파운데이션, 컨투어 컬러 또는 아이 컬러로 사용된다.

#### (6) 파우더

루즈 파우더 또는 프레스 파우더 색조로 다른 크림 또는 리퀴드 메이크업을 고정하는데 사용된다. 블러셔 또는 눈 화장용으로 사용되기도 한다. 방수는 되지 않는다.

### (7) 젤

투명한 크림 고체로 엷은 색 또는 윤기를 더해준다. 용도가 아주 많지는 않다.

## 2. 메이크업 도구

### (1) 브러시

컨실러 브러시, 파운데이션 브러시, 파우더 브러시, 컨투어 브러시, 블러셔 브러시, 아이브로 브러시, 아이섀도 브러시, 아이라이너 브러시, 립 브러시, 스크루 브러시, 스펀지 팁 등이 있다.

### (2) 스펀지

파운데이션 또는 메이크업 베이스 등을 바를 때 사용하며, 재질에 따라 라텍스 스펀지, 합성스펀지, 해면스펀지 등이 있다. 사용 후 세척하여 다시 사용하거나 잘라내어 사용하기도 한다.

### (3) 퍼프

파우더가 뭉치지 않게 바르기 위하여 사용하며 재질에 따라 감촉이 차이난다. 면, 벨벳, 합성섬유 등이 있으며 미지근한 중성세제를 이용하여 부드럽게 눌러서 세척하고 그늘에서 말린다.
그 밖에 족집게, 아이래시컬러, 눈썹가위, 스파츌러, 팔레트, 연필깎이, 오렌지우드 스틱, 면봉, 티슈, 인조속눈썹, 속눈썹 풀, 물티슈, 손소독제, 크린백, 구강청결제 등이 있다.

## 3. 뷰티메이크업 표현요소

### (1) 형태

① 선

- **상향선** : 뷰티메이크업이 추구하는 선으로 생기 있어 보인다. 하지만 지나치면 차갑고 사나워 보일 수 있다.
- **하향선** : 부드러워 보이지만 우울하고 노화되어 보인다. 노인 분장 또는 바보 분장 등에 많이 사용된다.
- **수평선** : 정적인 느낌으로 무난하고 차분하지만 지루해 보인다.

② 면

면을 입체감 있게 표현하기 위해서는 그라데이션이 중요하다. 얼굴 전체와 각 부분마다 하이라이트와 섀딩, 색상의 그라데이션이 이루어질 때 입체감 있고 자연스러운 표현을 할 수 있다.

- **넓은면** : 얼굴에서 볼이나 이마와 같이 표현하기 넓은 부분으로 전체적인 크기를 결정한다.
- **좁은면** : 눈이나 입술과 같이 표현하기 좁은 부분으로 포인트가 되는 부분이다.
- **돌출된면** : 광대뼈부분, 이마, 코와 같이 얼굴에서 나와 있는 부분으로 주로 하이라이트 부분이다.
- **들어간면** : 헤어라인, 페이스라인과 같이 얼굴에서 들어가 있는 부분으로 주로 섀딩을 주는 부분이다.

### (2) 질감

피부표현, 아이메이크업, 립메이크업 등에 다양한 질감의 화장품을 사용하여 각기 다른 질감을 표현한다.

① 매트

광택이 없는 질감으로 그라데이션이 용이하고 지속력이 좋다.

**예)** 펄이 없는 베이스와 파운데이션에 파우더로 매트하게 표현, 펄이 없는 무광택 아이섀도와 무광택 립스틱

② 글로시

윤기와 광택이 있는 질감으로 파우더를 사용하여 반짝이는 효과를 주는 파우더 광택과 파우더를 사용하지 않고 파운데이션의 번들거리는 효과를 주는 오일광택이 있다.

**예)** 파우더 광택 ; 파운데이션, 펄 파우더, 펄 아이섀도, 펄 립글로스, 글리터 등
오일 광택 ; 펄 메이크업 베이스, 펄 파운데이션, 극소량의 파우더 또는 사용안함. 크림 아이섀도, 립글로스

### (3) 착시

크기나 모양이 같아도 선이나 색에 의해서 눈이 착각을 일으켜 다르게 보일 수 있다. 이것이 착시 현상으로 메이크업에서는 이를 이용하여 개성을 강조하고 단점을 수정하여 원하는 이미지를 만들어 낼 수 있다.

① 대비에 의한 착시

배경에 따른 착시 현상으로 배경이 크면 사물은 작게 보이고 배경이 작으면 사물은 커 보인다.

**예)** 눈썹이 길면 얼굴 폭이 좁아 보이고 눈썹이 짧으면 얼굴 폭이 넓어 보인다. 같은 크기의 입술을 가지고 있더라도 턱이 넓은 경우 입술은 상대적으로 작아 보이고 턱이 좁은 경우 입술은 상대적으로 커 보인다.

② 가로선의 착시

선을 막고 여는 것에 따라 길이가 달라 보인다.

③ 세로선의 착시

상향, 하향, 수평에 따라 세로선의 길이가 달라 보인다.

④ 색의 착시

밝은 색상은 팽창, 진출되어 보이고, 어두운 색상은 수축, 후퇴되어 보인다. 이를 메이크업에 이용하여 입체감을 만든다.

**예)** 피부표현시 얼굴 윤곽에서 하이라이트와 섀딩, 아이메이크업 시 베이스와 포인트

⑤ 질감에 의한 착시

거칠은 표면을 메이크업에 의해서 매끄러운 표면으로 만든다. 같은 면이라도 매트하게 표현되어질 때와 글로시하게 표현되어질 때는 느낌이 다르다.

## Ⅱ 에어브러시 이론

에어브러시 메이크업이란 기존의 스펀지, 브러시, 손가락 등을 사용하여 화장품을 피부에 바르는 대신 에어브러시를 이용하여 피부에 화장품을 직접 분사하는 방식의 메이크업을 말한다.

### 1. 역사

에어브러시는 최초 1879년에 발명되어 사진, 인쇄, 제판 등에 이용되다가 1960년대부터 그래픽 디자인, 일러스트레이션, 현대회화에 사용되었다. 이후 에어브러시 메이크업이 적용된 최초 영화로는 1959년 벤허Ben-Hur로 극중 배우들에게 시행되고 HD영상High-Definition Video 발전으로 기존 파우더와 파운데이션으로는 주름과 모공을 없애는 자연스러운 피부 표현의 한계에 부딪히며 1990년대부터 뷰티 산업에 도입되어 에어브러시 메이크업을 본격적으로 사용하게 되었다. 이는 에어브러시 메이크업 발전을 가속화하여 현재 에어브러시 메이크업은 가볍고 뭉침 없이 고르게 표현되어 자연스러운 피부 표현 방법으로 최적화된 평가를 받으며 영화, 공연, 신부화장 및 태닝 메이크업 등 활용범위가 넓어서 에어브러시 메이크업 시장도 확대되고 있는 추세이다.

### 2. 작동원리

콤프레샤에서 공기를 집약 생산하여, 의료용으로 사용되는 것과 흡사한 품질의 안전한 실리콘 호스를 통해 에어브러시(건)로 분사되는 것으로 공기와 컬러를 분사하는 스프레이 브러시와 공기를 보내는 호스, 공기를 압축해서 뿜어내는 콤프레샤의 3파트로 구성되어 있다. 미세한 컬러 공기방울을 분사하여 표현하는 점묘방식(붓자국 등 얼룩을 남기지 않으며 부드럽고 섬세한 그라데이션 표현이 가능한 방식)이다.

에어브러시 메이크업은 기존의 방식에 비해 지속력이 뛰어나고 얇게 뿌려져서 피부표현 뿐 아니라 아이섀도, 블러셔, 아이브로, 립에 모두 사용이 가능하며 도구가 피부에 직접적으로 닿지 않아 더욱 위생적이다. 숙련된 아티스트라면 메이크업 시술시간 또한 빠르게 시행하는 것이 가능하며, 판타지 또는 특수효과를 극대화시켜주는 장점이 있다.

수없이 많고 작은 화장품 방울들이 피부 위에 분사되면서 각각 작은 점들을 피부 위에 형성하고, 다양한 색상의 작은 점들이 서로 자연스럽게 연결되면서 고르고 화사한 피부를 표현할 수 있으므로 가볍고 얇게 레이어 되어 전혀 무게감을 느끼지 못한다. 사용하는 화장품의 포뮬러가 어떤 것인가에 따라 잘 지워지지 않고 오래 지속되기도 하여 신부 또는 이벤트 등 결점없이 오래 지속되는 메이크업 시 적당하다.

#### (1) 시스템

PSIPer Square Inch 단계에 따라 가볍게 또는 강하게 강도를 조절할 수 있는 구조로 세심하게 메이크업을 시행할 수 있다. PSI는 0~35사이인데 15 PSI내가 적합하며 높을수록 바디 전체, 낮을수록 얼굴 등 세심한 곳에 사용하는 것이 적합하다.

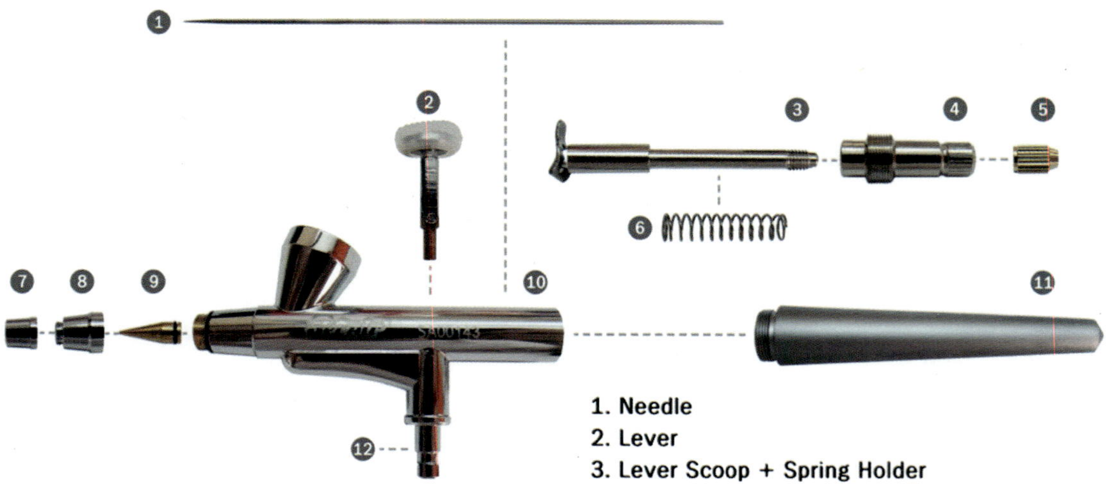


그림 3-1 에어브러시 구조

(2) 에어브러시의 두 가지 방식

① 싱글 액션

싱글 액션은 메인레버가 공기 벨브를 누른 상태로 고정되어 있으므로 콤프레샤가 가동되면 항상 공기가 공급되고 레버를 뒤로 당기면 컬러가 분사된다. 그러므로 뷰티메이크업에 최적으로 공기와 화장품이 함께 분사되어 간편하며 모델이 안정감을 느낀다.

② 더블 액션

더블 액션은 공기가 나가는 것을 일단 제어해 놓은 장치가 있으므로 누르면 공기가 나오고 (이때 강하게 누를수록 공기가 더 많이 나오는 시스템) 누른 상태에서 뒤로 당기면 컬러가 나와 공기와 컬러 양을 시술자가 잘 조절해야 한다.

## 3. 구조

① 바늘 Needle

에어브러시 중심에 있는 바늘로서 가장 조심히 다루어야 할 부품 중 하나로써 이 부분이 손상되면 안료가 고르게 분사되지 않는다.

② 레버 Lever

에어브러시의 작동 레버로 안료의 분사량을 미세하게 조절하는 부분이다.

③ 레버 스쿠프+스프링 홀더

Lever Scoop + Spring Holder

바늘이 정중앙에 위치하도록 에어브러시 몸통 뒷부분에서 받쳐 주는 중심 부품이다.

④ 스프링 커버 Spring Cover

레버 작동을 위한 스프링을 보호하는 장치이다.

⑤ 니들 너트 Needle Nut

바늘의 조임 상태나 움직임을 조절하는 부분이다.

⑥ 스프링 Spring

레버의 조절을 도와주는 역할을 하는 부분이다.

⑦ 니들 캡 Needle Cap

에어브러시를 떨어뜨리거나 충격을 주었을 때 바늘이 휘거나 부러지는 현상을 막아 보호하는 역할을 하며, 니들 캡은 분사 시 색 입자를 모아주는 역할을 하여 니들 캡 형태에 따라 색소 분사 모양이 달라진다. 또한 니들 캡은 색소가 뭉쳐 있을 때에는 분사가 고르지 못하여 덩어리가 생기며 뭉치는 현상이 일어나 얼룩이 발생하는 원인이 되기도 한다.

⑧ 노즐 캡 Nozzle Cap

노즐 보호 뚜껑으로 니들 캡과 달리 제거하면 색 입자가 분사되지 않으며 에어브러시 컵에 담긴 색소가 관을 통해 새어나가 작업할 때 꼭 있어야 하는 부품 중 하나이다.

⑨ 노즐 Nozzle

색소가 분사되는 분사구이다. 에어브러시 막힘의 주 요인으로 노즐내부를 청소용 브러시로 꼼꼼히 세척하여야 하며 세척을 안 하면 노즐 구멍이 작아져 색소 분사량이 줄고 안료가 뽀글거리거나 역류현상이 생긴다.(4~5mm)

⑩ 에어 브러시 본체 Air Brush Body

에어브러시의 주요 장치들을 장착하고 손으로 에어브러시를 조절할 수 있도록 하는 바디 부분이다.

⑪ 핸들 Handle

손잡이의 뒷부분으로 안정감있게 에어브러시를 사용할 수 있도록 하는 부분이다.

⑫ 호스바브 Hors Barb

콤프레샤와 에어브러시를 연결하는 호스 연결 부분이다.

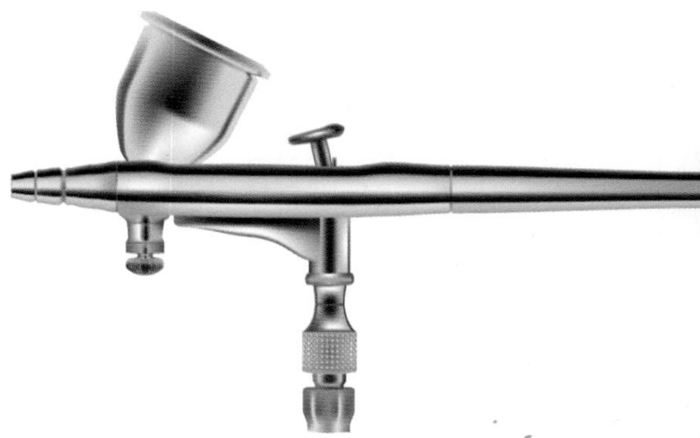

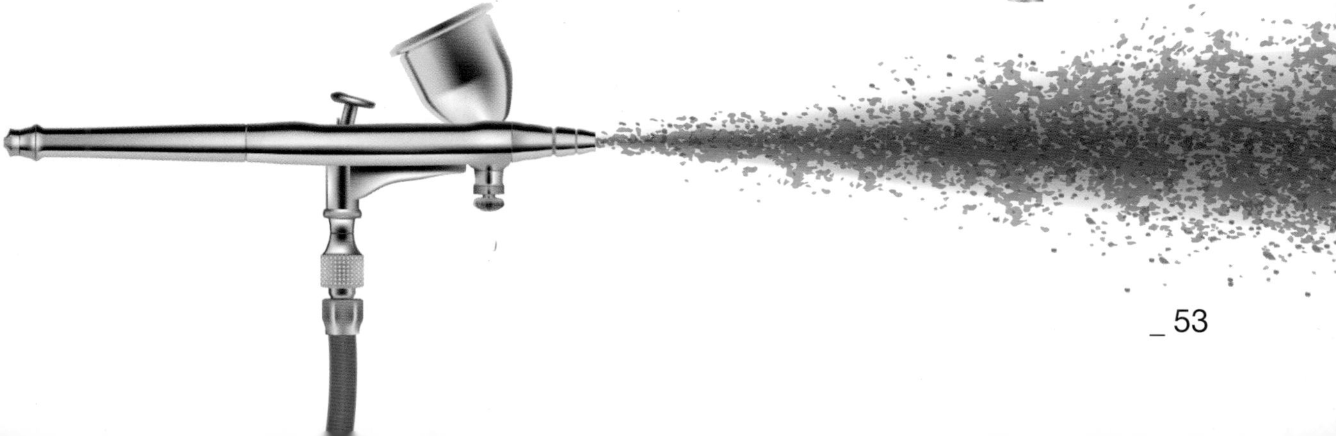

## 4. 조립과 청소

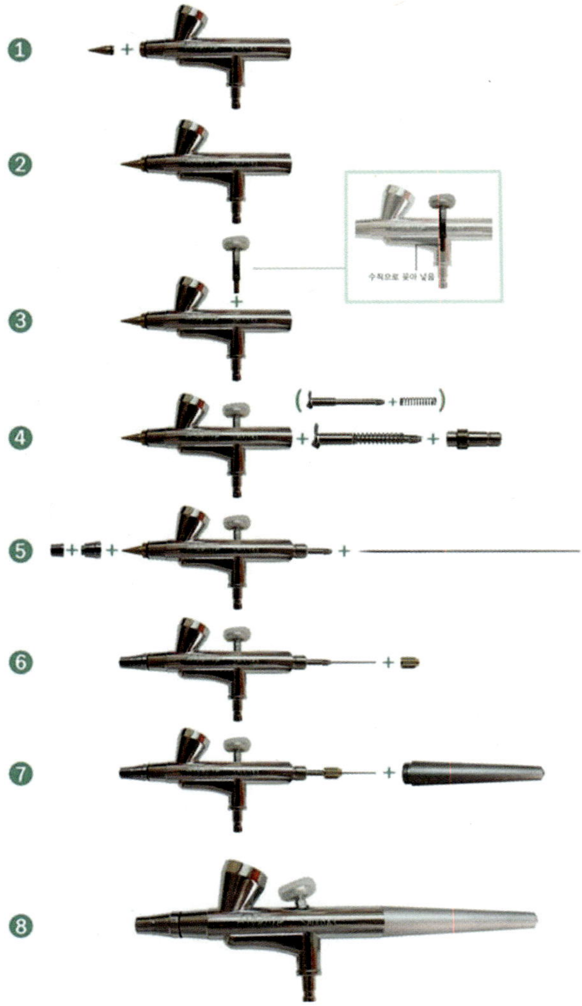


그림 3-2 에어브러시 조립

그림 3-3 에어브러시 청소

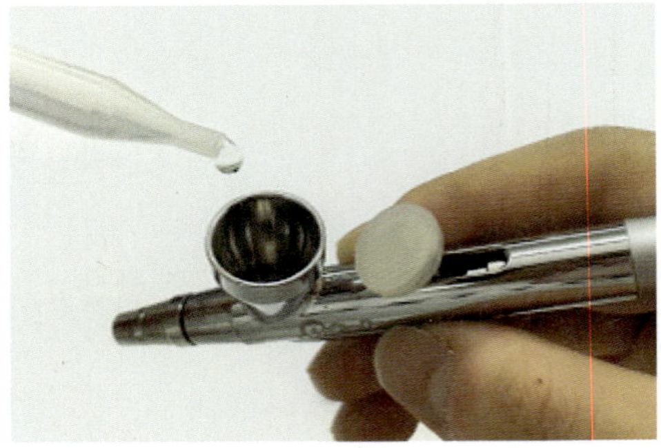

① 브러시 클리너를 넣어준다.

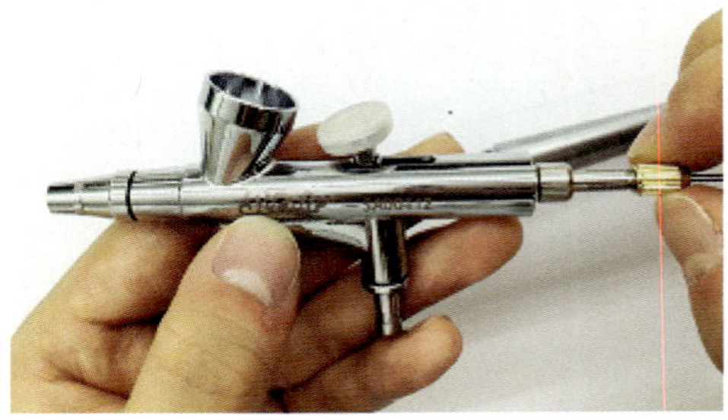

④ 니들너트를 돌려 조여진 니들을 느슨하게 한다.

⑦ 노즐이 나오게 니들 캡, 노즐 캡을 손으로 돌려 푼다.

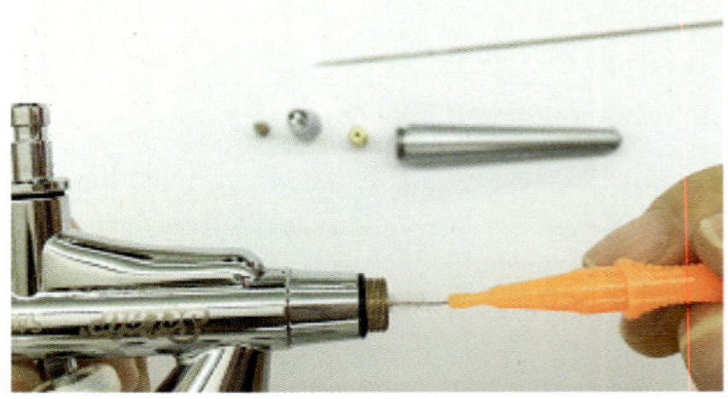

⑩ 아주 작은 브러시(치간 칫솔)에 크리너를 묻혀
에어브러시 바디를 스크럽하며 닦아준다.

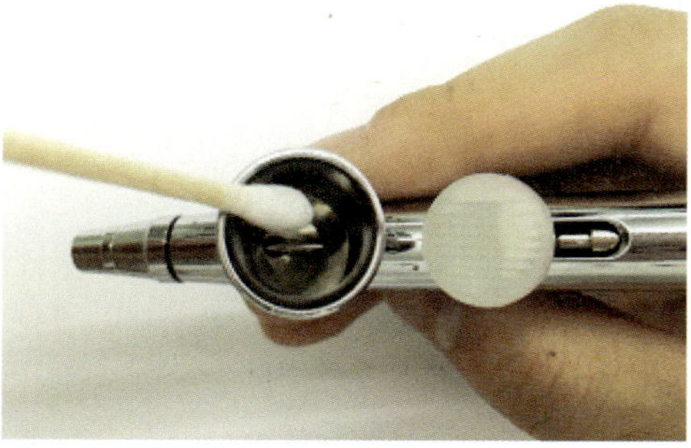

② 면봉을 이용하여 컵 속 잔여물을 닦아준다.

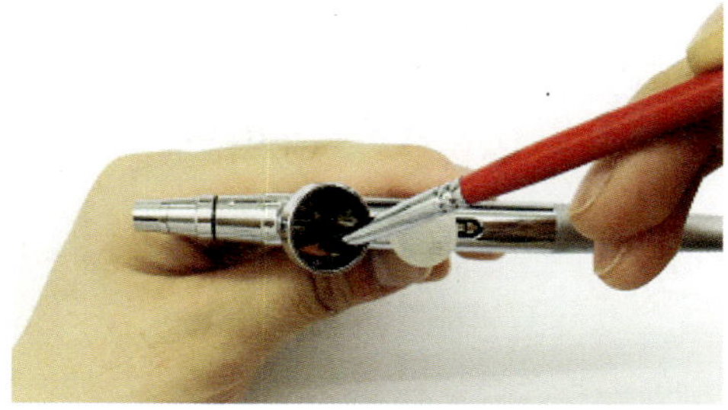

③ 브러시를 이용하여 바늘 아래쪽 잔여물을 희석해준다.

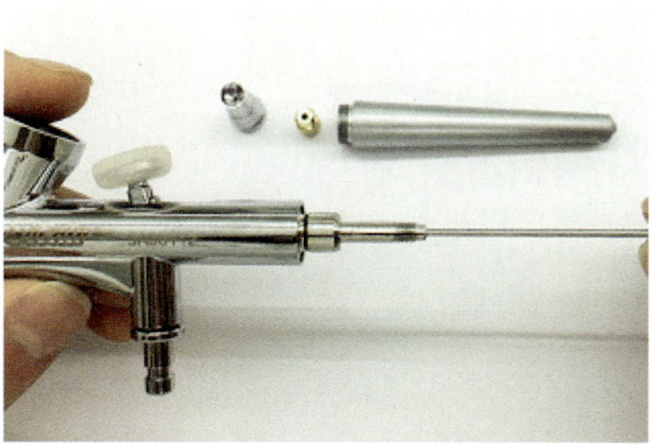

⑤ 니들은 당겨 분리한다. 매우 뾰족하고 섬세하므로 떨어뜨리거나 손상되지 않도록 주의한다.

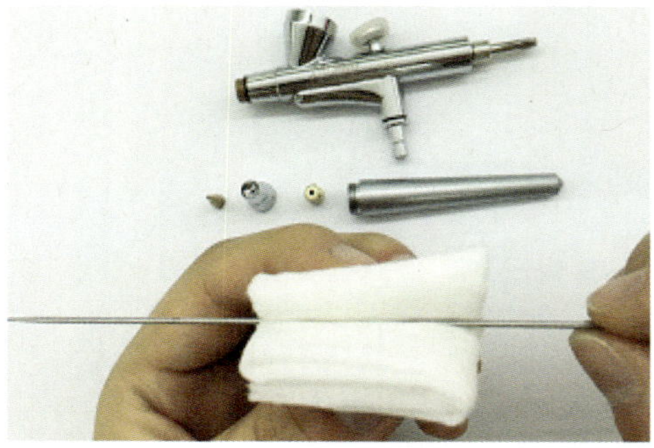

⑥ 부드러운 천으로 깨끗하게 닦아준다. 이때 바늘 끝에 찔리지 않게 반드시 뾰족한 방향을 향하여 한 방향으로만 닦아준다.

⑧ 니들 캡을 분리한다.

⑨ 노즐, 노즐 캡, 니들 캡을 크리너에 담가 굳은 화장품을 녹여 청소한다. 바디 전체를 절대 크리너에 담그지 말 것

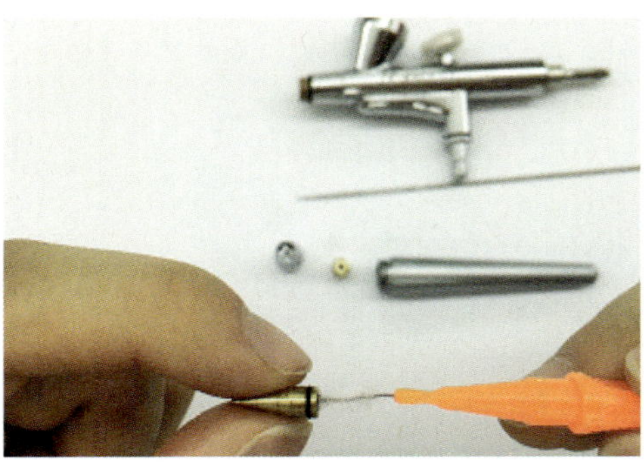

⑪ 아주 작은 브러시(치간 칫솔)에 크리너를 묻혀 노즐 캡을 닦아준다

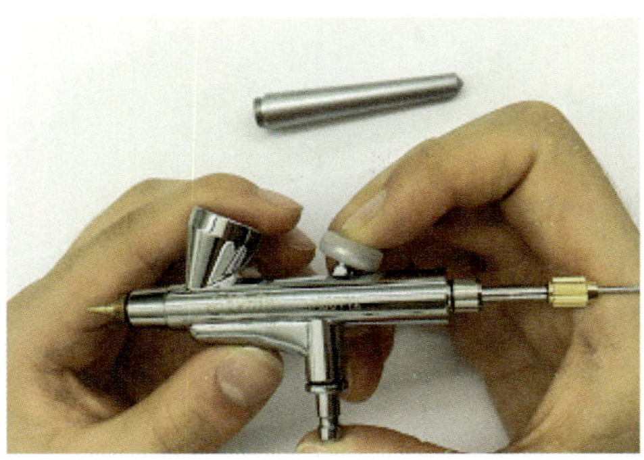

⑫ 조립 후 레버를 당겨 니들이 노즐에 잘 고정되어 있는지 확인한다.

## 5. 에어브러시 화장품 성분

### (1) 수성

① 수성 베이스 Water based

수용성으로 색소에 물을 베이스로 제조된다.

② 고분자 수성 베이스 Polymer-water based

물, 폴리머, 색소를 섞어 제조한 것으로 폴리머가 피부 위에 색소를 코팅하는 역할을 하여 지속력이 증가되도록 한다.

### (2) 유성

① 실리콘 베이스 Silicone based

실리콘을 사용하여 지속력을 높여준다. 실리콘베이스는 엑티베이터를 사용하여 얇게 표현되며 긴 시간 커버를 유지할 수 있다.

### (3) 알코올

① 알코올 베이스 Alcohol based

일시적인 에어브러시 잉크로 주로 문신 및 특수분장에 광범위하게 사용된다.

② 고분자 sp40 알코올 베이스

Polymer-sp40-alcohol based

Polymer-water based의 장점을 가지고 물 대신 알코올을 사용하여 피부에서 빨리 휘발하여 마르게 한다.

## 6. 에어브러시 기초 연습법

### (1) 에어브러시 테크닉

① 원형 동작 Circle motion

원 모양으로 돌리는 동작이다.

② 포워드백 동작 Forward-back motion

전·후 방향으로 움직이는 동작이다.

③ 듀얼 액션 Dual-action

버블링을 통해 색을 섞을 수 있고 공기의 양 조절이 가능하며, 공기를 이용하여 피부에 분사된 화장품을 말릴 수 있다.

④ 싱글 액션 Single-action

에어브러시 공기량을 조절하지 못하도록 고정되어 있는 형태로써, 뿌려야 하는 양에 따라 노즐 선택이 가능하다.

### (2) 실전테크닉

① 손목을 사용하여 오랜 시간 분사 시 손목 관절에 무리가 되므로 어깨를 움직여서 분사한다.

② 에어브러시를 떨어뜨릴 경우 고장의 원인이 되므로 이를 방지하기 위해 실리콘 줄을 팔에 걸고 사용한다.

③ 실리콘 줄이 너무 짧아 타이트하지 않게 사용하는 것이 편리하다.

④ 실리콘 줄 길이가 PSI(공기압)에 영향을 주므로 너무 길지 않게 조정하는 것이 좋다.

⑤ 얼굴 전체를 한 번에 분사하려 하지 말고 부위별로 적절히 나누어 분사한다.

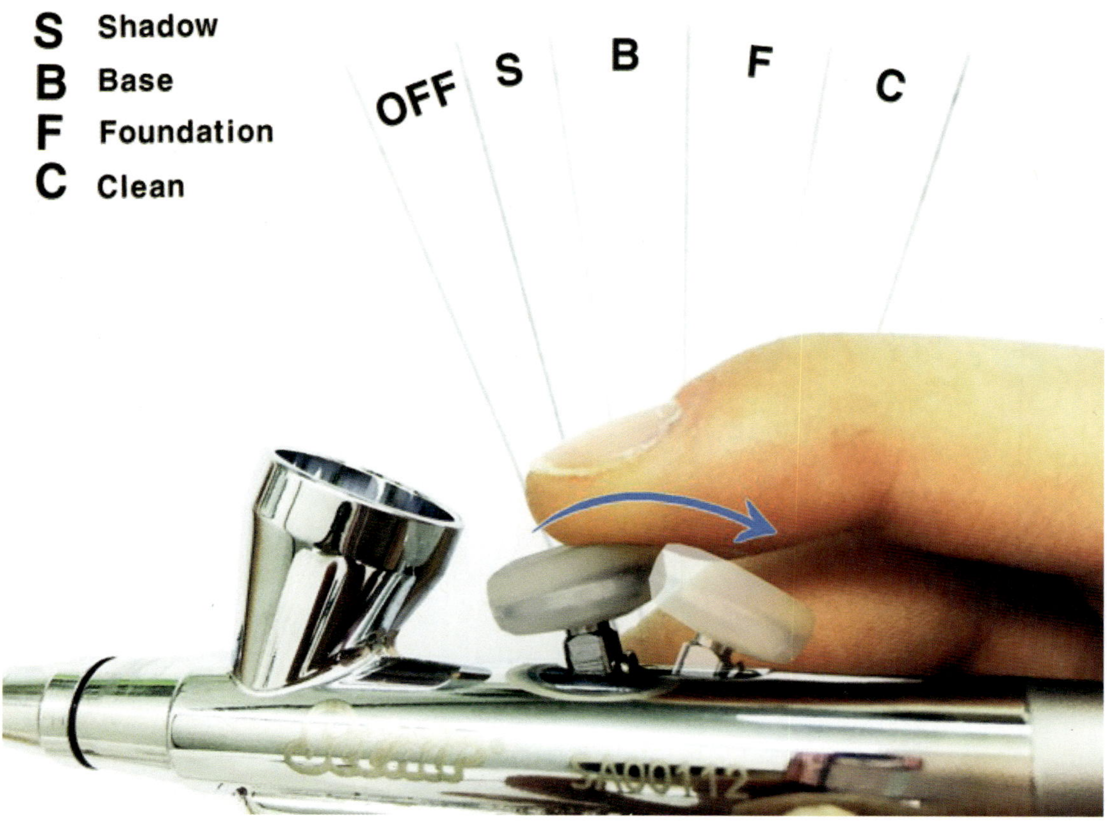


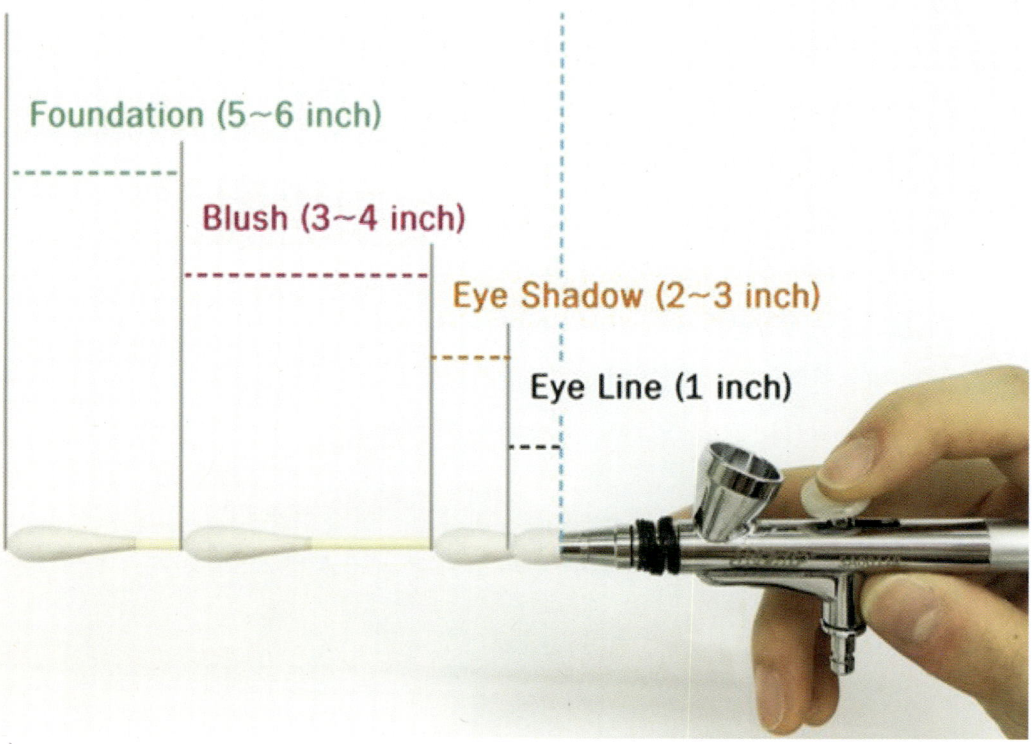


그림 3-4 에어브러시 분사

⑥ 가까이 분사하기 쉽도록 모델의 위치를 잡는다.

⑦ 모델과 니들캡 사이 분사거리는 약 15cm (6 inch)가 적당하다. 초보자가 손쉽게 실습하기 위하여 에어브러시 본체 위에 가이드 면봉을 부착하는데 이때 면봉의 한 쪽 끝 면과 에어브러시 본체가 2.5cm만 겹치게 위치하여 빼내면 적절한 15cm 거리가 유지된다.

⑧ 실제로 분사가 되는 것이 눈에 잘 보이지 않으므로 분사되는 소리를 주의 깊게 들으며 소리를 통해 감각을 익혀 연습한다. 눈을 감고 15cm 거리를 두고 뿌리면서 에어브러시의 소리를 듣는다.

⑨ 가라앉은 화장품은 잘 흔들어 사용하며 용기안의 구슬은 빼지 않는다.

⑩ 에어브러시 메이크업은 0~35 PSI 기압으로 시행한다. 이때, 15 PSI를 넘지 않게 하며 얼굴 및 민감 부위는 낮은 PSI로 시행하고, 바디, 태닝 등 표현은 높은 PSI로 시행해야 쉽고 빠르게 메이크업을 할 수 있다.

⑪ 에어브러시 메이크업은 여러 번 반복하여 시행하여야 한다. 몇 번 반복하여 메이크업 할 것인지는 아티스트의 취향과 노하우에 따라 달라진다.

⑫ 다양한 스텐실을 사용하여 보다 정확하고 깨끗한 라인을 완성할 수 있다.

**예)** 아이라인, 바디아트, 타투

## 7. 에어브러시 메이크업 가이드

① 에어브러시 메이크업을 시작하기 전에 충분한 연습이 필요하다. 에어브러시 메이크업은 연한 색에서 진한 색으로, 넓은 부위에서 좁은 부위 순으로 점차 농도와 면적, 횟수를 늘려가면서 완성하는 것이 바람직하다.

② 에어브러시 메이크업에 있어서 분사 거리는 매우 중요한 포인트이므로 부위에 따라서 적정한 분사 거리를 익히는 것이 중요하다.

③ 처음 에어브러시 메이크업 연습 시 물을 사용하여 에어브러시의 분사 소리를 들으며 움직이는 연습을 한다. 어느 정도 연습이 된 후에는 묽게 탄 커피를 활용하여 분사 연습을 한다.

④ 아이라인은 2.5~5cm로 가까운 거리에서 티슈를 사용하여 불필요한 부위에 화장품이 분사되지 않도록 한다.

⑤ 콤프레샤를 켜고 분사 테스트를 티슈나 손바닥에 시행 후 12~15cm 거리를 두고 파운데이션을 분사한다. 거리 조정 레버 각도를 충분히 익히도록 한다.

⑥ 매우 가볍고 얇게 분사했을 때 더 고르고 자연스러운 커버가 가능하다.

⑦ 분사가 많을수록 화장품이 피부를 채우게 되어 커버력 있는 불투명 피부로 표현된다.

⑧ 적은 양을 분사해 피부 본연의 색이 나오도록 남겨 놓는 것이 빛을 투과 반사하게 된다.

⑨ 손가락으로 레버를 조절하면서 분사되는 양을 조절하고, 부위에 따라 거리를 조정하는 연습을 시행한다.

⑩ 아이섀도 연습은 5~7cm 떨어져서 직접 피부에 분사하지 않고 종이 또는 스텐실 위로부터 시작한다.

⑪ 아이섀도 분사 연습은 평면적인 종이에 연습을 하는 것 보다 입체적인 곳에 연습하는 것이 효과적이다.

⑫ 종이마스크나 실리콘마스크 등을 이용하면 더욱 효과적이다.

⑬ 많은 연습으로 숙련되면 메이크업 시간을 줄일 수 있다.

## 8. 에어브러시 메이크업 시 유의사항

① 피부를 깨끗이 닦는다.

② 피부에 지용성 화장품 또는 분비물이 남아 있지 않도록 한다. 피부에 기타 잔여물 등 아무것도 남지 않도록 준비하는 것이 최대의 메이크업 효과를 나타낸다.

③ 화장이 끝난 후에는 최소한의 리터치만 한다.

④ 모델에게 직접 메이크업을 시행하기 전에 공중에 분사하여 소리와 공기의 힘 등을 느끼도록 한다.

⑤ 콤프레샤의 연결 상태를 확인하고 다이얼 등이 잘 작동하는지 체크한다.

⑥ 화장품은 방울방울 섞어서 쓰는 것이 좋으며 위생적인 관리를 위하여 오염된 브러시 또는 스펀지 등을 사용하지 않는다.

⑦ 화장품 용기는 사용 후 반드시 닫는 습관을 갖도록 한다.

⑧ 메이크업 시행 전, 분사테스트는 색과 농도를 확인하는 작업으로 티슈에 분사하여 확인하고 모델에게도 색상 등을 보여주고 확인하도록 한다.

⑨ 눈과 입, 코에 직접 분사하지 않는다.

⑩ 색을 조합하여 다양한 맞춤 색상 사용 시 컵을 따로 만들어서 사용하는 것이 좋다.

⑪ 버블링 테크닉을 이용하면 자연스럽게 색이 섞이고 보다 좋은 효과를 볼 수 있다.

⑫ 기초화장은 선택적으로 해야 하는데 스킨 타입과 피부상태에 따라 달라진다. 수성 화장품의 경우 브랜드에 따라 지용성 기초 제품을 사용하거나 또는 수성 기초 제품을 사용하는 것이 좋으나 경우에 따라서 아무것도 바르지 않는 것이 좋을 수도 있다.

⑬ 항상 화장품이 모델의 옷에 묻지 않도록 주의한다.

⑭ 편안한 자세로 메이크업을 시행하며 허리, 등, 발의 통증을 없애도록 한다.

⑮ 메이크업 의자를 적절한 높이로 조정한다.

## Ⅲ 스트레이트 메이크업 실전 ①

영화 제작에서 배우의 이미지를 중심으로 캐스팅하므로 캐스팅 된 배우 이미지를 최대한 살려서 메이크업 해 준다. 캐릭터에 따라 스트레이트 메이크업과 캐릭터 메이크업으로 나뉘는데 영화에서 스트레이트 메이크업 시 실제적으로 연기자는 촬영을 위하여 메이크업을 하였으나 마치 화면에서 메이크업이 실행되지 않은 것처럼 연출되기 위하여 육안으로 보이는 그대로 실행되어서 섬세하고 자연스럽게 연출하는 것이 필요하다.

스트레이트 메이크업을 실시할 때 기존의 브러시와 스펀지 등의 도구를 사용하여 메이크업을 하는 방법과 에어브러시를 사용하여 메이크업 하는 방법이 있다. 기존의 브러시, 스펀지, 손가락 등을 사용하여 화장품을 피부에 바르는 대신 에어브러시를 사용하여 피부에 화장품을 직접 분사하는 방법은 메이크업이 가볍고 뭉침 없이 빠르고 고르게 표현되어 현재 자연스러운 피부 표현 방법으로 최적화된 평가를 받고 있다.

### 1. 스트레이트 메이크업

① 메이크업을 시행하기 전 모델의 피부를 클린징하여 깨끗하게 한 후 적절한 보습을 해준다.

② 자외선 차단제와 메이크업 베이스를 발라주거나 자외선 차단제가 함유된 메이크업 베이스를 사용해도 무방하다.

③ 자연스러운 피부표현을 위해 모델의 목과 귀 경계부분에 톤 차이가 나지 않도록 주의하여 파운데이션을 바른다.

④ 눈밑 다크써클과 하이라이트 부위는 기본톤보다 한 톤 밝게, 윤곽 부위는 한 톤 어둡게 표현하여 얼굴의 입체감을 살려준다.

⑤ 파운데이션의 유분기를 제거하기 위하여 투명 파우더를 발라준다.

⑥ 눈썹 펜슬 또는 아이브로 섀도를 사용하여 숱이 부족한 부위만 채워 심듯이 자연스럽게 그려준다. 필요한 경우 투명 마스카라를 사용하여 눈썹 결을 살려준다.

⑦ 눈두덩이와 눈 아래 부위에 자연스러운 색상의 아이섀도로 아이 포인트 메이크업을 한다.

⑧ 아이라인과 마스카라를 발라준다. 이때 필요할 경우 최대한 자연스러운 인조 속눈썹을 추가하여 연출한다.

⑨ 블러셔를 엷게 그라데이션하여 혈색을 표현한다.

⑩ 립스틱 또는 립밤을 활용하여 입술의 형태를 뚜렷이 표현한다. 이때 입술색과 유사한 색상의 펜슬로 입술 라인을 그려주어도 무방하다.

⑪ 현장의 조명, 카메라, 앵글 등을 고려하여 메이크업이 효과적으로 표현되었는지 모니터를 통하여 최종 확인한다.

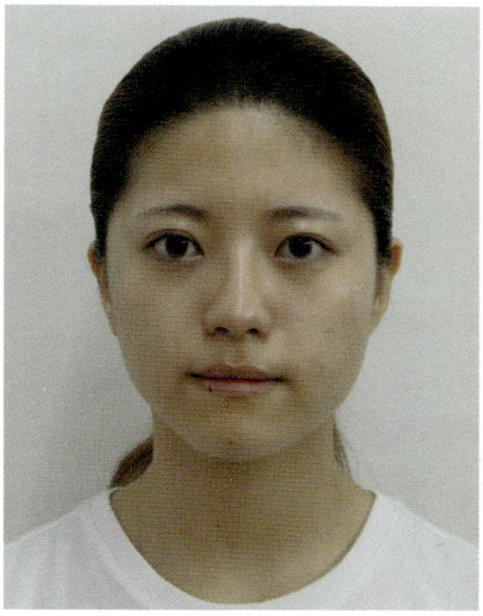

① 과정

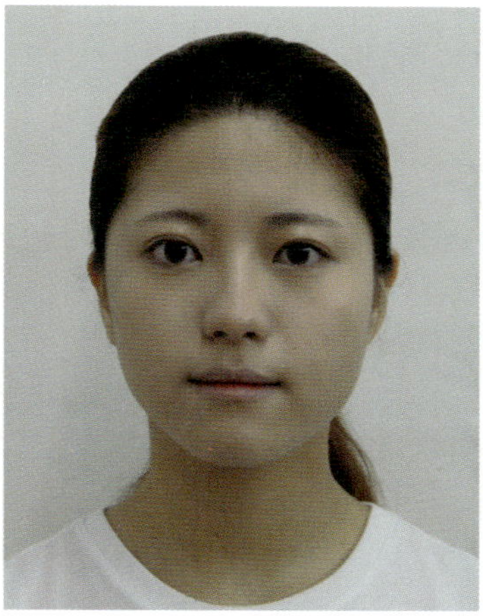

② 과정

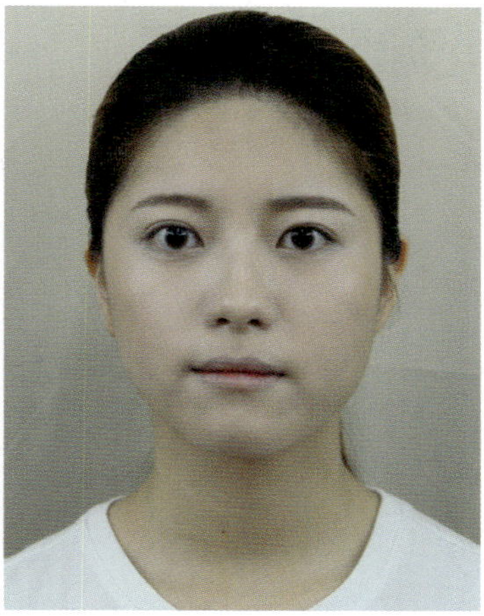

③ 과정

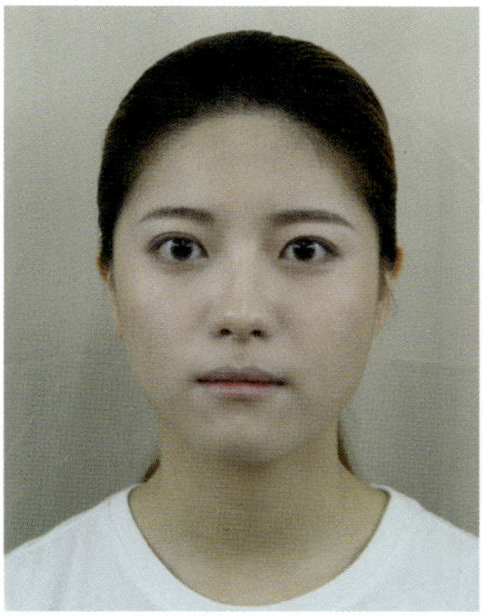

④ 과정

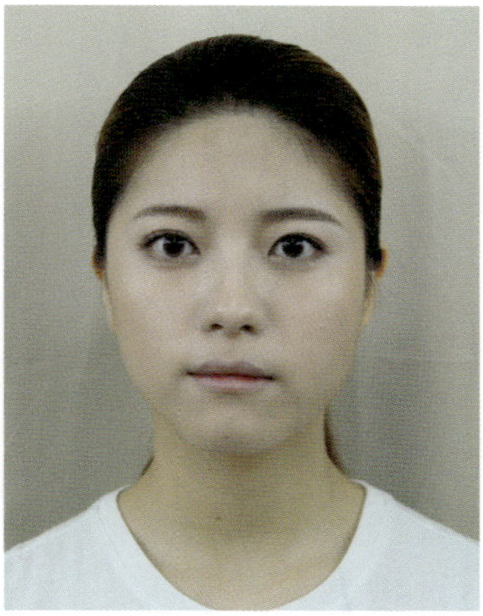

⑤ 과정

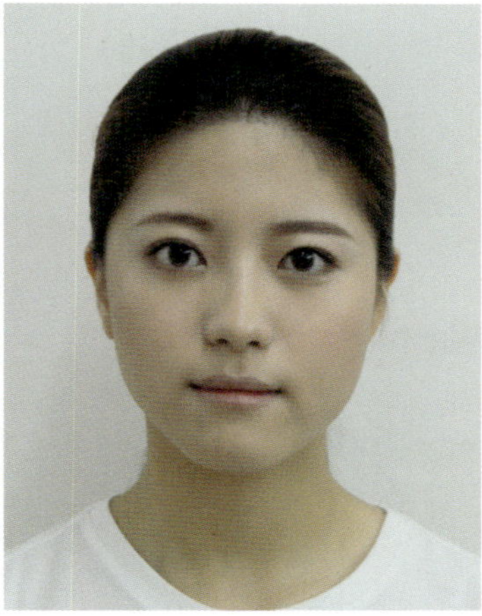

⑥ 과정

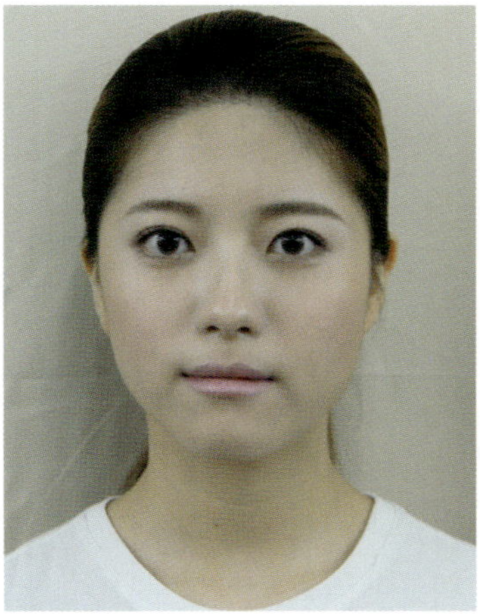

⑦ 과정

⑧ 완성

TIP

**스트레이트 메이크업시 사용 재료**

피부타입에 따른 기초화장품, 메이크업 색조 제품, 메이크업 도구 등

그림 3-5
여성 스트레이트 메이크업 과정

# Ⅳ 스트레이트 메이크업 실전 ②

## 1. 에어브러시 스트레이트 메이크업

그림 3-6 에어브러시 메이크업 재료
사용 재료 : 에어브러시, 에어브러시 용 색조 제품, 에어브러시 메이크업 도구 등

① 메이크업을 시행하기 전 모델의 피부를 클린징하여 깨끗하게 한 후 적절한 보습을 해준다.

② 자외선 차단제와 메이크업 베이스를 발라주거나 자외선 차단제가 함유된 메이크업 베이스를 사용해도 무방하다.

③ 점 또는 다크서클 부위에 브러시를 이용하여 컨실러로 커버하여 준다.

④ 기본 피부톤보다 밝은 하이라이터를 T존과 눈 아래 분사한다.

⑤ 모델 피부톤에 맞는 파운데이션을 선택하여 얼굴 전체에 분사한다.

⑥ 어두운 파운데이션을 윤곽에 분사하여 얼굴의 입체감을 살려준다.

⑦ 스텐실을 사용하여 머리색에 어울리는 겉눈썹을 표현한다.

⑧ 아이섀도 스텐실을 아이라인에 댄 후 아이라인부터 눈썹 부분까지 짙은 색에서 밝은 색으로 블랜딩하며 분사한다.

⑨ 아이라인을 주의하여 빠른 시간안에 분사한다.

⑩ 속눈썹에 파운데이션이 묻은 경우 스크루브러시를 사용하여 닦아내고 마스카라를 해준다.

⑪ 입술색을 선택하여 발라준다.

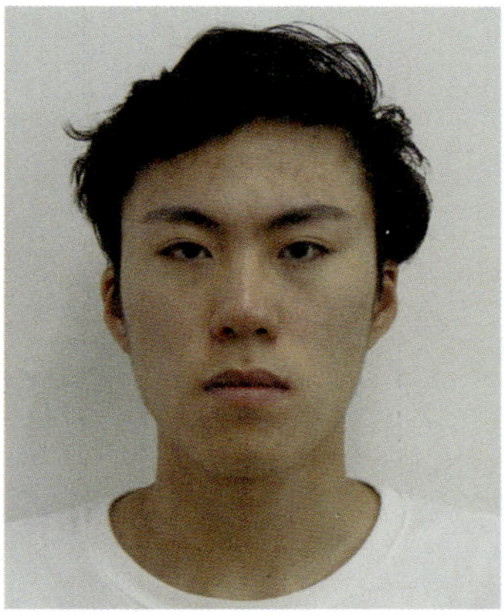

① 과정

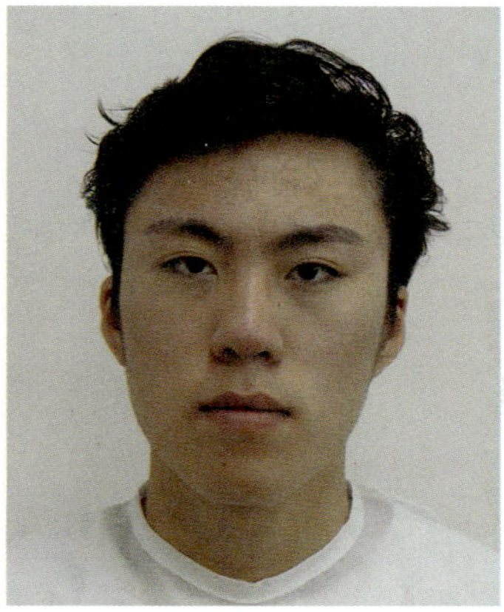

② 과정

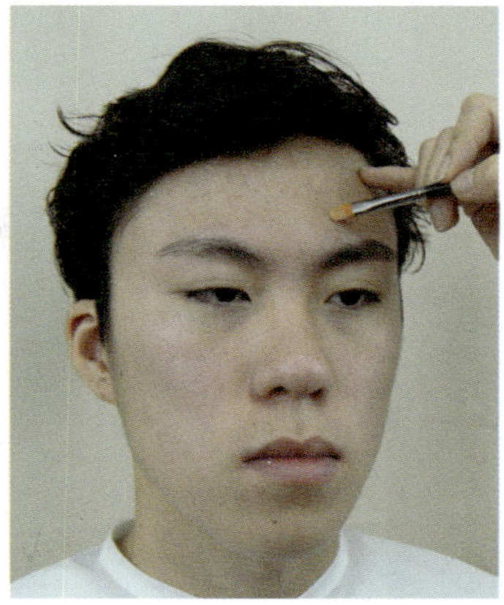

③ 과정

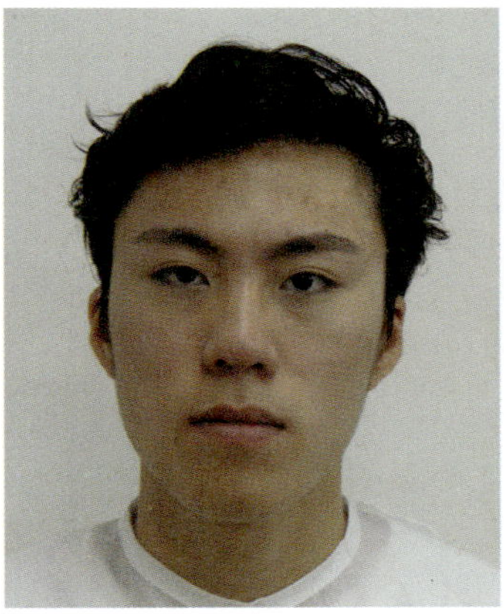

④ 과정

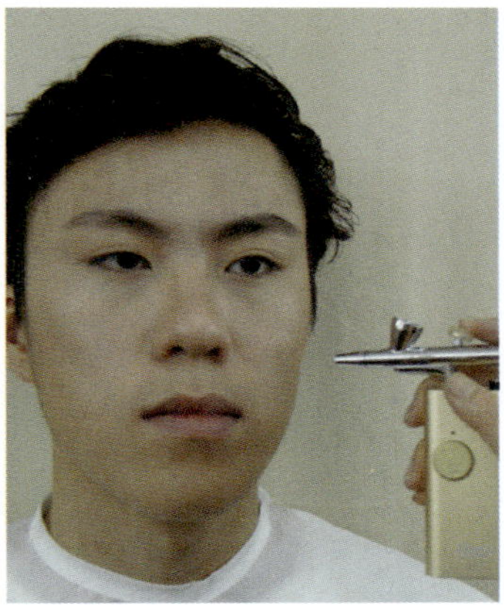

⑤ 과정

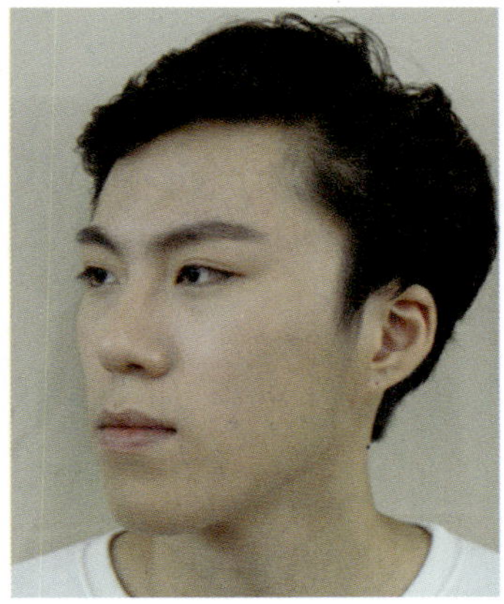

⑥ 과정

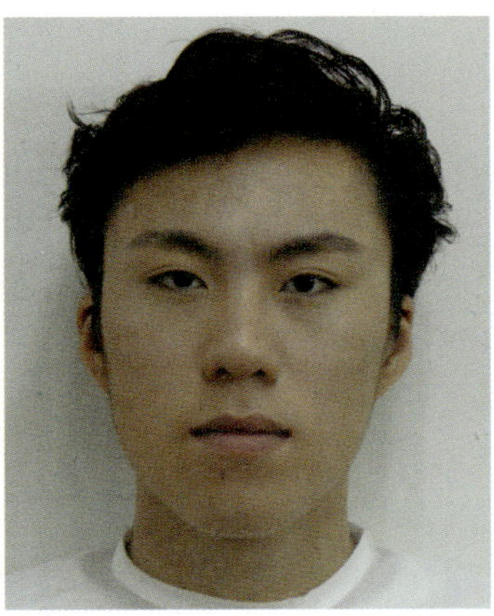

⑦ 과정

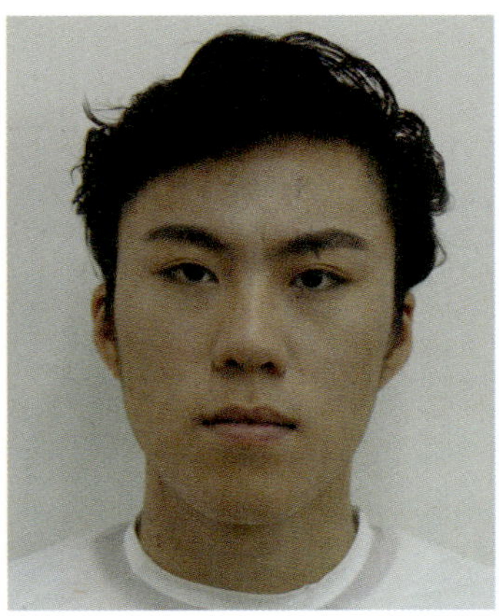

⑧ 완성

그림 3-7
남성 스트레이트 메이크업 과정

## V 광고 메이크업 실전

잡지, 카달로그, 포스터 등 주로 사진 작업에 의해 이루어지는 광고 메이크업은 조명에 따라 얼굴을 입체적으로 표현해야 하며 광고의 콘셉트가 정확하게 전달되기 위하여 메이크업해야 한다. 특히 화장품 광고의 경우 제품의 색상이 다양하게 출시되므로 각각의 색상과 이미지가 조화롭게 소비자에게 전달될 수 있도록 메이크업을 시행하는 것이 중요하다.

### 1. 광고 메이크업

① 모델의 얼굴을 깨끗하게 클린싱 한다.

② 모델 피부타입에 따라 수분을 공급한다. 경우에 따라 선크림을 바르기도 한다.

③ 화장품 광고 컨셉에 적합한 피부표현 및 색조 메이크업을 시행한다. 색상과 이미지가 선명하게 전달되므로 정확하고 세밀하게 메이크업한다.

④ 시리즈로 진행되는 광고를 위하여 콘셉트 또는 부위별 메이크업 변화를 주어 반복 시행한다.

⑤ 메이크업과 헤어 스타일링이 어울리는지 확인한다.

⑥ 조명, 카메라, 앵글 등을 고려하여 모델 메이크업이 광고 콘셉트에 효과적으로 표현되었는지, 제품의 색상과 동일하게 보이는지 모니터 또는 프린트로 확인한다.

> **TIP**
>
> 광고 메이크업의 사용 재료
> 피부타입에 따른 기초화장품, 메이크업 색조 제품, 메이크업 도구 등

### 2. 메이크업 수정 및 보완

① 메이크업 보완 · 수정을 위하여 모니터를 통해 지속적으로 관찰하는 것이 중요하다.

② 현장의 조도와 조명 등을 수시로 체크해야 한다.

③ 배우 또는 모델의 포즈와 동선에 따른 메이크업의 음영을 조정해준다.

④ 육안으로 보는 색조나 명암의 차이가 미디어의 출력 방식에 따라 다르게 나올 수 있으므로 그것을 바탕으로 색감을 조정한다.

⑤ 첫 촬영이 들어가고 시간이 지나 유분과 땀으로 피부 화장이 들뜨지 않도록 소량의 파우더로 수정 · 보완해준다.

⑥ 촬영 도중 커버할 부분이 생기면 베이스 제품을 이용하여 수정 · 보완해준다.

⑦ 장시간 촬영으로 인해 입술의 색이 지워지면 처음의 색상으로 수정하여 메이크업의 변화가 느껴지지 않도록 한다. 이때 너무 자주 바르면 각질이 도드라져 보일 수 있으므로 필요할 때만 보완해준다.

⑧ 경우에 따라 메이크업의 변화가 필요할 때에는 현장에서 지우고 다시 메이크업을 해

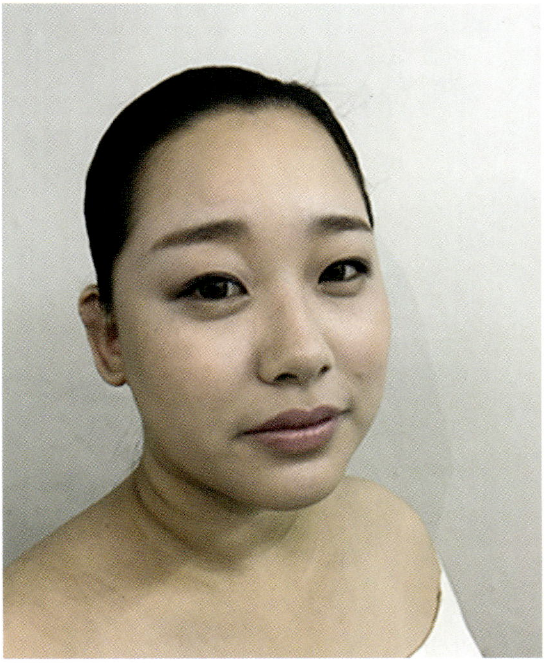

① 광고메이크업 응용 1

② 광고메이크업 응용 2

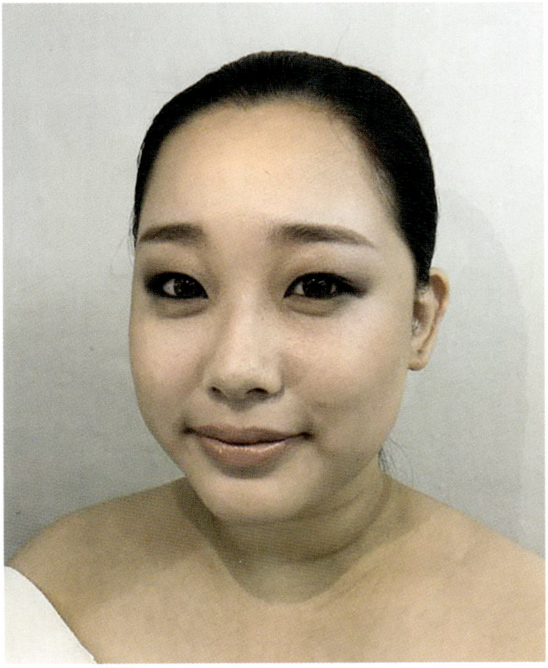

③ 광고메이크업 응용 3

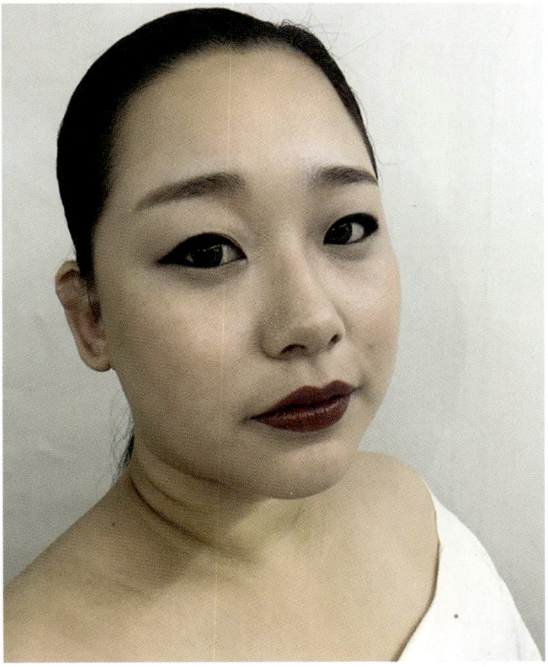

④ 광고메이크업 응용 4

그림 3-8 광고 메이크업

야 하는 경우가 생길 수 있으므로 먼저 사용했던 기초제품부터 색조 메이크업 제품, 클린징 제품 또한 준비하고 있어야 한다.

⑨ 메이크업 수정을 할 때는 반드시 함께 작업하는 스텝을 배려해야 하고 촬영에 방해가 될 수 있으므로 감독의 컷 타임을 잘 파악하고 행동해야 한다.

⑩ 현장에서 모니터링 중 메이크업 수정을 들어갈 때 반드시 감독과 연출진에게 알리고 들어가며 함께 일하는 사람들과 긴밀한 소통을 하며 그에 맞게 수정을 한다.

⑪ 미디어 촬영 현장에서의 연출진, 감독의 요구 사항을 수렴하고 절충하여 보완하도록 한다.

## 3. 메이크업 시 주의사항

① 피부톤을 맞출 때는 양 뺨이나 코 부위보다는 이마나 턱의 경계 부위의 스킨톤과 맞춰서 하는 것이 자연스럽다. 또한 인종에 따라 흑인은 어둡게, 백인은 희게, 동양인은 중간톤에 맞춰 표현하는 것이 적절하다. 흑인의 경우 하이라이트는 라이트 골드를 섞어서 사용하는 것이 피부가 들뜨지 않게 표현된다.

② 촬영 현장 조명의 특성상 메이크업 재료에 펄이 들어간 제품은 조명스텝과 조율 후 사용한다.

③ 영상의 특징상 빛 반사가 강하여 과한 립글로스는 쓰지 않는다.

④ 육안으로 보았을 때 전체적으로 진해 보이지만 촬영 시 조명과 반사판, 카메라 렌즈 등에 의해서 보정되기 때문에 육안으로 볼 때보다는 화사하고 색이 연해 보인다.

⑤ 자연광일 경우 실제 바른 것보다 2배 정도 두껍게 보일 수 있다. 소량의 베이스 제품을 써서 가볍게 연출해야 하므로 두꺼운 파운데이션 혹은 컨실러의 과다 사용은 피하는 것이 좋다. 파우더 또한 건조해 보이게 하므로 소량을 이용해 마무리하도록 한다.

⑥ 모델의 얼굴 균형이 비대칭일 경우 최대한 화면 또는 사진 속에서 대칭되고 균형 있게 보이도록 메이크업해야 한다.

**TIP**

· CF의 경우 클라이언트와 아티스트 간에 메이크업 견적 조절이 가능하고 이는 메이크업 경력에 따라 달라진다.

· 광고하고자 하는 제품이 화장품이 아닌 자동차, 주택, 공익 광고 등 소비자로 하여금 제품 또는 광고의 목적을 인지할 수 있도록 유도해야 하는 경우 모델이 지나치게 부각되지 않도록 유의해야 한다.

CHAPTER _#04

# 캐릭터 메이크업

1. 골상학의 이해
2. 노인 분장
3. 대머리 분장
4. 사극 수염 분장

CHAPTER _#04

# 캐릭터 메이크업

## Ⅰ 골상학의 이해

### 1. 얼굴형태의 인상학적 성격 특징

사람의 첫인상은 얼굴을 서로 마주하는 아주 짧은 순간에 결정된다. 19세기 초반 골상학은 두개골을 형태와 크기에 따라 사람을 판단하는 학문으로 머리의 윤곽을 연구하고 두개골의 모양과 성격의 관계를 탐구하는 학문으로 인기를 모았으나 과학적인 근거가 없는 사이비 학문으로 사라졌다.(그림 4-1 참조) 그러나 현대의 골상학은 얼굴에서 보여지는 이미지를 보고 판단하는 관상학적인 면이 두드러지며 얼굴형과 이목구비의 모양에 따라 인상이 결정되는 인상학의 특징에 기초한다.

계란형 얼굴은 성격이 원만하고 사교적이며 상상력이 풍부한 이미지이다. 둥근형 얼굴은 낙천적이고 솔직하며 쾌활한 성격에 귀여우나 얼굴 윤곽이 둔해 보일 수 있는 이미지이다. 사각형 얼굴은 책임감이 강하고 성실하며 엄격한 성격으로 남성적이며 활동적이나 안정감 있게 보일 수 있는 이미지이다. 역삼각형 얼굴은 자존심과 독립심이 강하고 자기중심적인 성격으로 날카롭게 보일 수 있으나 이지적인 이미지이다. 장방형 얼굴은 부드럽고 감수성이 풍부하며 예민한 성격으로 나이가 들어 보이나 성숙해 보일 수 있는 이미지이다. 마름모형 얼굴은 인내력이 강하고 냉정해 보이며 다소 신경질적인 이미지이다.

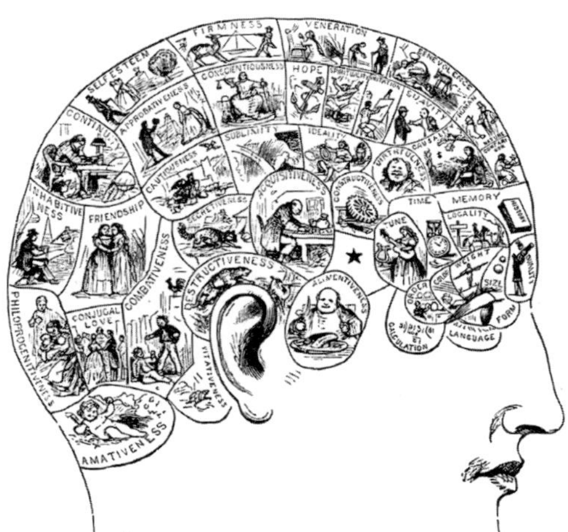


그림 4-1 1883년대 골상학 차드

표 4-1 얼굴형태의 인상학적 성격 특징

| 분류 | 얼굴형 | | |
|---|---|---|---|
| 이미지 | 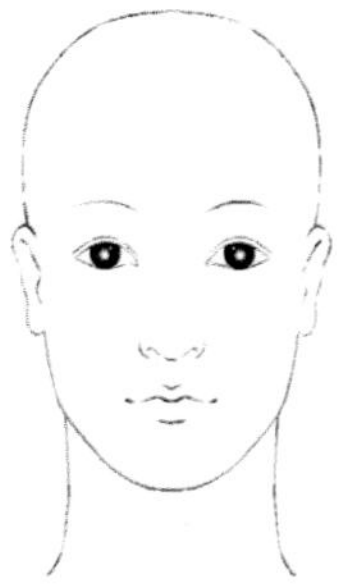 | 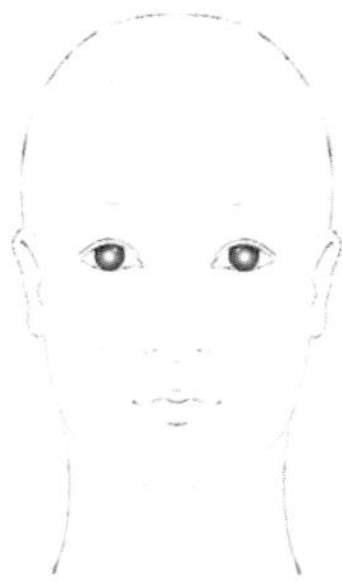 | 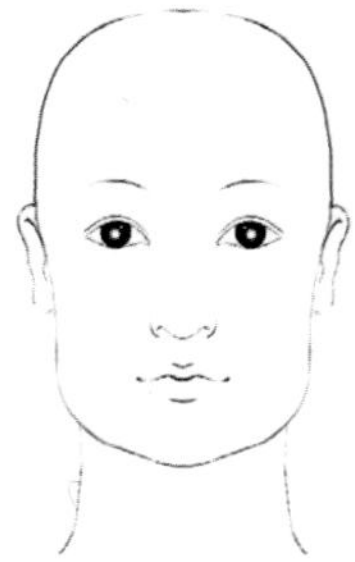 |
| | 계란형 | 둥근형 | 사각형 |
| 성격 특징 | 원만함, 사교적 | 낙천적 | 책임감 |
| | 사교적 | 솔직함 | 성실함 |
| | 상상력풍부 | 쾌활한 | 엄격함 |

| 분류 | 얼굴형 | | |
|---|---|---|---|
| 이미지 | 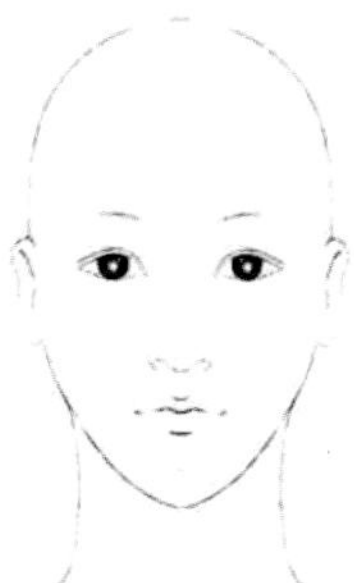 | 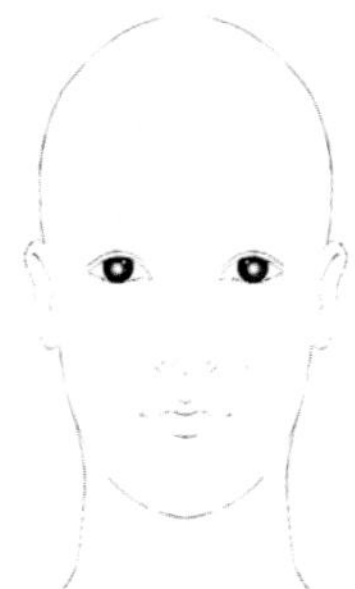 | 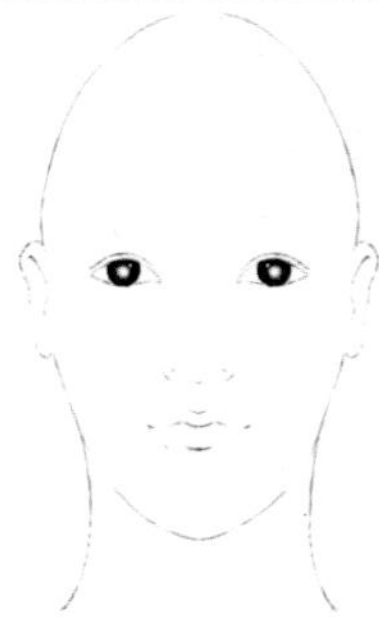 |
| | 역삼각형 | 장방형 | 마름모형 |
| 성격 특징 | 자존심 | 부드럽다 | 강함 |
| | 독립심 | 감수성풍부 | 냉정함 |
| | 자기중심적 | 예민함 | 신경질적 |

## 2. 눈썹 형태의 인상학적 성격 특징

눈썹의 형태에 따라 인상학적인 특징은 관상학에 기초한다. 눈썹의 형태에 따라 등장하는 배역의 성격을 재창조하여 표현 할 수 있다.

① 짙은 눈썹일 경우 대범하고 실행 능력이 뛰어나며 이기적인 성격이다.

② 두꺼운 눈썹일 경우 의지가 강하고 화통하며 물불을 가리지 않는 성격이다.

③ 일자 눈썹일 경우 현명하고 대담하며, 독단적인 성격이다.

④ 엷은 눈썹일 경우 얌전하고 우아하며 의지가 약해보이는 성격이다.

⑤ 가는 눈썹일 경우 소극적이고 섬세하며 감정이 풍부한 성격이다.

⑥ 눈썹 끝이 올라간 각진 눈썹일 경우 자존심이 강하며 호전적이고 타협을 싫어하는 성격이다.

⑦ 긴 눈썹일 경우 인색하고 질투심이 많은 성격이다.

⑧ 아치형 눈썹일 경우 현명하고 무뚝뚝한 성격이다.

⑨ 눈썹 끝이 내려간 경우 동정심과 연민이 많아 봉사 정신이 강한 성격이다.

⑩ 짧은 눈썹일 경우 현명하고 대담하며, 독단적인 성격이다.

⑪ 눈썹 미간이 넓은 경우 온화해 보이고 도량이 넓으며 정조 관념이 약한 성격이다.

⑫ 질서가 없는 눈썹일 경우 주변사람에게 해를 입히는 성격이다.

⑬ 눈썹 중간이 끊겨진 경우 수명이 짧고 형제간에 우애가 없는 성격이다.

⑭ 눈썹 미간이 좁은 경우 소심하고 속이 좁으며 고집이 센 성격이다.

표 4-2 눈썹 형태에 따른 인상학적 성격 특징

| 형태 | 짙은 눈썹 | 두꺼운 눈썹 | 일자 눈썹 |
|---|---|---|---|
| 이미지 | 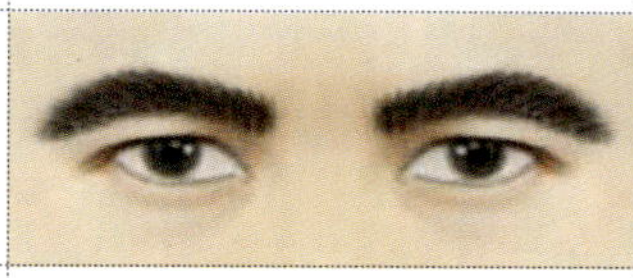 | 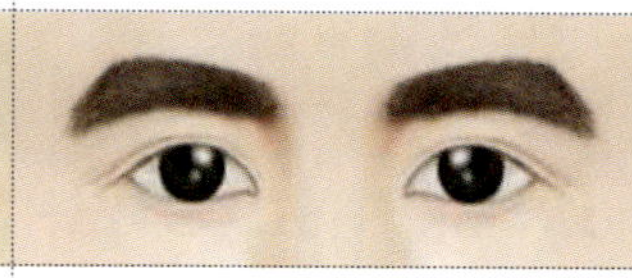 | 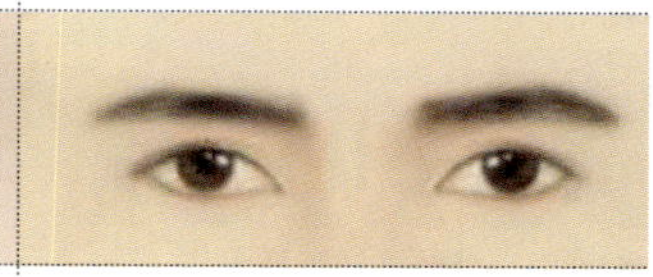 |
| 성격 | 대범함. 불안정 | 뚜렷한. 화통한 | 현명함, 대담함 |
| 형태 | 엷은 눈썹 | 가는 눈썹 | 각진 눈썹 |
| 이미지 | 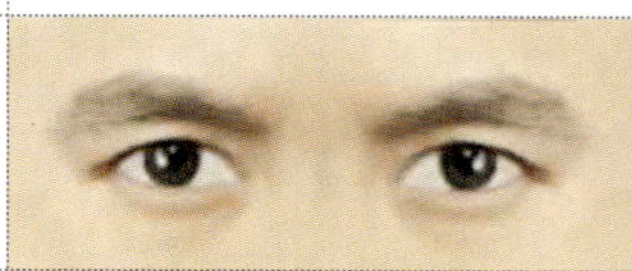 | 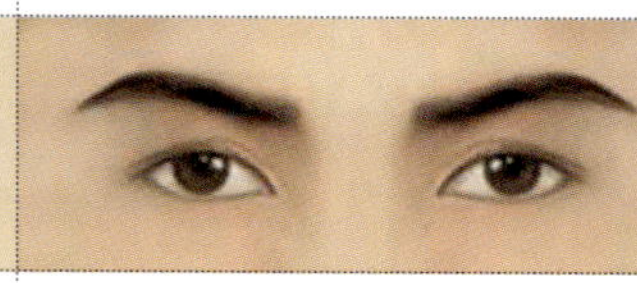 |  |
| 성격 | 얌전함. 우아함 | 소극적. 세련미 | 인색함. 질투 |
| 형태 | 올라간 눈썹 | 긴 눈썹 | 아치형 눈썹 |
| 이미지 | 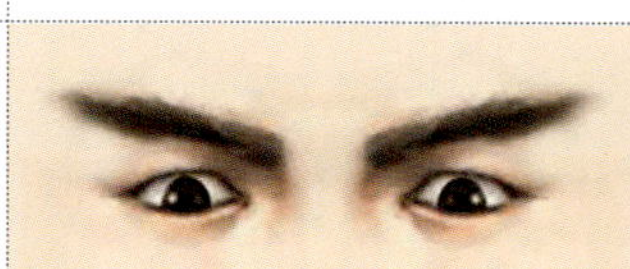 | 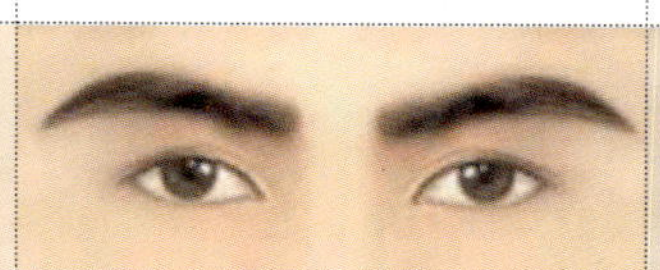 | 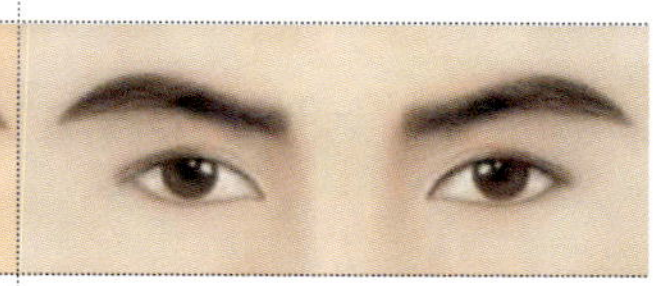 |
| 성격 | 강한 자존심, 무인 | 인색함. 질투 | 현명함. 무뚝뚝함 |
| 형태 | 내려간 눈썹 | 짧은 눈썹 | 넓은 미간 |
| 이미지 | 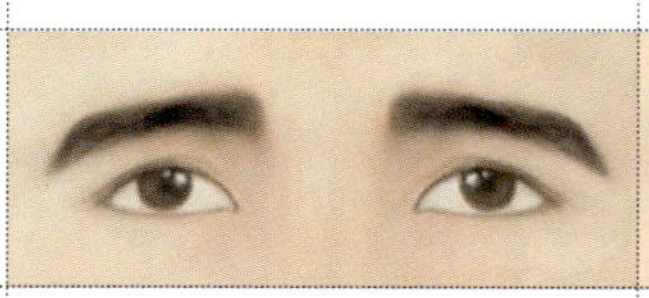 | 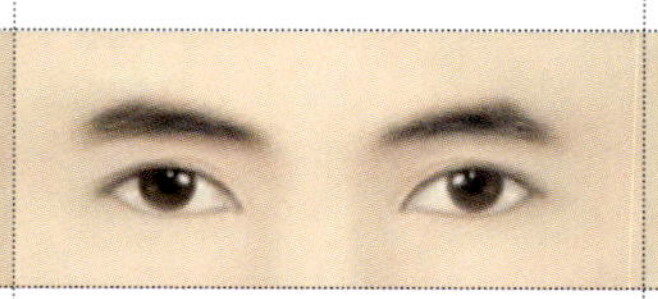 | 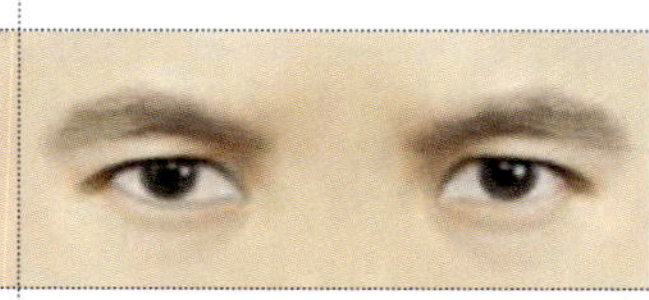 |
| 성격 | 동정심. 연민 | 현명함. 대담함 | 온화함. 여유있는 |
| 형태 | 질서가 없는 눈썹 | 끊겨진 눈썹 | 좁은 미간 |
| 이미지 | 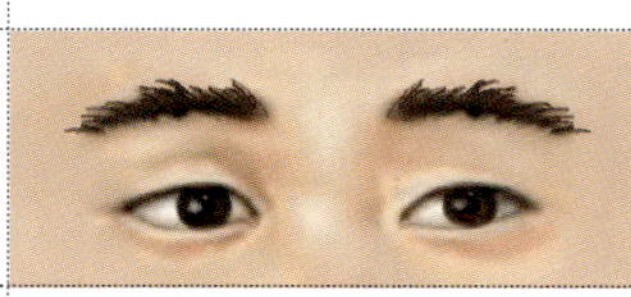 | 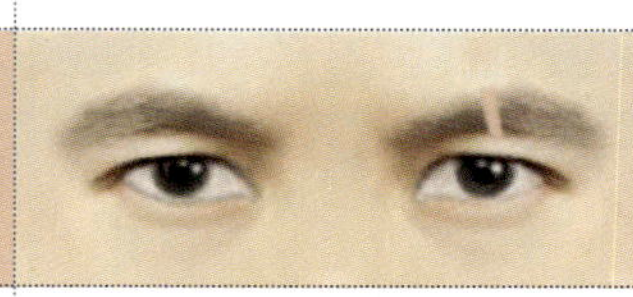 | 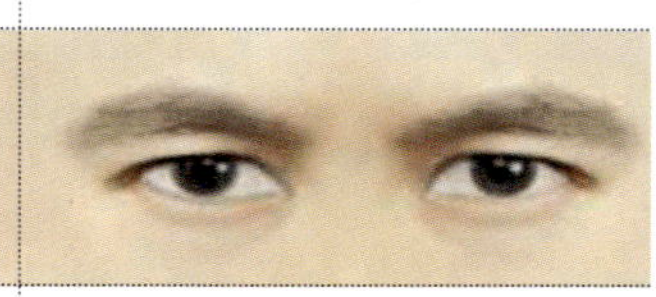 |
| 성격 | 주변 사람에게 해를 입히는 | 수명이 짧음, 우애가 없음 | 소심함. 고집 센 |

## 3. 입 형태의 인상학적 성격 특징

입의 형태에 따라 인상학적인 특징은 관상학에 기초한다.

① 큰 입은 통솔력이 있고 개방적이며 호탕한 성격이다.

② 작은 입은 소심하고 보수적이며 미적 감각이 뛰어난 성격이다.

③ 입 꼬리가 올라간 경우 명랑하며 사교적이고 쾌활한 성격이다.

④ 입꼬리가 내려간 경우 비관적이고 내성적이며 신념이 강한 성격이다.

⑤ 두꺼운 입술은 온화하고 섹시하며 솔직한 성격이다.

⑥ 얇은 입술은 겸손하고 냉정하며 정확한 성격이다.

⑦ 윗입술이 두껍고 아랫입술이 얇으면 능동적이고 소심하며 잔소리가 많은 성격이다.

⑧ 아랫입술이 두껍고 윗입술이 얇은 경우 열정적이고 자기중심적이며 욕망이 강한 성격이다.

표 4-3 입술 형태의 인상학적 성격 특징

| 형태 | 큰입 | 두꺼운 입술 | 올라간 입꼬리 | 아랫입술이 얇은 경우 |
|---|---|---|---|---|
| 이미지 |  | 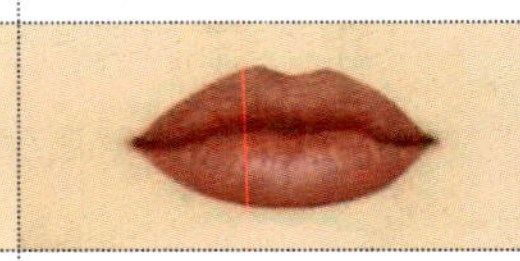 |  |  |
| 성격 | 통솔력. 개방적. 호탕함 | 온화한. 섹시함. 솔직함 | 명랑함. 사교적. 쾌활함 | 능동적인. 소심한. 잔소리 |
| 형태 | 작은입 | 얇은 입술 | 내려간 입꼬리 | 윗입술이 얇은 경우 |
| 이미지 |  | 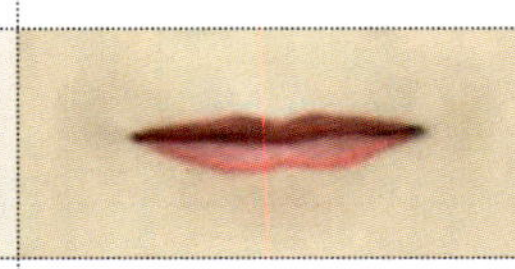 |  | 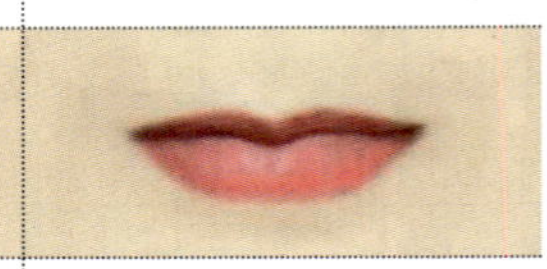 |
| 성격 | 소심함. 보수적. 미적감각 | 겸손함. 냉정함. 정확함 | 비판적. 내성적. 고집 | 열정적. 자기중심적. 욕망 |

## 4. 캐릭터 분장의 연령 분석

연령은 사람들의 신체적 상태와 외모를 나타내는 것으로 겉으로 보이는 나이는 유전, 환경, 기질, 건강 등의 영향을 받을 수 있고 정신적인 태도에도 영향을 미치며 분장에서는 실제의 나이에 관계없이 외견상의 나이가 중요하다.

### (1) 얼굴 나이의 특징

분장에서 나이는 외견상으로 보여지는 것으로 보편적으로 청년, 중년, 노년으로 구분 할 수 있다.

① 청년 15세 이상 29세 이하

청년은 젊음의 신체적 특징을 가지며 부드러운 피부, 얼굴의 혈색, 굴곡진 입, 선명한 눈, 진한 눈썹, 풍성한 머리숱 등을 들 수 있다. 15세 전후 얼굴 나이의 특징은 밝은 피부 톤과 지속적으로 성장하는 피부를 가지며 25세 전후 얼굴 나이의 특징은 밝은 피부에 주름이 없다.

② 중년

중년의 신체적 특징은 지방조직이 없어지며 잔주름과 깊은 주름이 피부와 피하조직의 수축을 형성하기 시작하며 머리 색상 또한 탁해지고 흰머리가 나오는 시기이다. 광대뼈 위 근육. 스마일라인, 콧방울, 턱 근육 등이 밑으로 쳐진다. 피부 톤이 탁해지고  기미 주근깨, 검버섯 등이 생기며 탄력성이 저하된다.

35세 전후 얼굴 나이의 특징은 얼굴에 미세 주름이 자연적으로는 눈, 입, 이마를 중심으로 형성된다. 45세 전후 얼굴 나이의 특징은 짙은 표정 주름이 눈, 입, 이마를 중심으로 형성되며 피부의 탄력성 저하와 이중 턱이 생긴다. 55세 전후 얼굴 나이의 특징은 피부의 탄력이 저하되고 명확한 주름 세포 조직의 처짐과 광대뼈가 돌출된다.

③ 노년

노년의 신체적 특징은 배역이 갖는 환경 변화에 따라 다르다. 생활환경에 따른 햇빛의 노출 빈도와, 건강 상태에 따라 피부색이 다르다. 깊어진 주름과 기미, 피부 탄력성이 저하되는 시기이다. 65세 전후 얼굴 나이의 특징은 두개골의 피부 수축과 늘어진 피부의 원인으로 얼굴 윤곽의 변형, 근육 상태 손실, 물렁한 피부와 주름이 생긴다. 75세 이상 고령 얼굴 나이의 특징은 두개골의 피부 수축되고 노화 과정의 연속으로 인격 및 온화함이 얼굴에 표현된다.

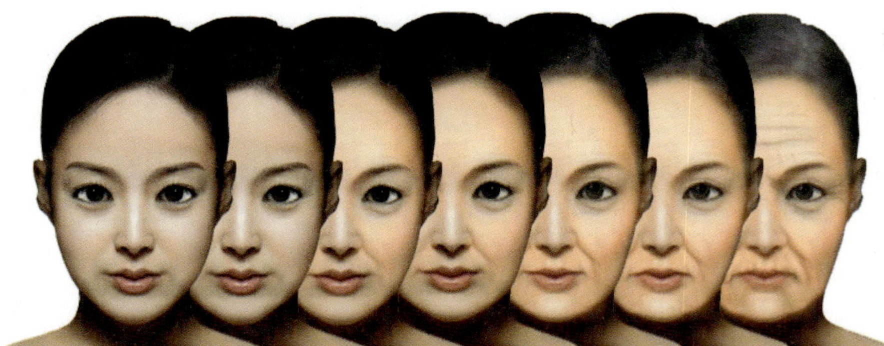

그림 4-2 얼굴 나이의 변화

## Ⅱ 노인 분장

노인 분장은 영상매체안의 캐릭터가 실제 연기를 하는 배우보다 나이가 많거나 특정 캐릭터를 표현하기 위한 방법으로 흔히 사용되는 분장법이다.

노화란 나이가 들어감에 따라 신체의 구조와 기능이 점차 저하되고 쇠약해지는 과정이다. 특히 분장분야에서는 피부의 노화를 표현하는데 피부의 노화는 내인성 요인과 외인성 요인으로 나뉘며 내인성 노화는 시간의 흐름에 따른 자연스럽게 진행되는 노화의 과정이며, 자외선과 같은 환경적인 요인에 따라서 진행되는 노화의 과정은 외인성 요인이라 한다.

노인 분장 작업을 시작할 때 캐릭터를 분석하고 등장인물의 연령, 직업, 생활환경과 같은 외인성 요인과 나이, 유전, 건강상태 등의 내인성 요인을 고려하여 분장 디자인을 해야 한다.
노인캐릭터를 분석할 경우 캐릭터의 성격, 시나리오에 제시된 외형적 특성을 고려하고 다양한 노화의 요인들을 고려하여 분장 디자인을 시행해야 한다.

노인 분장은 단지 얼굴뿐만 아니라 목, 손, 발 등 피부가 드러나는 모든 곳에 시행하여야 하며 시나리오에 표현된 노출 부위(예를 들어 가슴, 등, 배 등이 화면에 나올 경우)는 반드시 시행되어야 한다.

노인 분장은 40대, 50대, 60대, 70대, 80대 등 젊은 연령의 출연자를 나이의 변화에 맞도록 분장을 시행해야 한다. 하지만 20대 출연자를 한번에 80대 노인으로 분장하기 보다는 분장디자인 시 10년 또는 20년 주기를 단위로 하여 20대→40대→60대→80대 순서로 순차적으로 디자인을 덧붙여가며 디자인을 해야 한다.

> **TIP**
>
> 흰머리 진행순서 귀밑머리 → 앞머리 → 전체적 진행
> 수염 진행순서 턱밑 → 턱선 위 → 전체적 진행
> 콧수염 진행순서 바깥쪽 → 안쪽으로 진행
> 눈썹 진행순서 듬성듬성 진행, 전체적으로 하얗게 하지 않는다. 흰머리와 눈썹은 뿌리 아래쪽부터 바깥쪽으로 브러쉬 또는칫솔을 돌려 말듯이 바른다.

### 1. 연령별 특징

연령별 분장을 진행하는 이유는 각 캐릭터의 연령에 맞는 분장을 통하여 캐릭터의 외적 이미지를 극중 상황에 맞게 표현하기 위함이다.
가장 좋은 조건은 원래 배우의 나이에 맞게 분장하는 것이다. 예를들어 20대를 80대로 만든다든지 하는 너무 세대 차이가 급격히 바뀌는 것은 어려운 작업이다. 연령별 외형적인 특징 등을 고려하여 캐릭터에 맞는 분장을 하는 것이 중요하다.

표 4-4 연령별 특징

| 나이 | 연령별 특징 |
|---|---|
| 20~30세 | 20대 초반까지는 노화가 진행되지 않으나 20대 후반부터는 팔자주름과 눈가의 노화가 나타난다. |
| 30~40세 | 피부가 탁해지며, 아이백이 생기기 시작하며 눈가에 주름이 확연히 나타난다. |
| 40~50세 | 눈가와 미간에 주름이 깊어지며 팔자 주름(스마일 라인)이 나타난다 |
| 50~60세 | 미간과 이마 주름이 나타나며 얼굴 전체와 목, 손 등에 깊은 주름이 시작되며 잔주름이 나타난다. 흰 머리가 나타나며 머리숱이 적어진다. |
| 60~70세 | 얼굴 전체에 확연히 주름이 깊어지며 근육의 처짐에 따라 턱선과 아이백의 처짐이 두드러진다. 검버섯 등이 두드러지게 나타나며 피부가 얇고, 탁해져 있다. |
| 70세 이후 | 근육의 처짐이 심해지고 눈꺼풀, 입술 주름이 두드러지며 검버섯이 짙어진다. 굵은 주름과 잔주름이 많고 피부가 거칠고 윤기가 없어지며 울퉁불퉁해진다. 머리숱이 현저히 적어지며 흰머리가 많아진다. |

## 2. 노화의 단계에 따른 안면의 변화

### (1) 뼈의 변화

안면의 뼈 중 연골에 해당하는 뼈들이 처지게 된다. 콧망울, 귀 등의 뼈가 아래로 처지게 된다. 따라서 콧망울이 밑으로 처지고 양쪽 귀도 아래로 기울어지며 처지게 된다.

### (2) 근육의 변화

안면의 근육 중 큰 근육들이 대체로 아래 방향으로 처지는데 눈 밑과 광대뼈, 눈꺼풀, 이마, 턱선 등이 아래로 처져 곡선을 나타낸다.

### (3) 피부의 변화

안면의 피부가 점차 얇아지고 기미, 주근깨, 검버섯, 사마귀 등이 생기며 피부톤이 균일하지 않고 탁해진다. 또한 피부의 탄력이 떨어지며 모공이 커지고 깊어진다.

### (4) 주름의 변화

근육의 움직임에 따라 생성되는 주름은 세월이 지남에 따라 점차 깊고 짙어지며, 큰 근육을 움직이는 부위는 깊고 선명한 주름이 생기게 된다. 햇빛(자외선)과 건조한 환경, 오염된 환경 등에는 피부 표면이 거칠어지며 잔주름이 생기게 된다.

### (5) 머리카락의 변화

일반적으로 머리숱이 점차 적어지며 모발이 얇아지고 흰 모발이 나타나며 탈모의 정도에 따라 대머리가 되기도 한다. 비단 머리숱뿐만 아니라 수염 등에도 같은 현상이 일어난다. 흰 모발은 건강 상태에 따라 노란기가 돌거나 윤기가 없이 푸석하게 되기도 한다.

## 3. 노인 분장 표현 방법

노인 분장을 연출하는 방법에는 골격을 바탕으로 하는 명암법과 사용되는 재료에 따라 라텍스 빌드업, 플라스틱 빌드업, 어플라이언스 메이크업으로 구분된다.

### (1) 명암법

빛의 밝고 어두움과 거리에 따른 착시현상을 접목하여 응용한 분장법으로 파운데이션의 밝은 톤과 어두운 톤을 이용하여 윤곽을 강조하고 주름을 그려 넣는 방법이다. 돌출된 부분에 하이라이트를 주고 처진 부분에 섀도우를 사용하여 얼굴 근육과 뼈의 처짐과 돌출된 부위를 표현해준다. 노인 얼굴의 근육과 주름을 면밀히 관찰하여 디자인에 응용한다. 촬영장의 환경과 카메라 조명 등을 고려하여 파운데이션의 명암을 결정하여 시행한다. 섀도우가 발라진 부위에는 반드시 하이라이트가 위 방향으로 올라가야 효과적이다. 전체 얼굴면적에서 섀도우와 하이라이트 표현이 50% 이상 사용되지 않게 주의해야 한다. 너무 많은 비율로 섀도우와 하이라이트를 할 경우 베이스톤이 섀도우와 하이라이트 표현으로 인해 커버되어 전체 얼굴 톤의 변화를 가져오기 때문이다.

### (2) 파운데이션 빌드업

초창기 헐리웃 영화 메이크업에서 많이 사용하던 테크닉으로 질감이 두꺼운 파운데이션을 주름이 많이 생기는 부위에 덧발라서 자연스러운 갈라짐이 생기게 하는 방법으로(파운데이션을 두껍게 바르면 색이 짙어지므로) 베이스 톤보다 반 톤, 또는 한 톤 정도 밝은 색으로 시행하는 것이 좋다. 파운데이션과 같은 톤의 파우더를 사용하여 파운데이션→파우더→파운데이션→파우더와 같은 방식으로 3~5회 반복 시행하며 차츰 범위를 좁혀가며 바른다. 눈가와 입술 주위 등에 매우 효과적인 방법이다. 하지만 HD카메라에서는 표시가 나므로 사용하지 않는다.

### (3) 라텍스 빌드업

라텍스를 얼굴에 발라 인위적인 주름을 만들어 주는 방법으로 60세 이상의 노인 분장 시 효과가 있다. 명암법과 비교하여 입체적인 분장법으로 실제 배우의 얼굴 움직임이 강조되어 표현되므로 배우가 그 역할에 몰입하여 연기하는데 도움이 된다. 라텍스는 채색이 잘 벗겨지므로 일반 파운데이션을 사용하지 않고 캐스터 오일이 들어있는 R.M.GRubber Mask Grease를 사용하여 채색한다. 라텍스 빌드업은 피부를 탁하게 하여 채색이 중요하며, 라텍스 자체에 함유된 암모니아 냄새가 강하여 분장 시 배우가 알러지 등이 있는 경우 사용이 어려우며 라텍스가 마르는 시간이 오래 소요되므로 분장 시간이 길어진다. 깨끗한 피부에 보호제를 바른 후 주름이 생기는 반대 방향으로 피부를 잡아당겨 라텍스를 바르고 말린 후 파우더를 발라 라텍스끼리 붙지 않도록 한다. 당겨진 피부를 놓고 주름 방향으로 밀어가면서 주름을 만들어준다. 한꺼번에 넓고 많은 부위를 시행하지 말고 한 곳씩 나누어 시행한다. 뺨, 이마, 콧등, 턱, 입 주위, 목, 눈가, 눈두덩이 등으로 나누어 시행한다. 라텍스 빌드업의 경우 매번 똑같은 주름을 만들 수 없어 영상매체의 연결성에 적합하지 않다. 1회성이거나 하루에 촬영분을 모두 촬영할 수 있는 조건에는 다른 노인 분장법보다 경제적이며 매우 효과적이다.

> **TIP**
>
> **캐스터 오일 Caster Oil**
>
> · 피마자유로 접착성이 강한 오일로 색소와 혼합하여 만들어진 R.M.G 는 피부에 무해하며 파운데이션과 같은 용도로 사용되지만 접착성이 강하고 잘 지워지지 않아 피부에 사용하면 클린징이 용이하지 않아 사용하지 않는다.
>
> · 딕 스미스가 처음 개발하여 특수분장에 사용하였으며 현재까지도 라텍스 어플라이언스에는 R.M.G를 사용한다.

### (4) 플라스틱 빌드업

플라스틱 빌드업은 라텍스 빌드업의 단점을 보완하기 위하여 개발된 방법으로 1990년 후반에 개발된 재료인 액체 플라스틱을 사용하여 시행되었다. 점차 발전된 재료로 액체 플라스틱에 파우더를 섞어서 농도를 진하게 만들어 보다 빠른 분장을 할 수 있다. 분장 기법은 라텍스 빌드업과 동일한 방식으로 진행되며 빠르게 마르며 효과적이다.

### (5) 어플라이언스 메이크업

노인 분장 또는 독특한 캐릭터 노인의 경우 주름과 근육의 변형만으로 표현하기 어려우므로 피부에 부착물어플라이언스을 붙여서 분장을 하는 방법으로 폼 라텍스Foam Latex, 실리콘Scilicon등이 사용된다. 어플라이언스는 배우의 얼굴을 캐스팅한 후 조소 작업과 몰드 작업을 거쳐서 제작된 캐스트어플라이언스를 사용하는데 배우마다 얼굴 생김새와 크기가 다르므로 배우 본인에게만 적용하여 사용한다. 어플라이언스를 제작하려면 최소 2주 이상의 기간이 소요되며 비용이 많이 든다. 따라서 예산이 큰 영화나 드라마 또는 주연 등에 국한하여 사용된다. 또한 어플라이언스를 부착하여 분장하는 것은 매우 프로페셔널한 테크닉이 필요하다.

> **TIP**
>
> **어플라이언스의 분류**
>
> Fragment(small piece) : 조그만 부분
>
> Mono piece(one piece) : 한 개의 piece로 얼굴의 반 정도 이상을 커버할 수 있는 것
>
> Muity Piece : 여러 조각을 한 장에 붙이는 것으로 부분 부분이 전체가 되고 모델이 더 편하게 느낀다. 근육을 잘 움직일 수 있다.(턱, 이마, 입, 볼에서 목)

## 4. 노인분장

그림 4-3 명암을 이용한 노인분장 재료

사용 재료 : 메이크업베이스, 파운데이션, 파우더, 퍼프, 믹싱파레트, 스파츌러, 브러쉬, 스펀지, 메이크업 브러쉬, 헤어컬러, 칫솔, 아이섀도우, 갈색펜슬

(1) 노인분장

[ 분장순서 ]

① 시나리오 상의 캐릭터와 배우의 얼굴 골격을 파악하여 주름의 위치와 크기, 골격의 강조와 축소 등을 디자인한다.

② 시나리오 상의 연령, 직업, 환경, 건강상태 등을 고려하여 기본 베이스를 선택하고 얼굴에 바른다.

③ 전체 골격의 크기에 따라 광대뼈, 턱선, 관자놀이 등에 섀도우를 기본으로 음영을 주고 하이라이트를 사용하여 강조한다.

④ 가장자리로 갈수록 연해지도록 그라데이션 해준다.

⑤ 얼굴의 윤곽을 따라 돌출 된 부분인 이마, 눈썹 뼈, 콧등, 광대뼈, 앞턱부분에 더 돌출되어 보이도록 하이라이트를 넣어준다.

그림 4-4　명암을 이용한 노인 분장

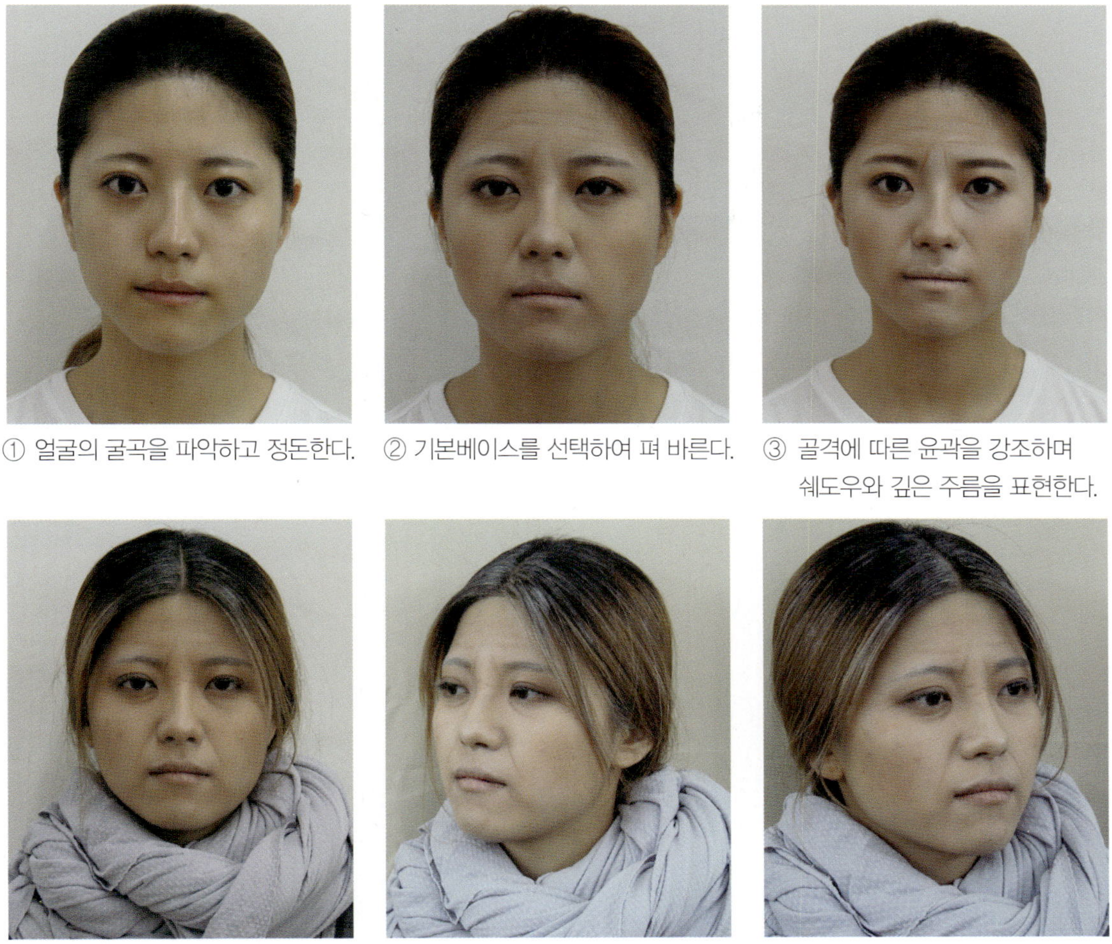

① 얼굴의 굴곡을 파악하고 정돈한다.
② 기본베이스를 선택하여 펴 바른다.
③ 골격에 따른 윤곽을 강조하며 쉐도우와 깊은 주름을 표현한다.
④ 쉐도우를 기본으로 돌출된 부분을 하이라이트를 한다.
⑤ 잔주름을 그려준다.
⑥ 완성

**TIP**

노인분장의 키포인트

· 잔주름을 표현하여 더 자연스럽게 굵은 주름과 연결할 수 있다.
· 입술 구각을 펴지게 굴곡을 주고 본인이 가지고 있는 입술 주름과 연결하여 둥근 사선 모양으로 그려준다.
· 모든 주름의 표현은 하이라이트와 섀딩을 적절히 사용해야 한다.
· 하이라이트를 쓰면 조명의 영향으로 피부톤이 바뀌므로 반드시 베이스톤과 섞어서 사용한다.
· 배우의 얼굴 움직임 : 웃거나, 찡그린 모습을 활용하여 주름을 그리면 보다 실감나는 노인 분장을 표현할 수 있다.

### (2) 플라스틱 빌드업

이 방법은 라텍스를 이용한 분장에 비하여 소요 시간도 적을 뿐 아니라 액체 플라스틱 제품을 이용하여 본인의 주름을 위주로 피부 결에 따라 수직방향으로 피부를 당겨서 바르고 얼굴을 움직이거나 손으로 인위적인 주름 모양을 만들어주는 방법이다. 필요한 경우에는 검버섯, 주근깨 등의 피부상태를 표현한다.

**[ 분장순서 ]**

① 배우의 얼굴을 깨끗이 닦아 정돈한다.

② 액체 플라스틱과 아타겔 용액을 적당한 비율로 섞어 아세톤을 첨가하며 농도조절을 한다.

③ 모델의 피부에 주름의 반대 방향으로 당긴 후 그 당긴 부위의 용액을 브러쉬를 사용하여 고르고 균일하게 바른다.

④ 아타겔 용액을 말린다. 이때 손을 잡아당기면서 한다.

⑤ 파우더를 한다.

⑥ 당긴 손을 놓고 얼굴을 움직여 주름을 만든다.

⑦ 부위별로 단계적으로 시행한다.

⑧ 두꺼운 주름의 경우 ③~⑥단계를 반복한다.

(여러번의 반복 시행의 경우 분장 범위, 또는 용액의 도포 범위를 점차 줄여가면서 시행해야 가장자리가 표시나지 않고 자연스럽게 완성된다.)

⑨ 파우더를 털어내고 채색한다.

⑩ 잔주름 위에 검버섯, 주근깨 등을 표현해 준다.

그림 4-5 플라스틱 빌드업 노인분장 재료

사용 재료 : 아타겔, 워터메론, 베이비파우더, 믹싱볼, 브러쉬, 스파츌러, FX팔레트, 99% 에틸 알코올, 아세톤, 메이크업베이스, 실리콘베이스물감, 에어브러쉬, 콤퓨레샤, 스펀지, 드라이기

그림 4-6 플라스틱 빌드업 노인분장

① 액체 플라스틱과 아타겔을 섞어 준다.

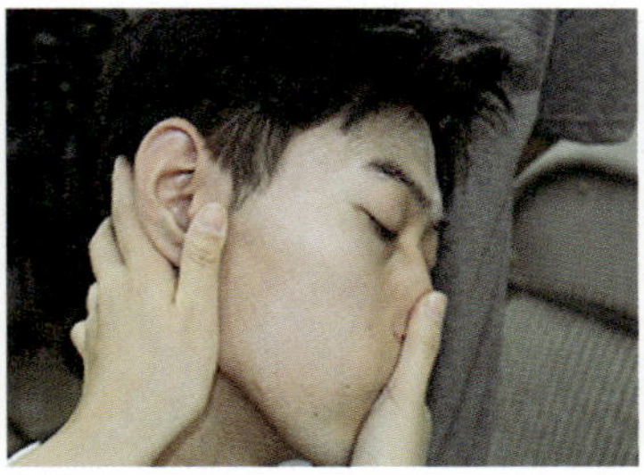

② 주름이 생겨야 할 부위의 얼굴을 팽팽하게 당긴다.

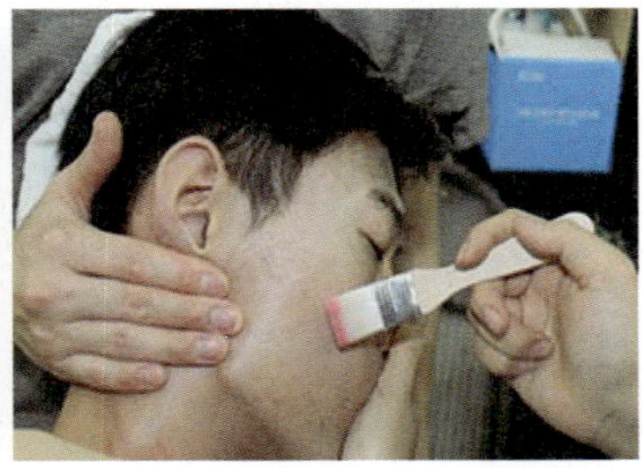

③ 아타겔 용액을 브러쉬를 사용하여 균일하게 발라준다.

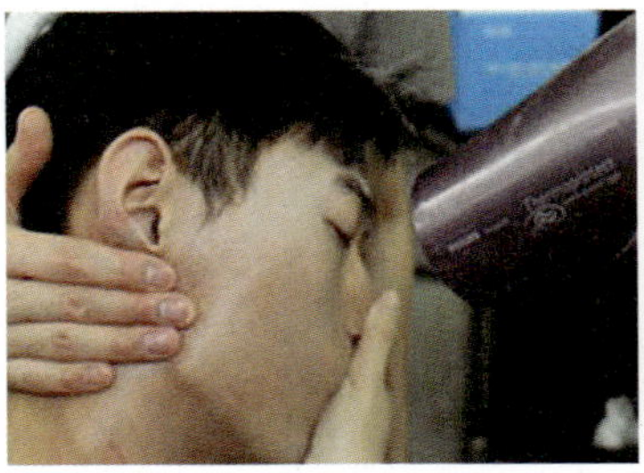

④ 드라이어의 찬바람을 이용하여 말려준다.

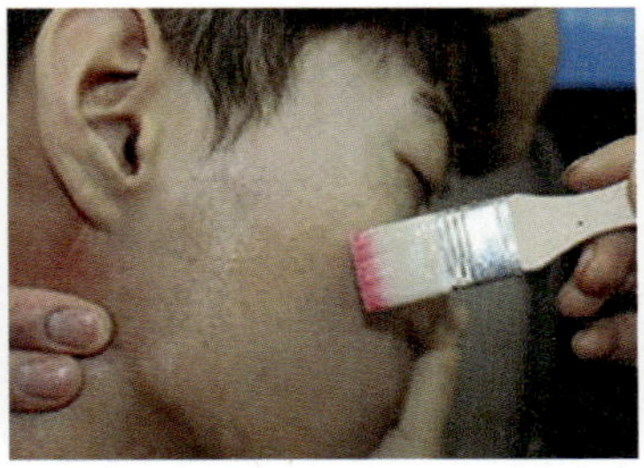

⑤ 반복하여 2~3회 발라주며 두꺼운 주름의 경우 3~4회 시행한다.

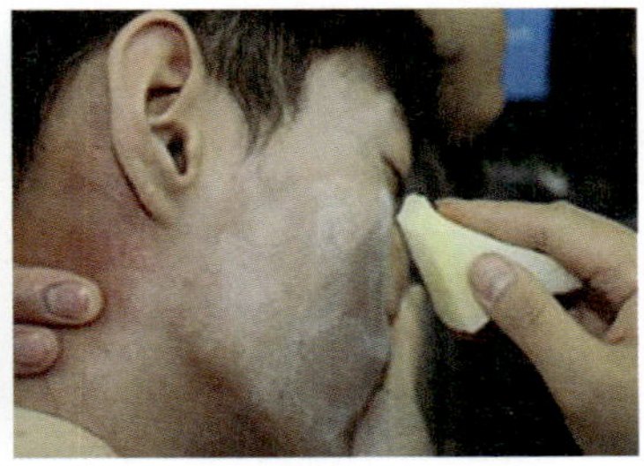

⑥ 파우더를 발라준다.

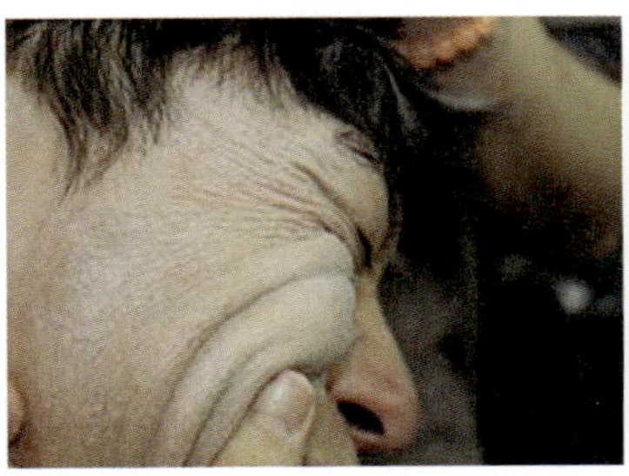

⑦ 얼굴을 움직여 주름을 만든다.

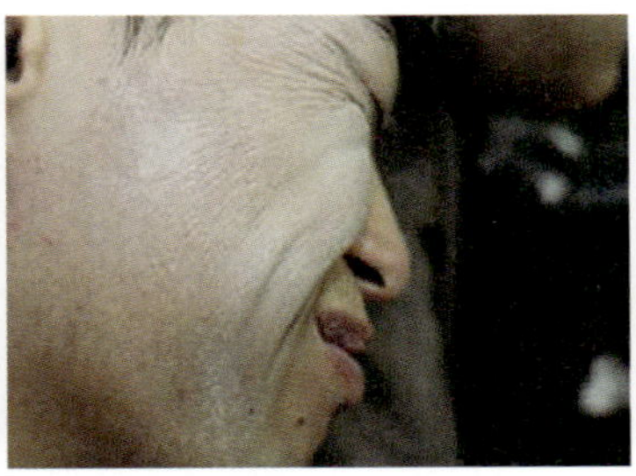

⑧ 가장자리를 정돈하고 여분의 파우더를 털어낸다.

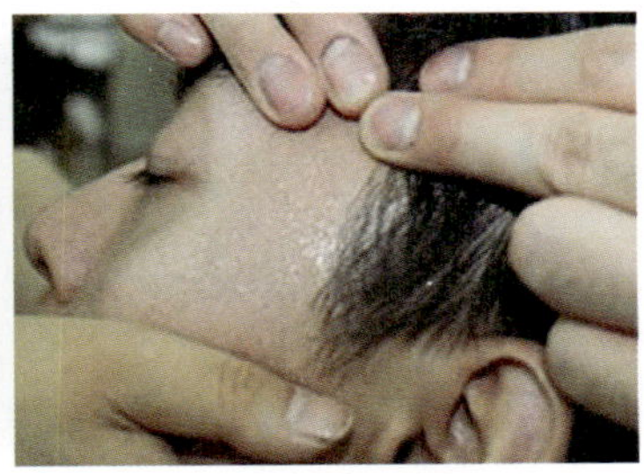

⑨ 2차 부위를 팽팽하게 당긴다.

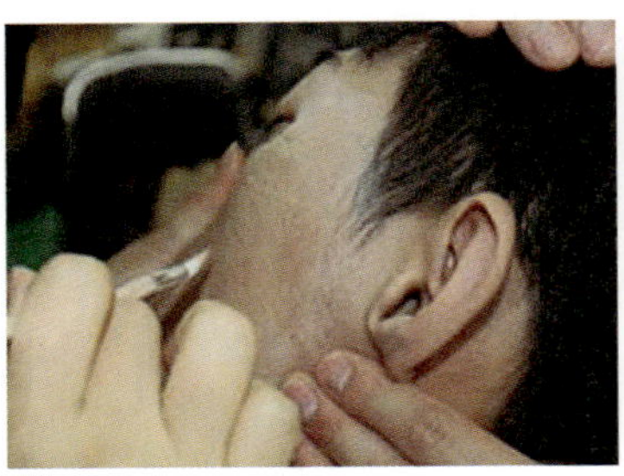

⑩ 아타겔 용액을 발라준다.

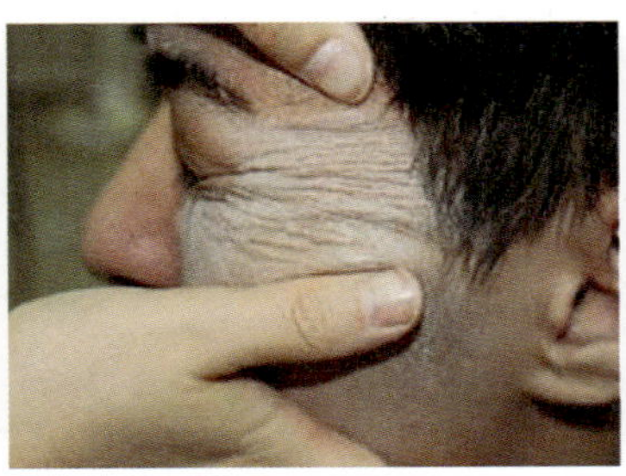

⑪ 파우더를 한 후 찡그리는 등 얼굴을 움직여 주름을 만든다.

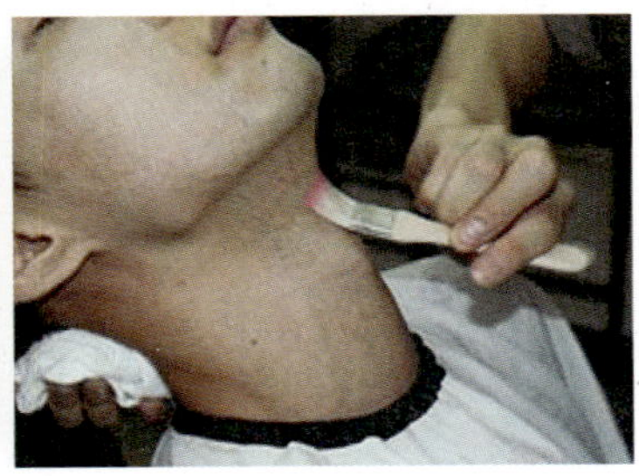

⑫ 목을 최대한 뒤로 젖혀서 아타겔 용액을 바른다.

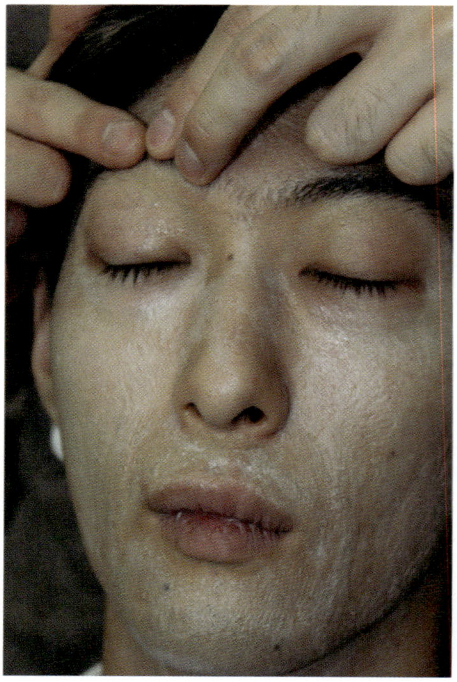

⑬ 눈두덩이는 눈썹 위쪽을 잡아당기고 액체가 눈에 들어가지 않게 조심하며 바른다.

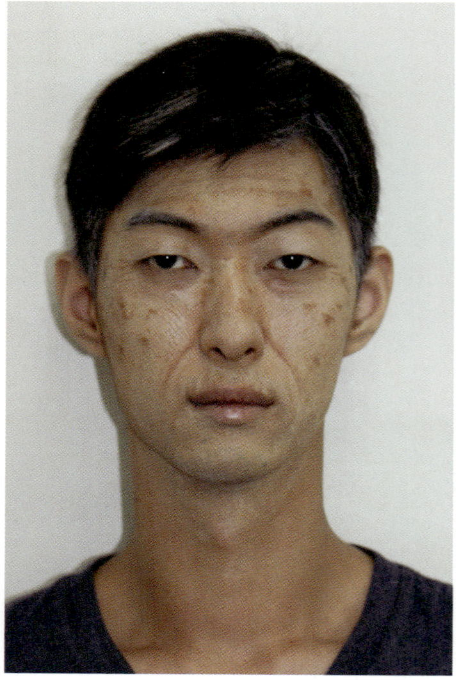

⑭ 채색으로 완성하고 검버섯을 찍어준다.

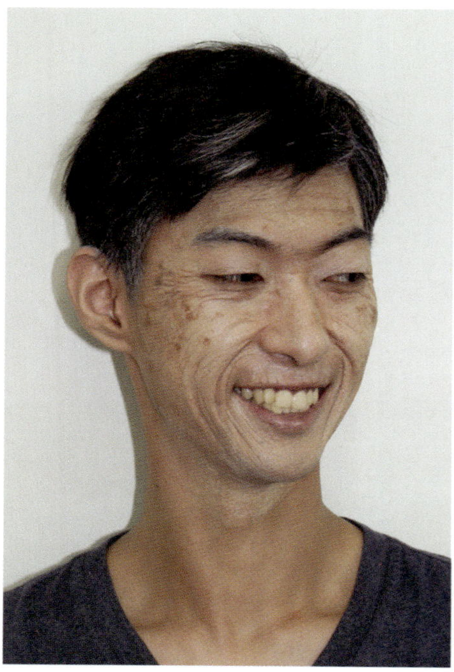

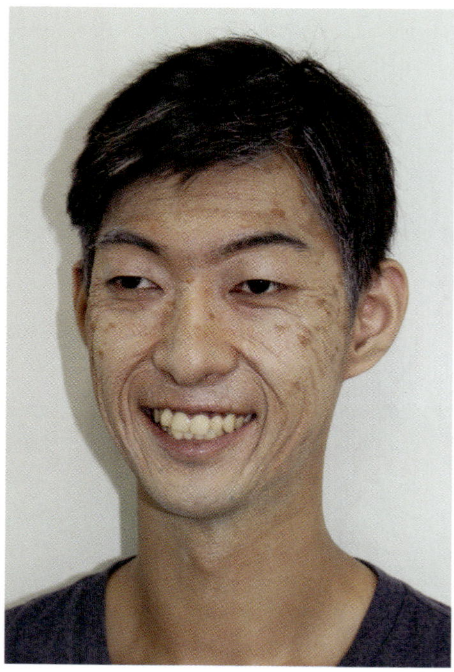

⑮ 완성

### (3) 라텍스 빌드업

배우의 나이보다 캐릭터의 나이가 20살 이상 차이가 나는 경우 효과적으로 연출하는 방법으로 라텍스를 활용하여 원하는 깊이만큼 주름에 덧발라 주는 방법이다.

명암법에 비해 입체적인 표현이 가능하며 자연스럽고 세심한 연출이 가능하였으나 현재에는 HD급 카메라의 발전으로 재질과 표면의 불투명성 때문에 영상매체에서는 잘 사용되지 않는다. 라텍스latex는 생고무 원액+암모니아를 첨가하여 하는 방법으로 장점으로는 잔주름을 미세하게 표현할 수 있다. 단점으로는 만드는데 시간이 오래 걸리고 할 때마다 다르기 때문에 연결성이 없으며, 당기는 힘이나 위치에 따라 주름의 크기가 달라진다. 제거 시에는 밀착된 라텍스가 피부의 솜털을 잡고 있어 조심스럽게 떼지 않으면 피부가 손상되며 매우 고통스럽다. 제거 후 주름이 2~3시간 지속되며 민감성 피부, 알러지 피부에는 사용할 수 없다. 피부가 약한 사람에게는 잘 떨어지지 않으며 상한 라텍스를 쓰면 화상을 입을 수 있어서 주의가 필요하다.

### (4) 어플라이언스

캐릭터 분장을 위해서 미리 만들어진 조각들이다. 극 사실적인 분장이 필요할 경우 사용하며 핫폼, 실리콘 캐스트를 제작해서 피부에 부착시키는 방법이다. 장점으로는 사실성이 좋으며 원하는 디자인을 구현할 수 있다. 세밀한 표현까지 할 수 있고 연결성과 연속성이 좋으며 복제가 가능하고 표시가 나지 않는다. 제작비가 많은 작품에서 활용이 가능하다.

# Ⅲ 대머리 분장

## 1. 대머리 분장의 개요

대머리 분장은 영상매체의 특성상 특정 캐릭터가 대머리인 경우에 시행되는 분장 방법이며, 또한 가발을 씌우기 위한 밑작업, 특수 분장의 어플라이언스 등을 붙여서 완성하는 분장 등의 특수한 목적으로 대머리 분장을 시행한다.

캐릭터 상의 대머리는 유전적인 원인 또는 환경적인 원인으로 머리카락이 빠지거나 숱이 적어지고 모발이 얇아지는 기질을 가진 인물이다. 초창기 대머리 분장은 비누를 녹인 용액을 발라 머리카락을 밀착하여 피부에 붙여 굳힌 뒤 파운데이션을 도포하는 방법이 쓰였으나 라텍스캡이 개발된 이후에는 라텍스를 사용하여 만들어진 볼드캡을 피부에 붙여서 분장을 효과적으로 시행하게 되었다.

최근에는 플라스틱 재질의 볼드캡을 사용하여 보다 사실감 있는 분장시연이 가능하게 되었다.

볼드캡을 사용하는 캐릭터로는 노인, 스님, 대머리 역할, 공상과학영화 등의 캐릭터, 외계인, 도깨비, 몬스터, 요정 등 다양한 활용이 가능하다.

대머리 분장 시 볼드캡의 재료에 따른 특성과 시행방법, 장·단점 등을 파악하여 현장에 맞는 재료를 선택해야 한다. 또한 볼드캡 접착시 접착제에 의한 알러지 유무 등 배우의 피부 특성과 분장 소요시간, 분장 장소의 환경 등을 고려해야 한다.

> **TIP**
>
> 분장 후 땀이 배출되지 못하므로 미리 머릿속의 두피에 베이비 파우더 등을 충분히 뿌린 후 볼드캡을 붙여 주면 분장 지속력이 높아진다.

## 2. 볼드캡의 종류

### (1) 라텍스 캡 Latex Cap

① 라텍스는 고무나무껍질에서 채취된 천연 피부 원료에 황과 암모니아 등을 섞어 만든 것으로 냄새가 좋지 않다.

② 초창기 특수분장의 재료로 많이 사용되었으며 폼라텍스의 주 원료이기도 하다.

③ 라텍스는 마른 후 단단해지며 투명도는 두꺼워질수록 좋지 않다. 저렴한 가격과 편의성 때문에 볼드캡의 소재로 많이 사용된다.

④ 라텍스 볼드캡은 피부에 부착 후 경계선이 표시가 나므로 주의해서 붙여야 한다. 또한 경계선을 없애기 위한 별도의 이음새 처리를 하기 위해서 많은 시간이 소요된다. 라텍스 캡의 채색은 파운데이션으로는 가능하지 않으며 R.M.GRubber Mask Grease를 사용하여 채색하거나 PAX Paint 또는 아크릴 베이스의 화장품을 사용하여 에어브러쉬로 채색한다.

⑤ 라텍스 캡은 1회용으로 1회 사용 후 폐기해야 한다.

### (2) 플라스틱 캡 Plastic Cap

① 플라스틱 캡은 액체 플라스틱에 아세톤을 첨가하여 농도 조절을 하며 사용한다.

② 액체 플라스틱으로 제작 시 발생되는 성분은 인체에 유해하므로 반드시 마스크 등을 쓰고 제작해야 한다.

③ 아세톤에 쉽게 녹으므로 피부에 부착 후 표시 나는 가장자리 부위는 아세톤으로 녹여낸다.

④ 신축성이 없는 특성상 모델의 두상 크기에 맞는 캡을 사용하여야 한다.

⑤ 제작공정이 다소 까다롭고 재료가 비싼 단점이 있으나 영상매체에서는 매우 효과적인 분장 방법이다.

⑥ 채색은 파운데이션에 알코올을 섞어서 채색을 하거나 PAX와 아크릴 베이스의 화장품을 에어브러쉬로 채색하는 것이 좋다

⑦ 가장자리 이음새 표시가 잘 나지 않으며 내구성이 강한 것이 장점이다.

⑧ 단점으로는 제작비용이 비싸다.

## 3. 플라스틱 캡 제작 순서

① 레드헤드Red Head를 사용하여 볼드캡을 제작한다. 레드헤드 제작 시 만들어진 이음새의 표면을 사포로 문질러 고르게 한다.

② 배우의 두상 크기를 잰 후 유성펜으로 레드헤드에 헤어라인을 표시를 한다.

③ 헤어라인 위에 크리스탈 클리어를 뿌린다.

④ 볼드캡이 레드헤드에서 쉽게 분리되게 하기 위하여 전체적으로 레드헤드에 바세린을 바른다.

⑤ 적당량의 볼드캡 용액과 아세톤을 섞어 농도를 맞춘다. 볼드캡 용액 양에 비례하여 아세톤은 50%를 넘지 않도록 한다.

⑥ 볼드캡 용액이 브러쉬에서 많이 흘러내리지 않도록 적당량을 묻혀 레드헤드 중앙에서 가장자리로 발라준다.

⑦ 이마 헤어라인 가장자리 부분은 횟수를 조절하여 얇게 제작한다.

⑧ 헤어드라이어의 찬바람으로 건조시킨다.

⑨ 충분한 두께감이 나오도록 5~8회 반복 시행한다.

⑩ 완성된 볼드캡 위에 파우더를 빠짐없이 바른다.

⑪ 건조된 볼드캡의 밑 부분부터 파우더를 겉과 안부분에 골고루 발라가며 붙지 않게 조심스럽게 올리면서 떼어낸다. 서로 달라붙는 특성이 있어 퍼프를 이용하여 파우더를 묻혀 벗겨낸다.

그림 4-7 볼드캡 제작 재료

사용 재료 : 레드헤드, 바세린, 아세톤, 크리스탈클리어, 볼드캡 용액, 스펀지, 베이비파우더

그림 4-8 플라스틱 캡 제작 과정

① 두상의 크기를 측정하여 유성펜 으로 표시한다.

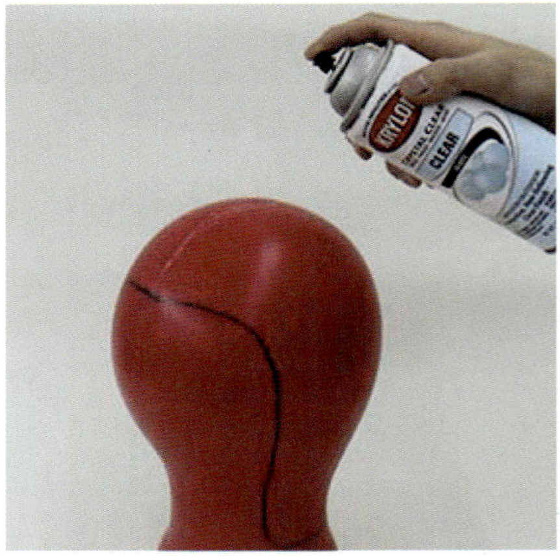

② 표시된 헤어라인이 지워지지 않도록 크리스탈 클리어를 분사하여 정착시킨다.

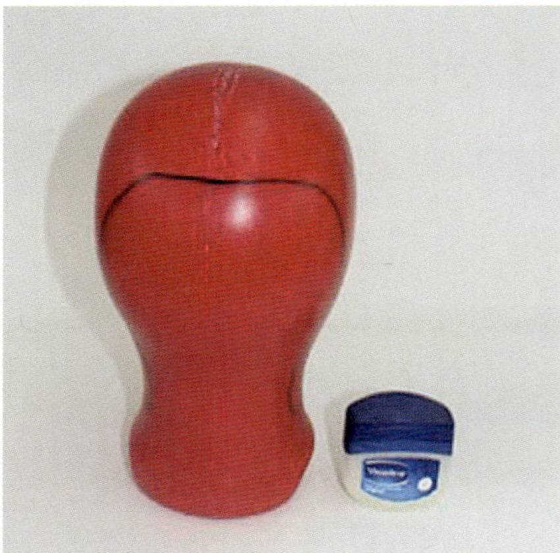

③ 크리스탈 클리어가 완전히 마르도록 드라이 이용하여 건조시킨 후 바세린을 전체적으로 바른다.

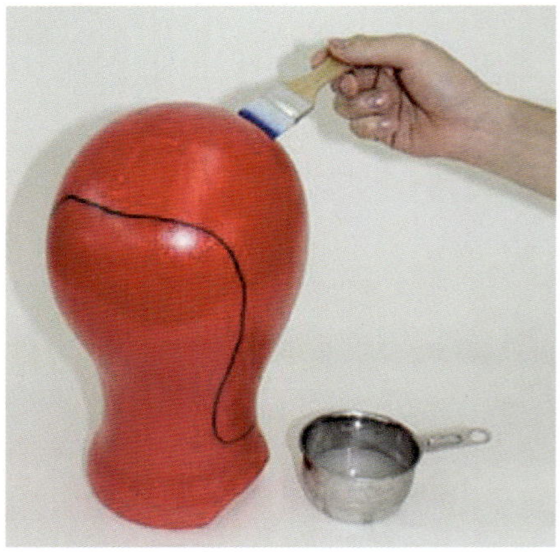

④ 볼드캡 용액을 골고루 도포한다.

⑤ 볼드캡 용액을 5~8차례 고르게 덧발라 준다.

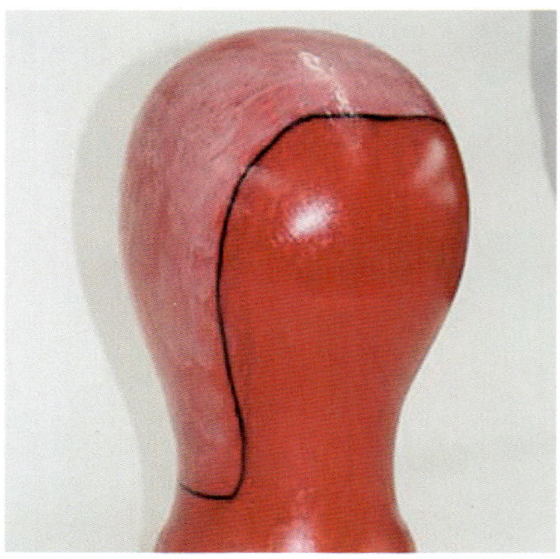

⑥ 충분히 말려준다.

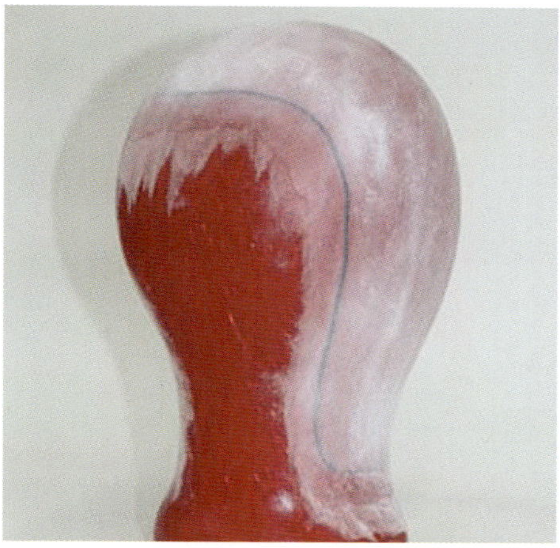

⑦ 파우더를 전체적으로 꼼꼼히 발라준다.

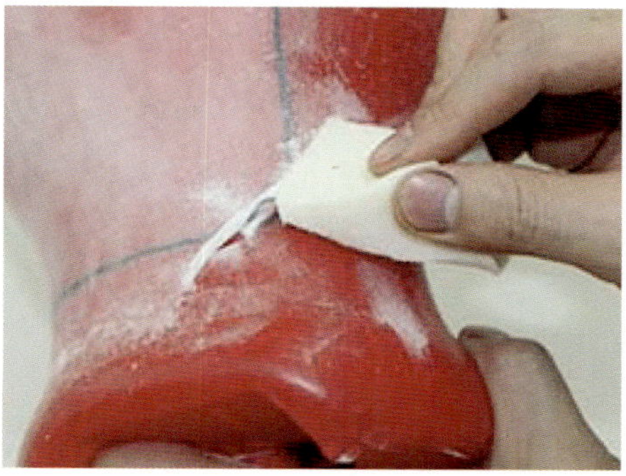

⑧ 밑에서부터 스폰지에 파우더를 묻혀 밀어 내듯이 조심스럽게 떼어낸다.

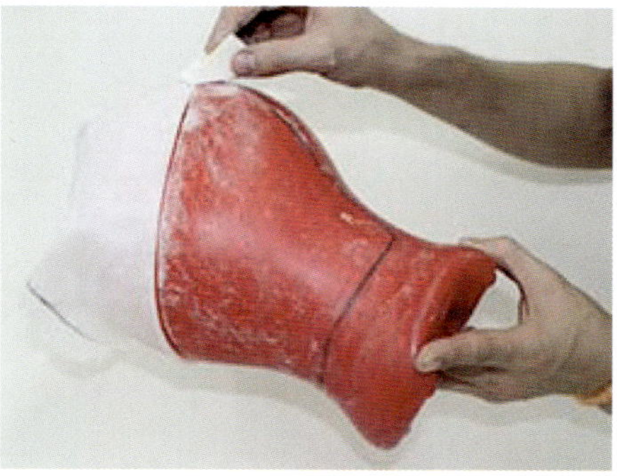

⑨ 사선 방향으로 전체적으로 밀며 떼어낸다.

⑩ 플라스틱 캡 완성

TIP

· 크리스탈 클리어를 분사시 공기가 잘 순환되는 실외에서 시행하고 실내에서는 분사하지 않는다.
· 볼드캡 용액을 바르는 브러쉬는 모가 곱고 아세톤에 녹지 않는 재질로, 모가 잘 빠지지 않는 브러쉬를 선택하여야 하며 1회용 브러쉬를 사용한다.

## 4. 볼드캡 씌우기 및 제거

### (1) 볼드캡 씌우기

① 준비된 볼드캡의 사이즈와 상태를 확인한다.

② 작업전 모델의 피부를 청결하게 닦아낸다. 파운데이션 또는 유성화장품의 경우 접착제의 접착력이 떨어질 수 있으므로 반드시 체크하여 피부를 정돈한다.

③ 접착제의 종류를 정한다. 스피릿 검, 프로스에이드, 텔레시스 등의 접착제 중 배우의 피부상태, 분장 시간 등을 고려하여 적합한 것을 선택한다.

④ 모델의 헤어를 깨끗하게 정리하여 헤어라인 바깥쪽으로 빗어 넘기고 약간의 물 스프레이를 사용하여 가닥이 떨어지지 않도록 붙인다.

⑤ 플라스틱 캡을 이마의 정 중앙 부분에 맞추어 씌운다. 이때 좌우와 이마위, 뒷머리 밑까지 잘 자리 잡도록 균형을 맞추어 씌워준다.

⑥ 먼저 이마 중앙에 2~3cm 정도 접착제를 피부에 바르고 고정한 뒤 뒷머리 밑부분에 2~3cm 정도 넓이로 접착제를 발라 볼드캡을 붙인다.

⑦ 이마 양쪽의 균형을 잡아가며 접착제로 붙여준다.

⑧ 완전히 볼드캡을 붙인 후 귀 부분을 삼각형으로 잘라내고 귀를 꺼낸 후 가장자리를 정리하여 접착제로 붙인다.

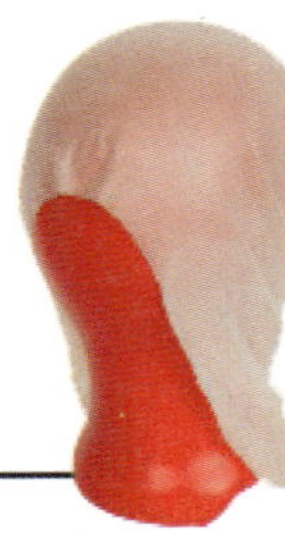

**TIP**

귀의 가장 튀어나온 곳과 귀 아래 움푹 패인 끝 쪽에 점을 찍어 연결하여 삼각형을 만들고 가위로 조심스럽게 주의하여 볼드캡을 잘라내고 귀를 꺼낸 후 귀 앞모양에 표시가 나지 않도록 접착제로 붙인 후 아세톤으로 녹여 자연스럽게 정리한다.

그림 4-9 볼드캡 씌우기 및 채색

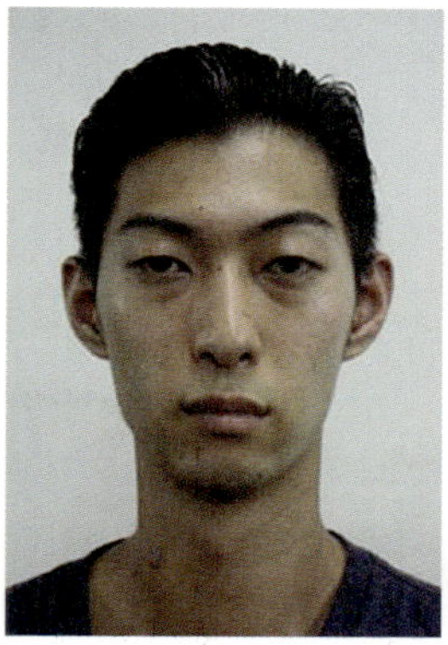

① 모델 피부를 깨끗이 정돈한다.

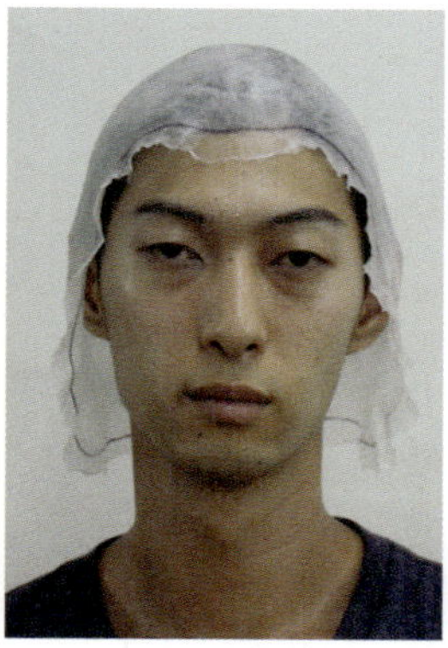

② 앞 이마 정 중앙에 스프릿 검을 발라 붙여준다.

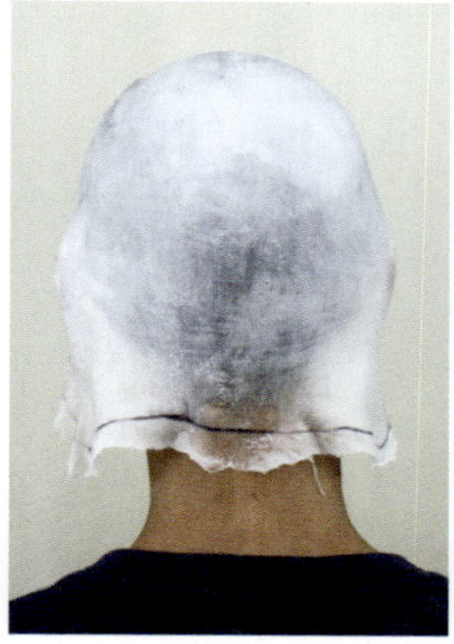

③ 뒷목 정 중앙에 스프릿 검을 발라 붙여준다.

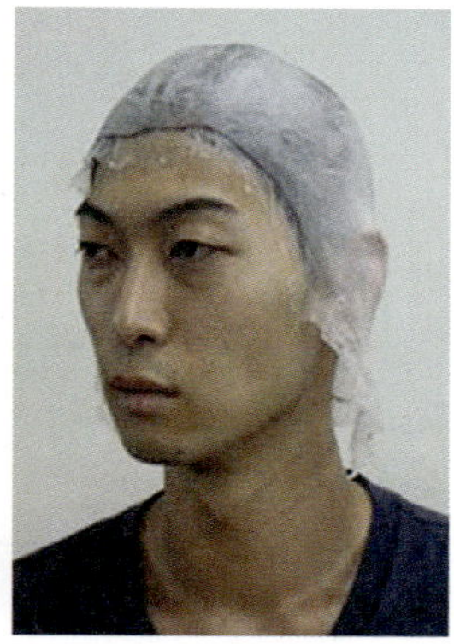

④ 이마부분을 스프릿 검을 발라 붙여준 후 가장자리를 아세톤으로 녹여준다.

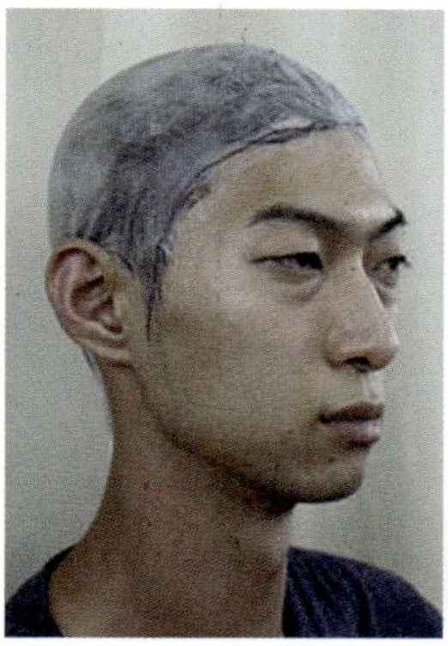

⑤ 전체적으로 표시가 나는 부위를 체크한다.

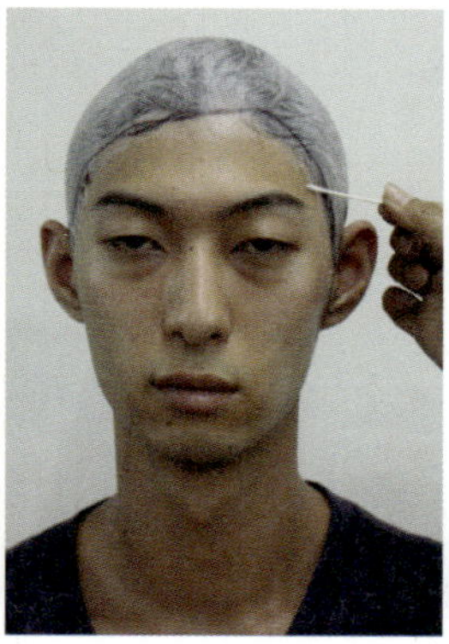

⑥ 표시가 나는 부위에 프로스에이드크림 등을 이용하여 메꿔 준다.

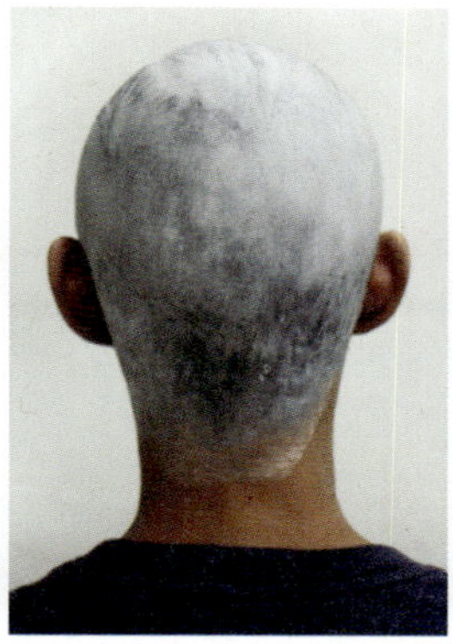

⑦ 뒷목부위의 여분을 녹여낸다.

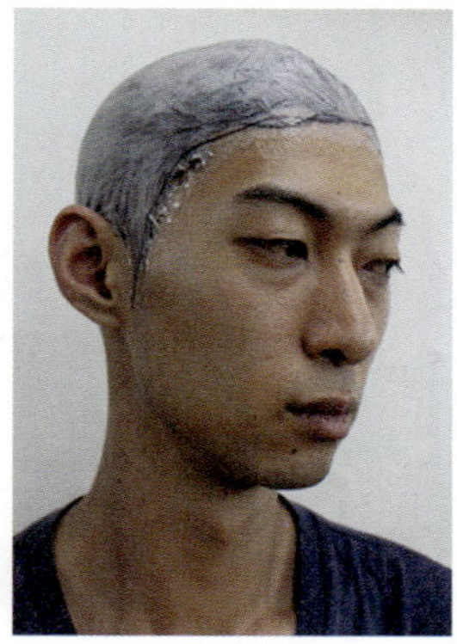

⑧ 전체적으로 표시가 나는 부위를 체크한다.

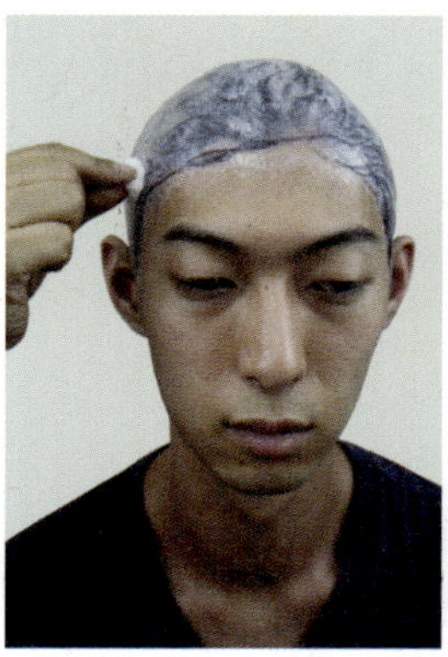

⑨ 표시가 나는 부위에 프로스에이드크림 등을 이용하여 메꿔 준다.

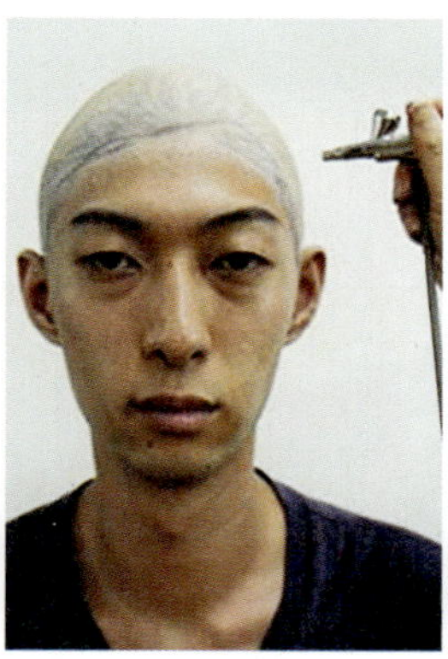

⑩ 에어 브러쉬 등을 이용하여 채색한다.

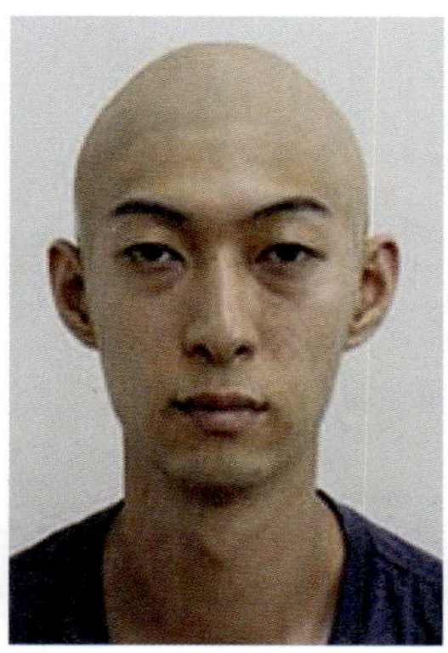

⑪ 완성

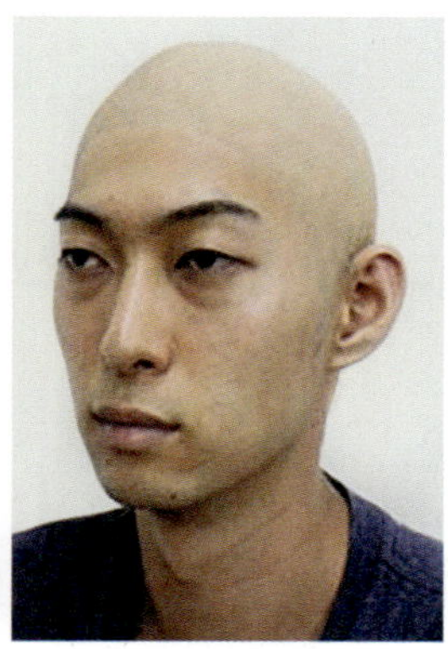

⑫ 완성

## (2) 볼드캡 제거

① 뒤통수 부위의 볼드캡을 잡아 당겨 가위로 구멍을 낸다.

② 구멍 낸 볼드캡 사이로 엄지손가락을 넣어서 모발을 피해 볼드캡을 세로로 자른다.

③ 스프릿검 리무버를 브러쉬에 발라 피부와 볼드캡 사이의 접착제를 녹인다.

그림 4-10 볼드캡 제거 과정

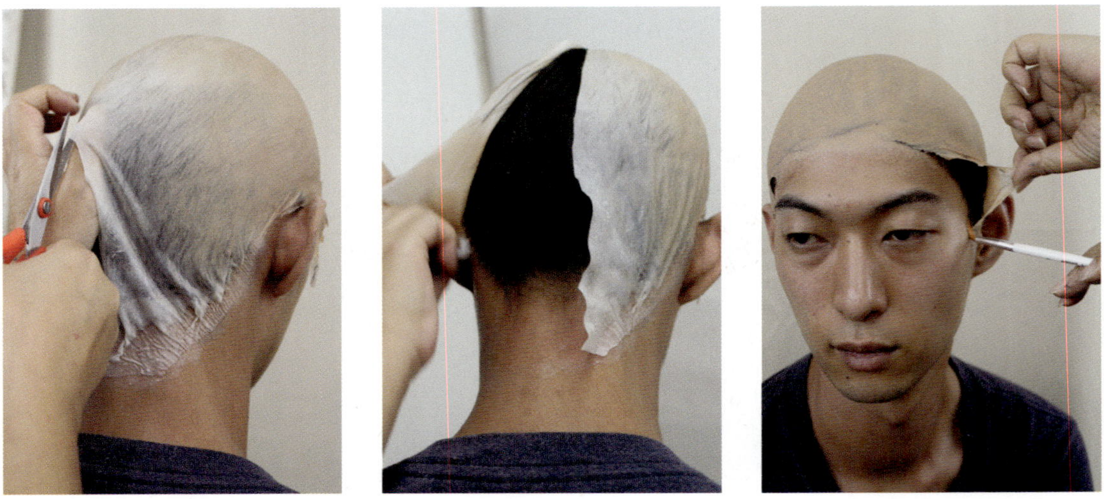

① 볼드캡을 잡아 당겨 가위로 구멍을 낸다.

② 모발을 피해 볼드캡을 세로로 자른다.

③ 스프릿검 리무버를 브러쉬에 발라 피부와 볼드캡 사이의 접착제를 녹인다.

**TIP**

- 삭발한지 얼마 되지 않는 모습을 표현할 때는 블랙 스폰지를 이용하여 크림라이너 또는 RMG의 검정과 블루를 섞어서 두드려 스티풀해서 모공에 머리카락이 나오는 것처럼 자연스럽게 표현해준다.
- 볼드캡 제거 시 가위로 자른 후 리무버가 묻은 브러시는 헤어라인 중앙부터 볼드캡 안쪽으로 발라서 떼어내야 용액이 눈으로 흘러들어가거나 목 밑으로 흘러 내리는 것을 방지할 수 있다.

# Ⅲ 사극 수염 분장

## 1. 사극 분장의 개요

사극은 역사, 혹은 역사의 인물을 소재로 만들어진 극의 일종이다. 사극 분장은 역사적인 배경을 바탕으로 실화 또는 허구적인 요소를 가미하여 제작되므로 사극에 등장하는 캐릭터는 시나리오에서 요구하는 특정한 이미지를 창조하여 분장을 시행한다. 정통 사극의 경우 시대적 배경과 신분, 계급, 성별, 거주 환경, 건강상태, 기질 등을 분석하여 극의 흐름에 적합한 이미지의 캐릭터를 창조해야 한다. 사극의 분장 디자인은 그 시대에 대한 고증 작업을 거쳐서 시행되어야 하는 것이 일반적이나 판타지 퓨전 사극과 같이 경우에 따라서는 고증에 따르지 않는 분장 디자인을 시행하기도 한다.

사극의 분장 중 가장 중요한 부분은 남성의 수염 분장이며 현대 사회 남성들이 수염을 많이 기르지 않는 반면 과거의 남성들은 수염을 길렀으며, 수염이 신분과 계급을 나타내는 상징이 되기도 하였다.

또한 시대에 따라서 특정한 형태의 수염이 유행하기도 하였으므로 고증을 통하여 연구하고 디자인에 적용해야 한다.

## 2. 수염분장의 종류 및 표현 방법

수염분장은 인위적인 방법으로 얼굴에 털을 붙여 수염이 난 것처럼 표현을 하게 된다. 이때 얼굴에 붙이는 털의 종류와 붙이는 방법을 구분하여 직접 붙이는 방법Castom Beard과 미리 제작되어진 수염을 붙이는 방법Pre-made Beard으로 나뉘진다. 직접 붙이는 수염은 분장디자인에 적합한 털의 종류와 색상을 선택하여 피부에 접착제를 바르고 그 위에 털을 붙여서 완성한다. 현장에서 분장을 하게 되므로 상대적으로 가격이 저렴하며 다양한 디자인을 연출할 수 있다.

수염을 붙이는 시간이 미리 제작된 수염Pre-made Beard에 비하여 길어지며, 항상 같은 모양을 반복하여 붙이기 어려워 연결성이 떨어진다. 제작된 수염은 미리 만들어진 수염으로 레이스 또는 액체 플라스틱을 기본 바닥으로 만들어진 것을 말한다. 제작 시간이 오래 걸리므로 상대적으로 높은 비용이 발생한다. 만들어진 피스를 붙이기 때문에 분장 시간이 짧으며, 항상 같은 모양의 수염을 분장할 수 있어 연결성이 좋다.

### (1) 수염에 사용되는 털의 종류

#### ① 생사 Raw silk

누에고치에서 생산된 실크로 염색하여 만들어진 것이다. 과거 여성의 가채 등에도 사용되었으며 얇고 가벼워 쉽게 접착제로 붙일 수 있어 널리 사용되었던 재료이다. 실크의 실을 몇 가닥씩 꼬아서 만들어진 것으로 털 두께에 따라 선택할 수 있다. 하지만 실제 인모보다는 얇고 가벼워 바람에 날리는 단점이 있고 배우의 머리카락보다 지나치게 얇게 보일 수 있어 인조모와 섞어서 사용하는 것이 보편적이다. 수염용 생사의 생산량이 감소하여 점차 사용이 줄어드는 추세이다.

② 인조모 Artificial hair

플라스틱 베이스의 원사로 주로 가발에 사용되는 것으로 다양한 두께와 색상의 선택이 가능하다. 최근에는 고열사로 열에 강한 제품이 출시되면서 수염을 붙인 후 헤어아이론을 사용하여 모양을 완성시킬 수 있게 되면서 사용이 확대되고 있다. 저렴한 가격에 사용이 편리하며 다양한 응용이 가능하다. 인조모는 직모의 형태로 제작되기 때문에 분장사는 직모를 가공하여 수염에 용이하도록 손질하는 작업을 거쳐서 사용해야 한다.

③ 인모 Human hair

인모는 사람의 머리카락으로 과거부터 많이 사용되었다. 인모는 다른 수염 종류의 털에 비하여 무겁고 두껍다. 따라서 모발이 얇은 북유럽, 인도인들의 인모가 많이 사용되며 중국인, 한국인의 모발은 사용하기 좋지 않다. 인모는 열에 강하여 드라이, 헤어아이론 등을 이용하여 웨이브나 특정 형태의 수염 디자인이 가능하다. 또한 인모는 사전에 제작하는 수염Pre-made Beard의 일종인 망수염 제작에 적합하다. 알코올과 아세톤 등에도 녹지 않으므로 분장용 접착제 제거 시 레이스에 붙여진 수염이 망가지지 않는다.

④ 야크 헤어 Yak hair

야크는 야생 들소의 일종으로 길이가 30cm 정도까지 자라는 털을 가지고 있다. 과거 인모와 비슷한 성질의 야크헤어는 수염과 가발의 재료로 많이 사용되었으나 점차 생산량이 줄어들어 사용하기 쉽지 않다. 야크는 털이 두껍고 뻣뻣한 성질을 가지고 있어 가루수염, 짧은수염, 망수염 제작에 유용하다.

인모와 같이 염색약을 이용하여 염색이 가능하므로 분장사가 특정한 컬러의 수염재료를 제작할 수 있다.

⑤ 크레이프 울 Crepe Wool

양털을 가공하여 만든 것으로 긴 두 개의 실끈에 양털을 지그재그 모양으로 꼬아 엮어놓은 것이다. 양털은 털이 얇고 가벼워 쉽게 잘 붙으며 다양한 색상으로 염색이 가능하다. 크레이프 울은 동양인보다는 모발이 얇은 서양인의 수염에 효과적이며 특정 캐릭터를 분장 할 때 효과적이다.

꼬아진 양털을 조심스럽게 풀어 스팀다리미 등을 이용하여 수증기를 씌워주면 털이 곧게 펴지므로 필요한 정도의 웨이브를 만들 수 있다. 일단 펴진 크레이프 울은 충분히 수분을 말려 사용한다. 헤어아이론과 열처리가 가능하므로 다양한 연출이 가능하다. 망수염에는 너무 모발이 얇아 제작이 불가능하다.

그림 4-11 털의 종류

(2) 동양의 수염 디자인

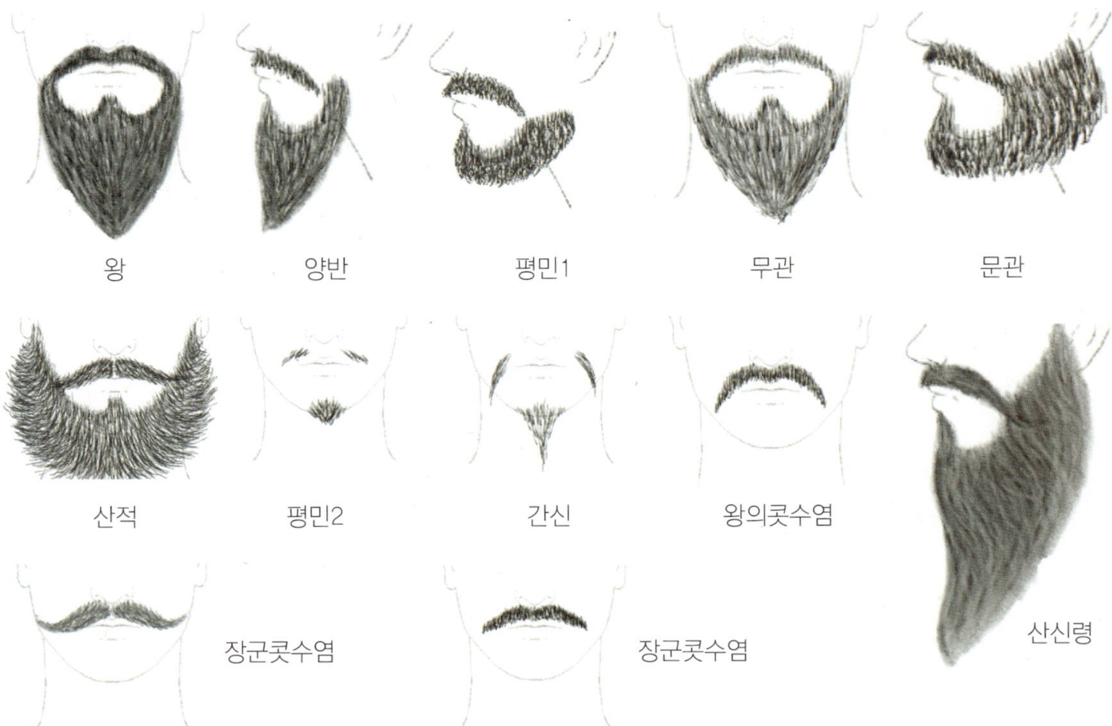


그림 4-12 동양의 수염 디자인

### (3) 서양의 수염 디자인

그림 4-13 서양의 수염 디자인

## 3. 수염

### (1) 그리기 짧은 수염

그리는 수염은 영상매체에서는 잘 사용하지 않는다. 다만 빠른 분장 시간으로 해결해야 하는 군중신의 엑스트라 또는 뒷 배경으로 등장하는 단역인 경우에는 사용하기도 한다.

수염을 붓이나 펜슬로 그려서 표현하는 방법으로 검정, 회색, 다크 브라운, 라이트 브라운 등의 다양한 색상을 교차로 사용해가며 수염이 자란 듯이 표현해 준다.

그림 4-14　그리기 수염 재료
사용 재료 : 펜슬, 크림라이너, 파우더, 브러쉬, 블랙스폰지 펜슬

그림 4-15　그리기 수염 분장

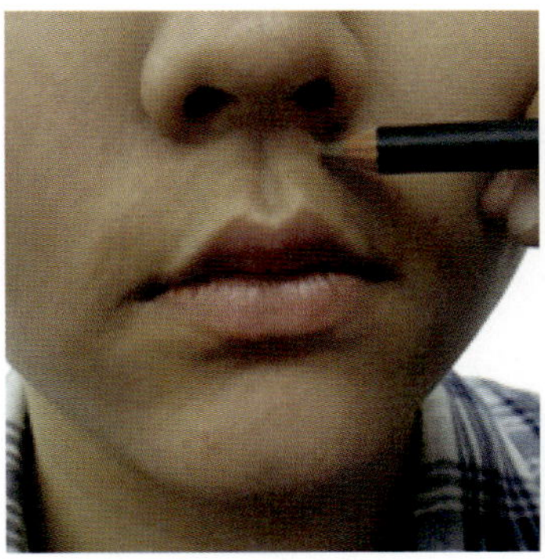

① 브라운 펜슬로 가닥가닥 밑바탕을 그린다.

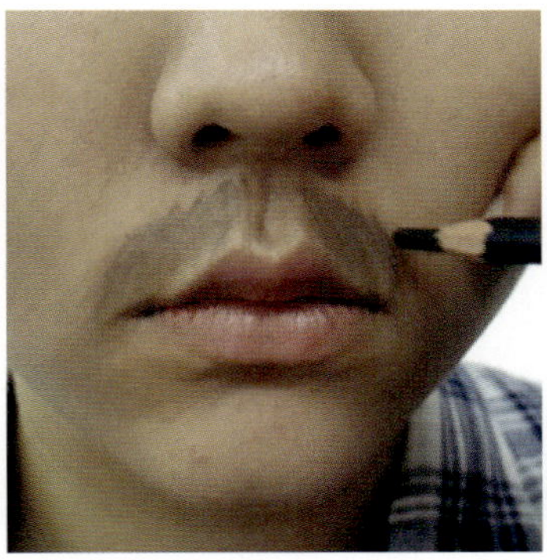

② 회색 또는 짙은 갈색으로 수염을 낱개로 그린다.

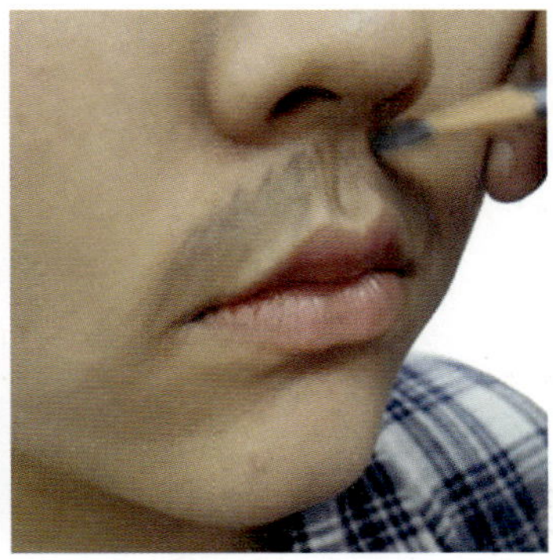

③ 에보니 펜슬을 사용하여 그려진 펜슬사이를 블렌딩 한다.

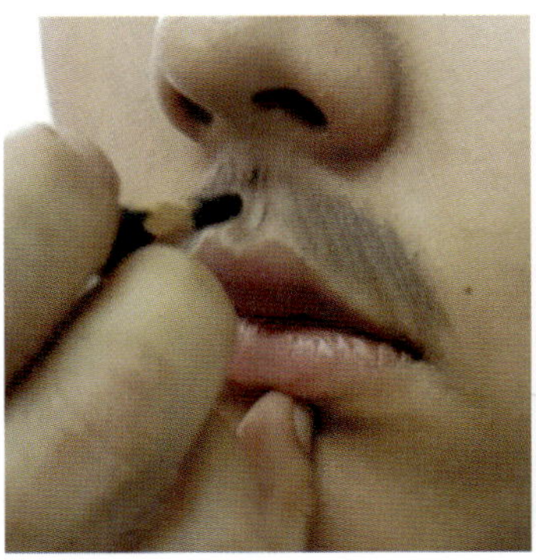

④ 검정 펜슬을 사용하여 수염을 가닥가닥 낱개로 그려 완성한다.

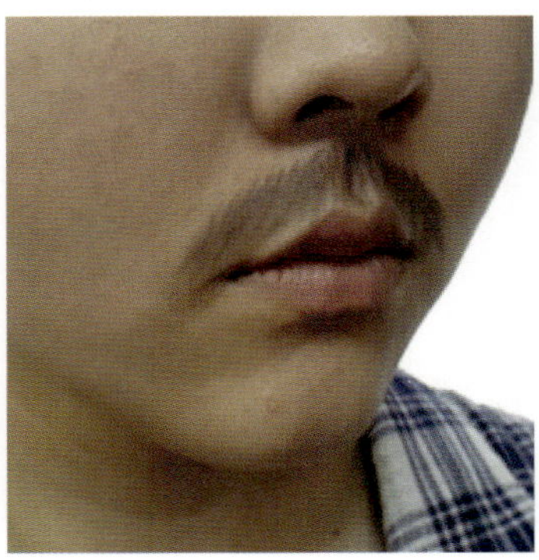

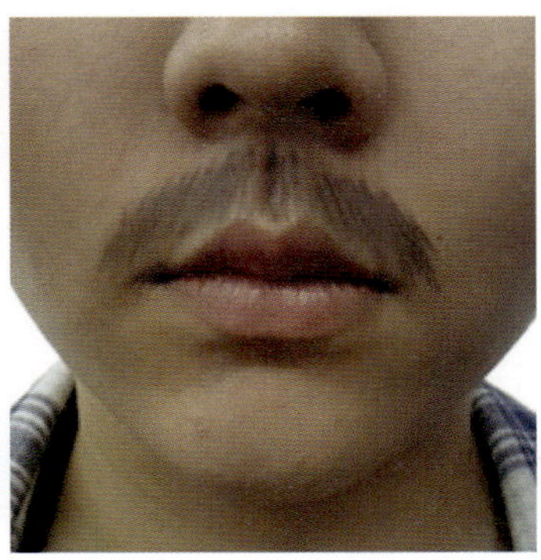

⑤ 완성사진

### (2) 찍기 점각 수염

남성의 수염이 파릇하게 자라나온 정도 또는 면도 후의 모습을 표현할 때 사용하는 수염이다. 블랙 스폰지와 크림라이너 블랙, 블루, 그레이 등의 색상을 이용하여 분장한다.

그림 4-16 찍는 수염 분장

① 검정과 블루 파운데이션 등을 섞어서 표현할 색을 만들어 놓는다.

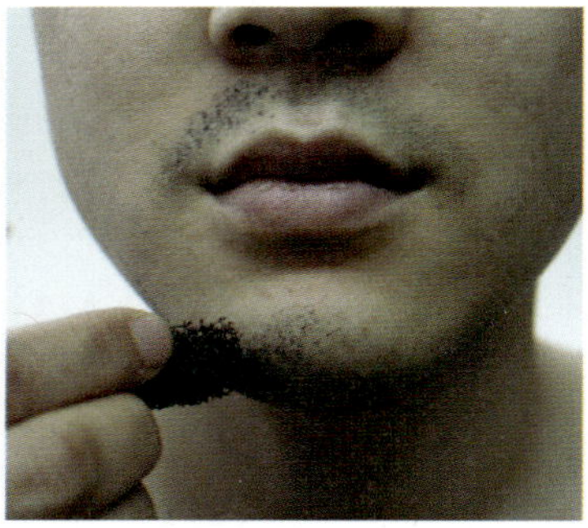

② 블랙 스폰지에 적당량의 파운데이션을 묻혀서 중앙부터 바깥쪽으로 찍어준다.

③ 가장자리는 얇게 블랜딩 한다.

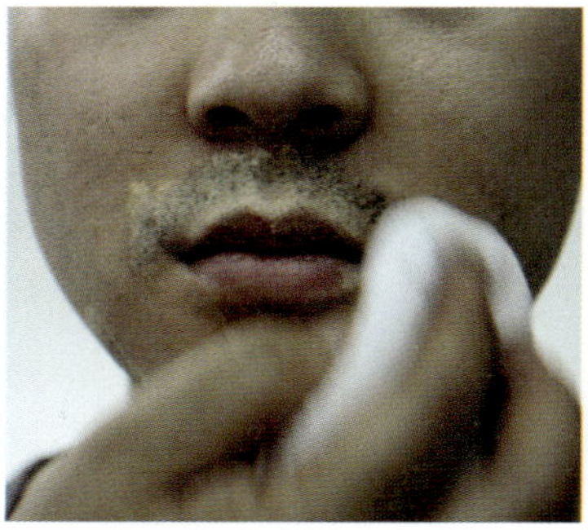

④ 파우더를 사용하여 화장품이 뭉개지거나 지워지지 않도록 정착시킨다.

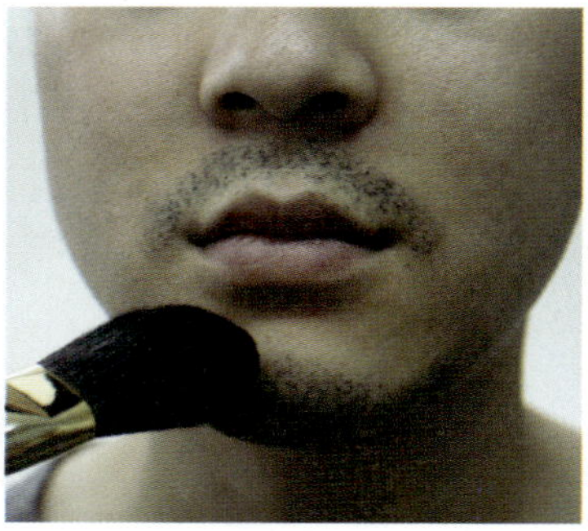

⑤ 여분의 파우더를 털어낸다.

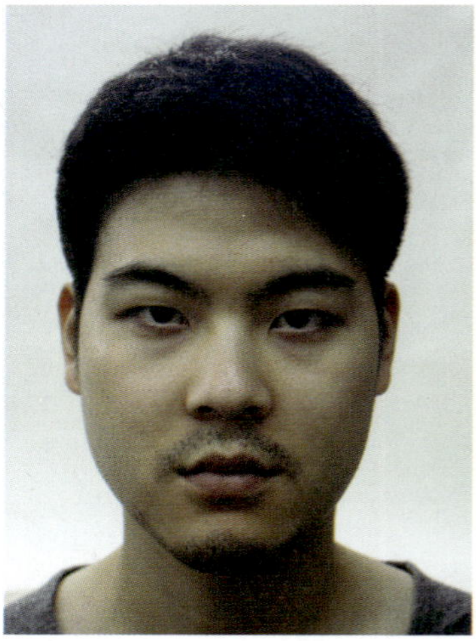

⑥ 완성

### (3) 가루수염

면도 후 1시간 지난 정도 시간이 경과해 자란 수염을 표현하는 방법이다. 짧게 자른 털이 피부에 눕지 않도록 주의하며 붙여야 사실감을 높일 수 있다.

그림 4-17　가루수염 분장

① 야크, 인모, 인조모 등을 짧게 잘라 놓는다.

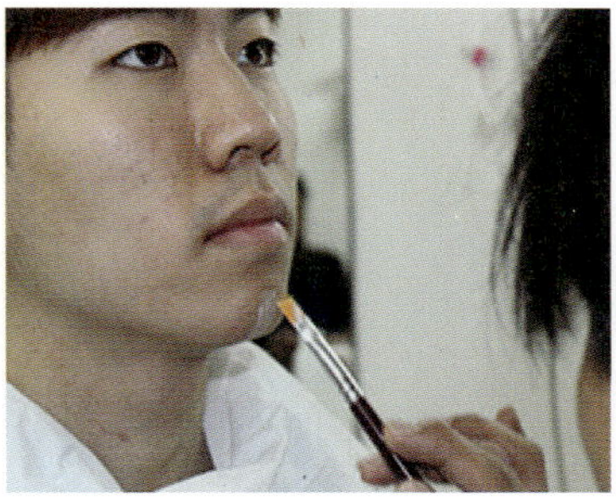

② 붙이고자 하는 부분에 접착제를 고르게 발라준다.

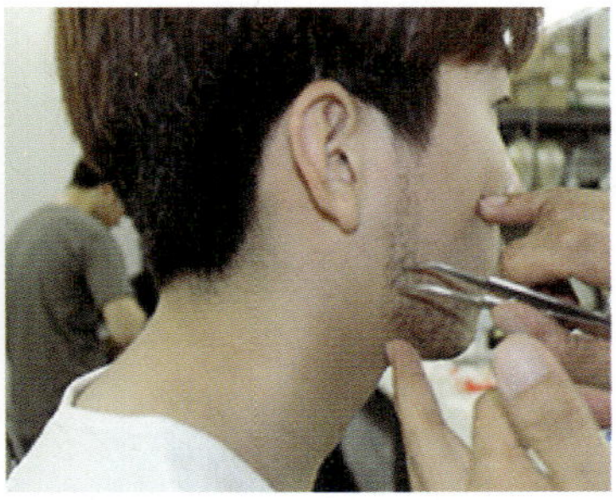

③ 방향이나 양을 조절하면서 털을 접착제 부위에 찍는다.

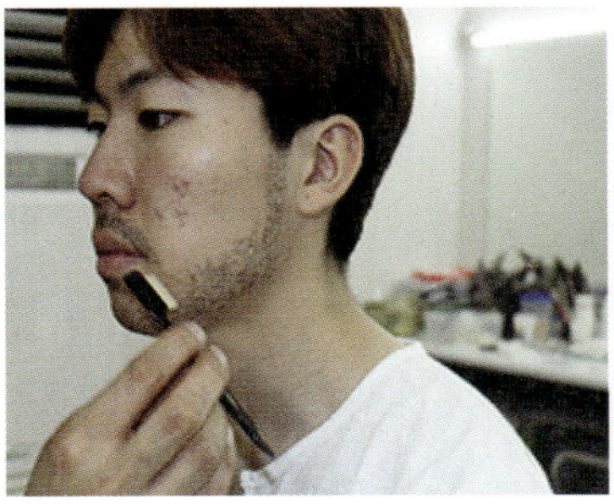

④ 핀셋을 이용해 뭉친 곳을 그라데이션 해준다.

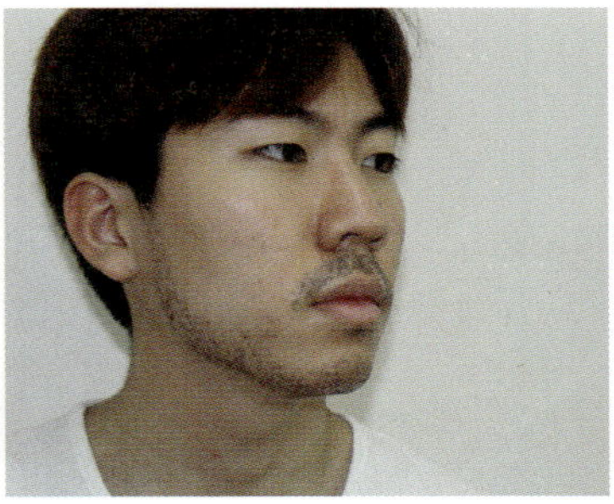

⑤ 완성

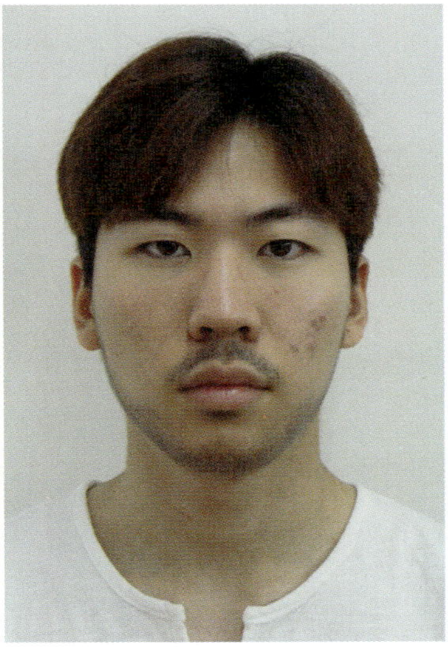

**TIP**

블랙 스폰지는 기포의 크기가 큰 것과 작은 것이 있으며 수염의 정도에 따라 기포의 크기를 선택해야 한다. 블랙 스폰지 모서리 부분의 각이 생기지 않도록 둥글게 다듬어서 사용해야 효과적이다.

### (4) 짧은 수염

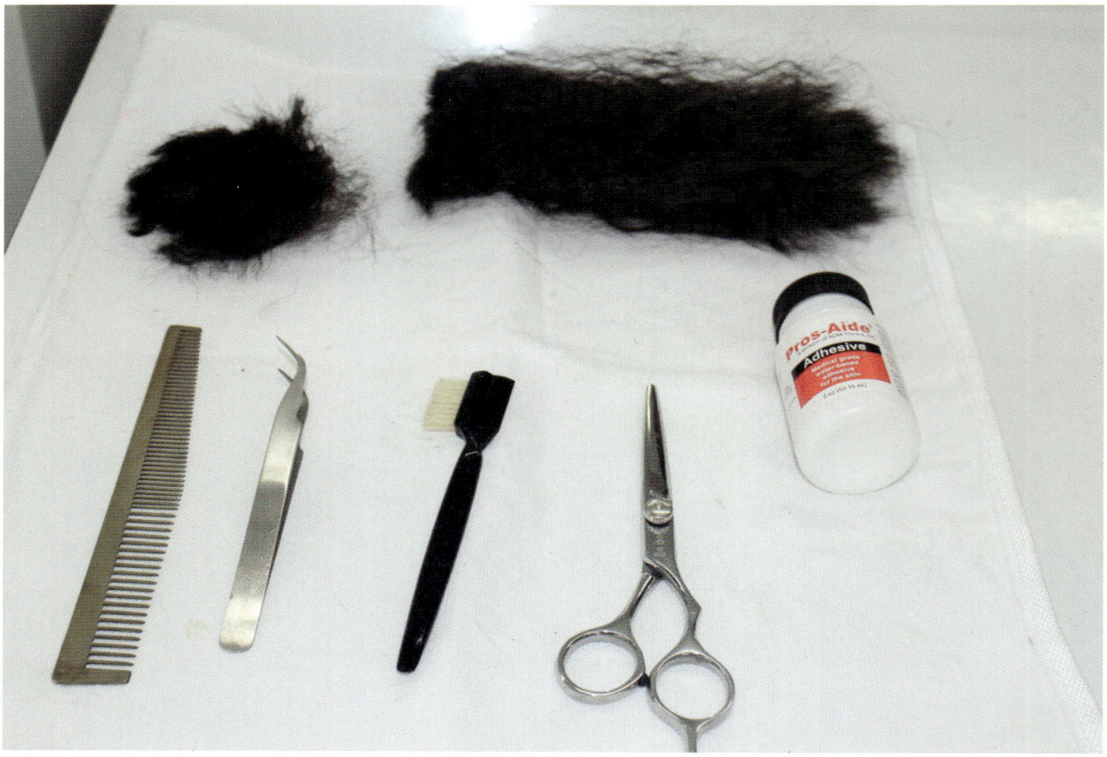


그림 4-18　짧은 수염 분장 재료
사용 재료 : 인조사, 수염가위, 수염철빗, 핀셋, 브러쉬, 프로스에이드

**[ 분장순서 ]**

① 수염분장에 필요한 인조사를 준비한다.

② 수염분장 부위에 필요한 양을 적당히 섞는다.

③ 수염의 숱을 조절하며 준비한다.

④ 턱수염과 콧수염 분장 부위의 피부 위에 프로스에이드 접착제를 붓으로 바른다.

⑤ 아래턱 밑에서부터 수염을 붙인다.

⑥ 턱밑 안쪽을 붙인다.

⑦ 턱의 측면 방향을 아래에서 위로 붙여나간다.

⑧ 정면 턱 위를 수염 방향대로 붙인다.

⑨ 수염 디자인에 맞춰서 입술 아래까지 붙여나간다.

⑩ 턱 위와 뺨 위에는 수염의 숱을 줄여가며 붙인다.

⑪ 붙인 수염의 좌우 균형을 확인한다.

⑫ 인중 부위에 콧수염을 붙인다.

⑬ 완성

그림 4-19　짧은 수염 분장

① 수염 털을 준비한다.

② 필요한 양을 적당히 섞는다.

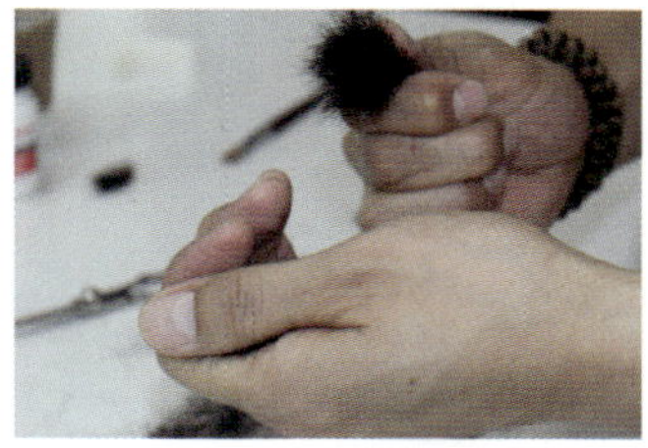
③ 숱 조절을 하며 준비한다.

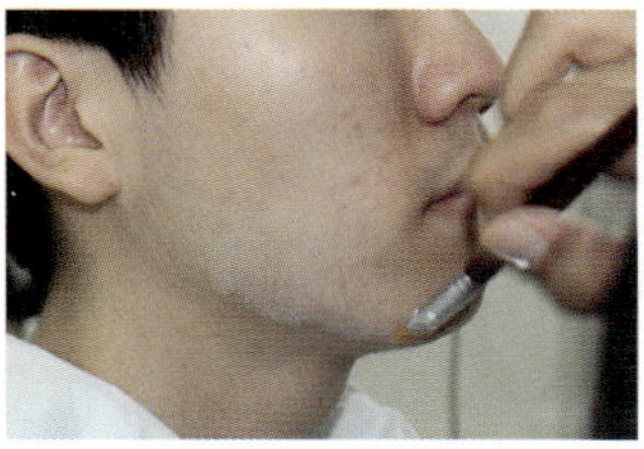
④ 접착제를 바른다.

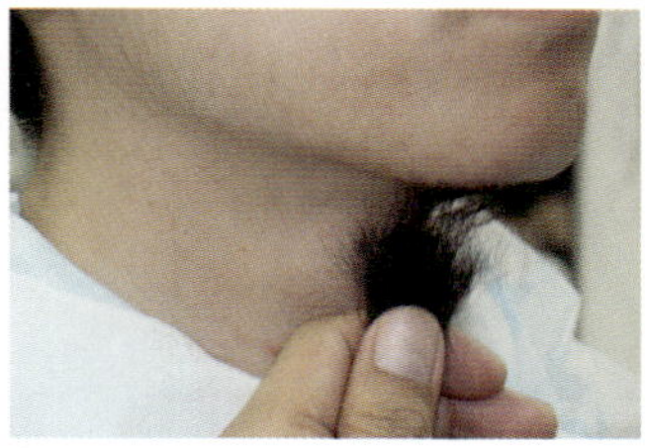
⑤ 아래턱밑부터 붙인다.

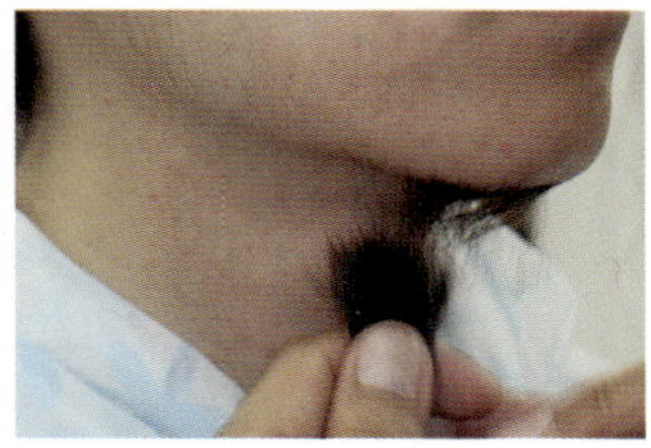
⑥ 턱밑 안쪽을 붙인다.

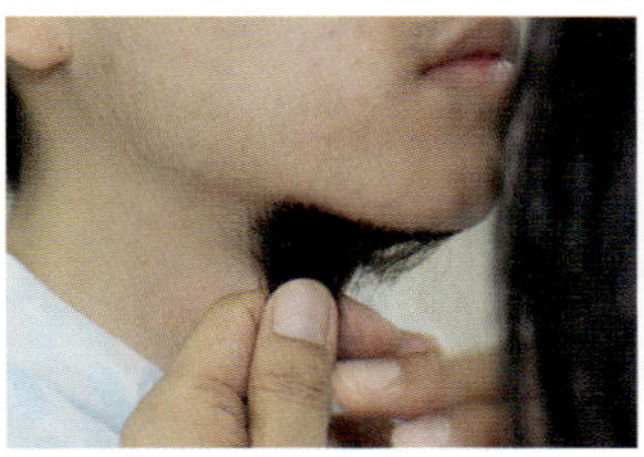
⑦ 턱의 옆쪽 방향을 붙인다.

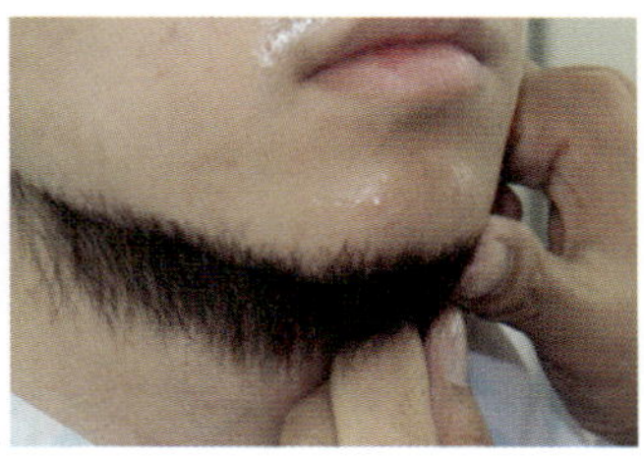
⑧ 턱위를 수염 방향대로 붙인다.

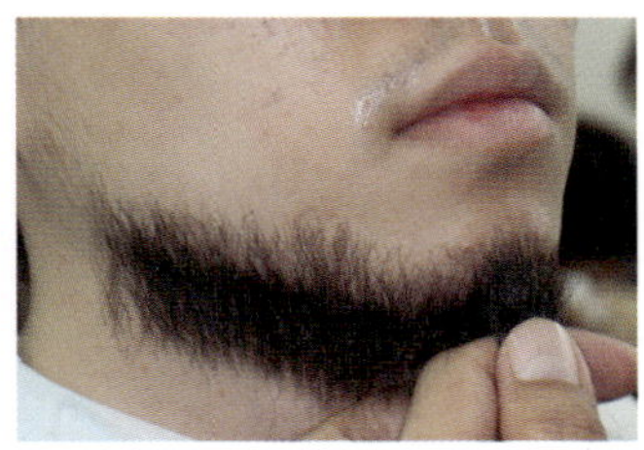
⑨ 입술 아래까지 수염디자인대로 붙여나간다.

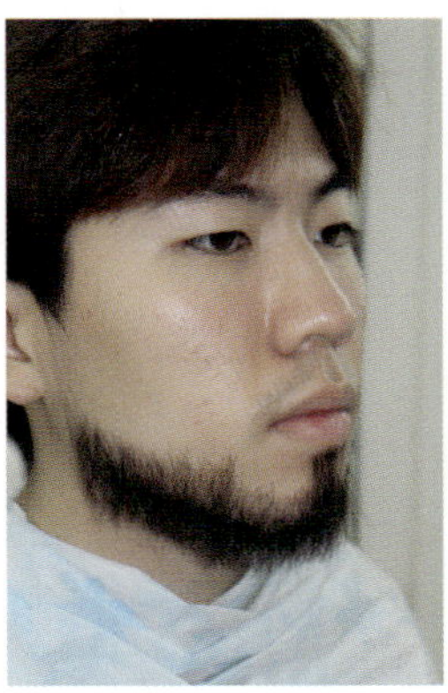
⑩ 턱위 뺨에 숱을 줄여가며 붙인다.

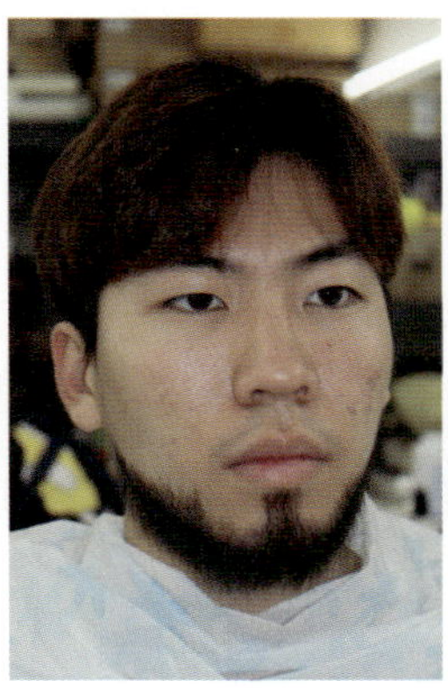
⑪ 좌우 균형을 확인한다.

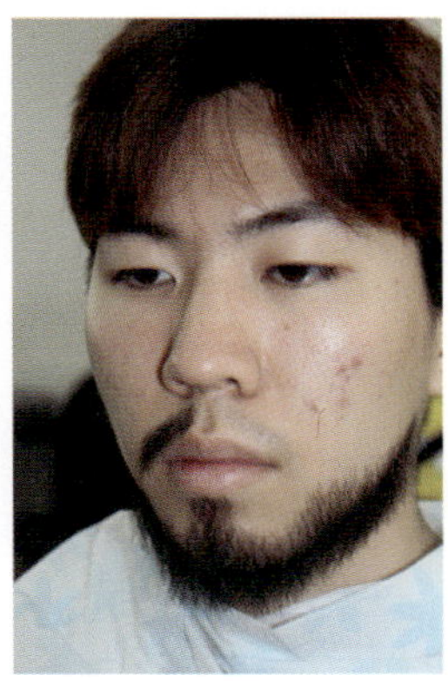
⑫ 콧수염을 붙인다

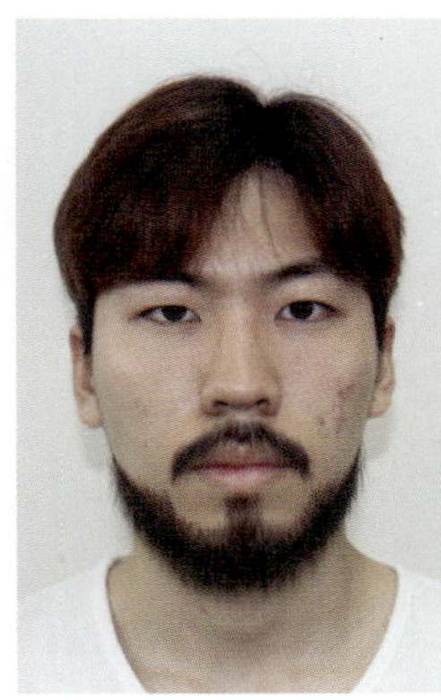
⑬ 완성

## (5) 인조사 제작과정

① 인조모를 준비한다.

② 얇게 땋아준 다음 끓는 물에 3~10분 끓인다.

③ 끓인 인조모를 말려낸 후 땋은 가닥을 풀어준다.

④ 쇠빗으로 빗질을 한다.

⑤ 웨이브가 많은 경우에는 스팀다리미로 살짝 펴준다.

⑥ 펴진 인조모는 접거나 말아두지 않는다.

⑦ 필요한 만큼씩 잘라서 준비한다.

그림 4-20　인조사 제작과정

## (6) 망 수염

사극 분장 시 장기간 부착해야 할 경우 부착할 때마다 변화가 거의 없고 보존이 쉽다. 레이스에 수염을 뜬 후에 부착시킨다.

그림 4-21　망수염 제작과정

사용 재료 : 수염, 수염망, 하드보드지, 스테이플러, 플라스틱테이프, 랩, 유성매직, 수염바늘, 바늘대, 가위

[ 제작과정 ]

① 플라스틱 푸드랩을 사용하여 코와 인중을 둘러싼다.

② 유성펜을 사용하여 콧수염 위치에 수염디자인을 그린다.

③ 수염디자인 시안 위에 투명 플라스틱 테이프를 사용하여 플라스틱 푸드랩을 고정한다.

④ 고정된 플라스틱 푸드랩을 뒤통수에서 세로로 잘라 분리한다.

⑤ 그려 놓은 수염모양을 가위로 오려낸다.

⑥ 하드보드지에 판을 만들어 수염모양을 붙이고 망을 댄다.

⑦ 가장자리부터 인모를 뜬다.

⑧ 반복하여 인모를 뜬다.

⑨ 완성

그림 4-22 망수염 제작과정

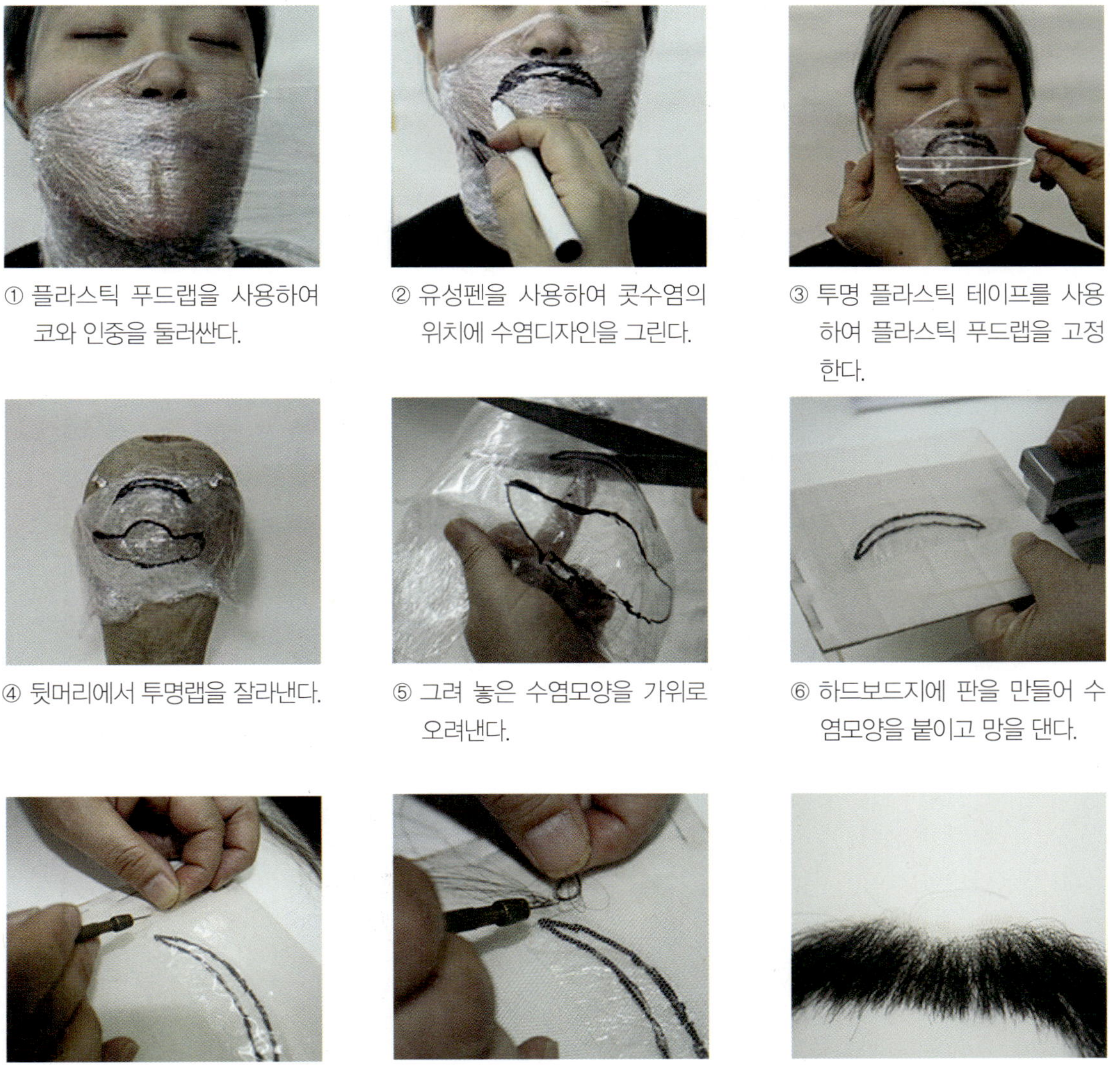

① 플라스틱 푸드랩을 사용하여 코와 인중을 둘러싼다.

② 유성펜을 사용하여 콧수염의 위치에 수염디자인을 그린다.

③ 투명 플라스틱 테이프를 사용하여 플라스틱 푸드랩을 고정한다.

④ 뒷머리에서 투명랩을 잘라낸다.

⑤ 그려 놓은 수염모양을 가위로 오려낸다.

⑥ 하드보드지에 판을 만들어 수염모양을 붙이고 망을 댄다.

⑦ 가장자리부터 인모를 뜬다.

⑧ 반복하여 인모를 뜬다.

⑨ 완성

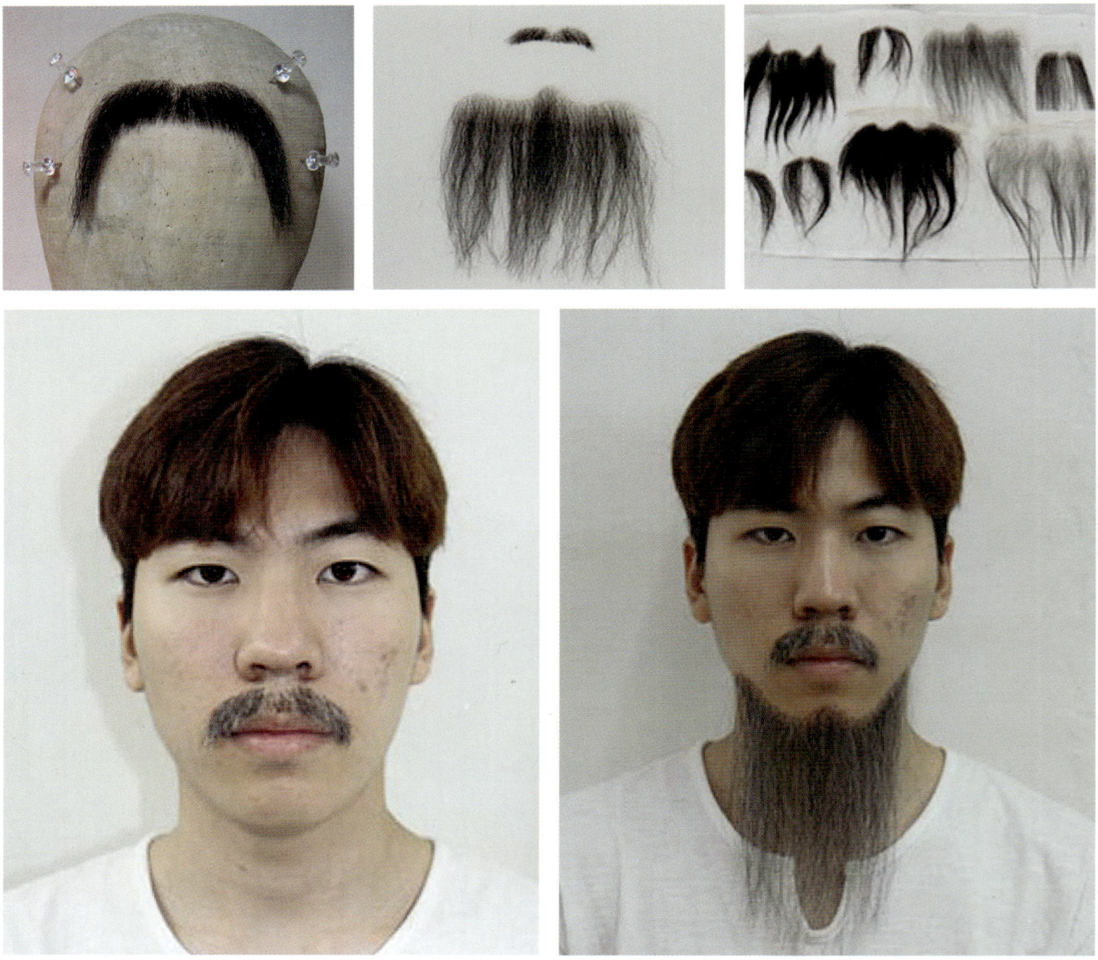

그림 4-23　망수염 완성 모음 및 망수염 분장

**[ 망수염 뜨기 ]**

① 망수염 제작에 필요한 인조사를 준비한다.

② 망수염 제작에 필요한 털을 필요한 길이로 잘라 놓는다.

③ 디자인된 수염 틀 위에 망을 부착한다.

④ 디자인된 턱수염과 콧수염의 망 이미지 위에 인조사를 바늘로 아래 부위부터 한 코씩 떠준다.

⑤ 수염의 좌우 균형을 확인하면서 수염의 밑에서부터 한 코씩 뜬다.

⑥ 완성

그림 4-24 망 수염 뜨기

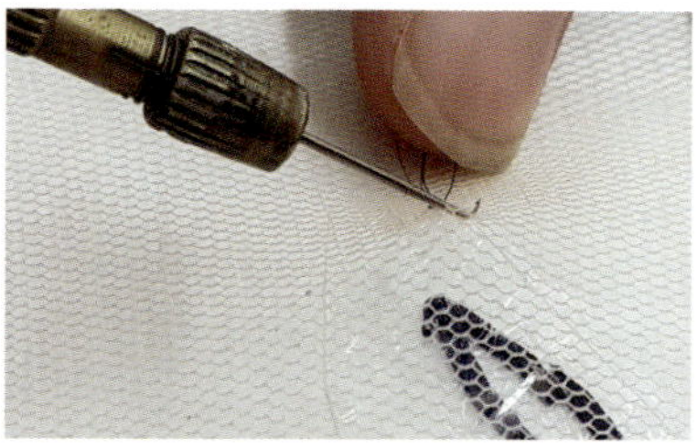

① 바늘을 수염망에 통과하여 수염 한 가닥을 바늘에 걸어준다.

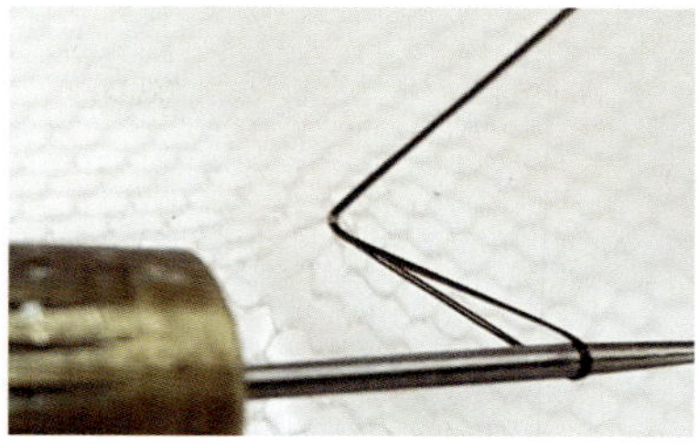

② 수염을 땡겨 아래로 빼낸다.

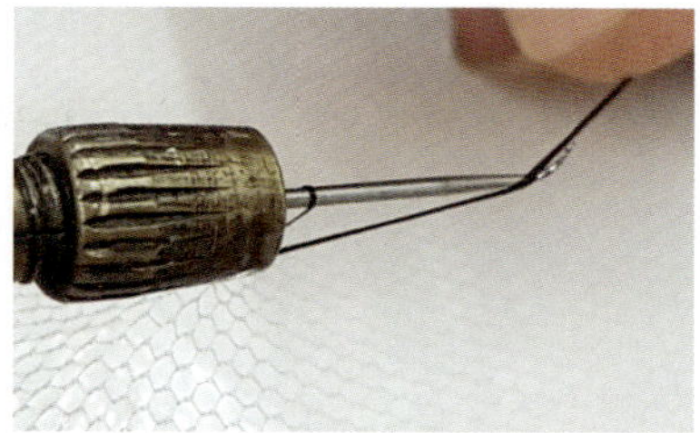

③ 수염을 건 채로 시계바늘 방향으로 반회전하면서 실을 낚는다.

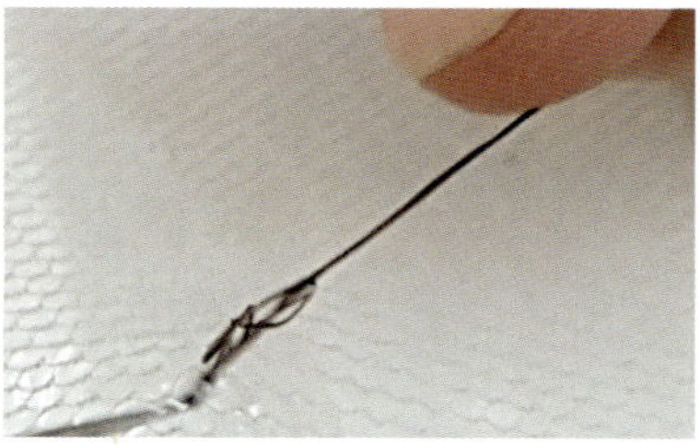

④ 낚은 수염을 구멍 안으로 넣어 뺀 뒤 당겨서 고정한다.

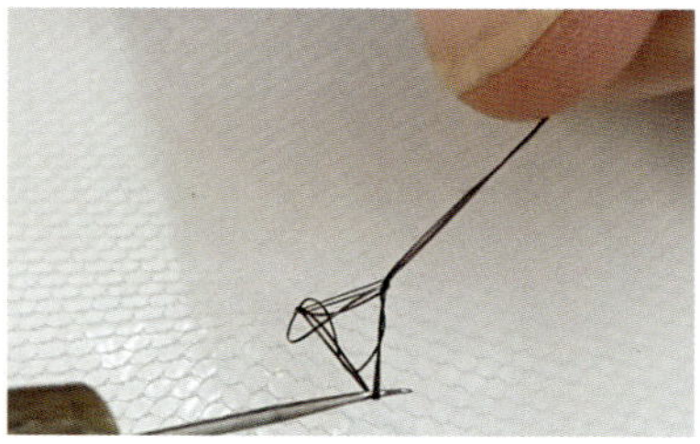

⑤ 바늘을 빼어 낼 때는 그믈에 걸리지 않게 주의한다.

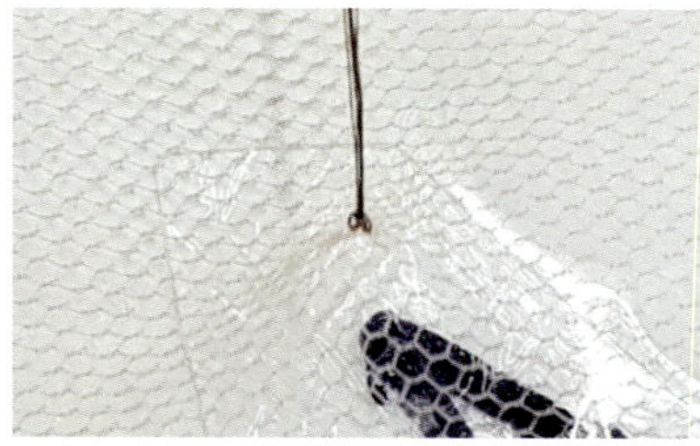

⑥ 매듭을 잘 매준다.

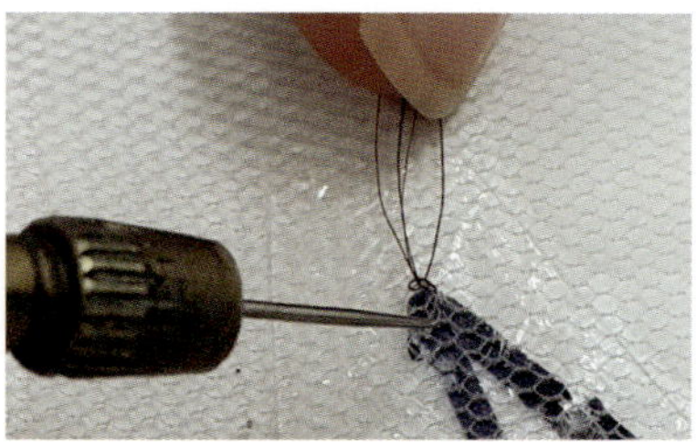

⑦ 같은 방법으로 반복한다.

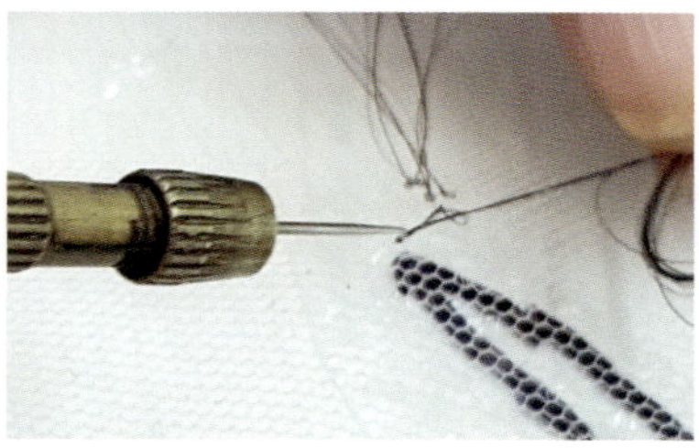

⑧ 바깥에서 안쪽으로 아래에서 위로 시행한다.

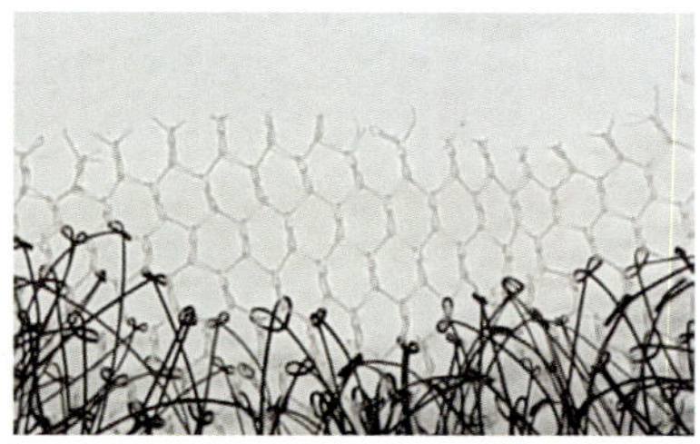

⑨ 완성

TIP

**망수염 붙이기**

· 디자인에 맞는 망수염을 선택한다.
· 망의 크기가 모델에 맞는지 대어보고 확인한다.
· 망은 수염이 떠진 구멍에서 한 개 이상 여분을 남겨 잘라 준비한다.
· 모델에게 접착제를 바르고 중앙부터 좌우 대칭을 맞춰가며 붙인다.
· 젖은 면수건(광목) 등으로 망을 눌러 떨어지지 않도록 고정한다.
· 가장자리 부위가 뜨는지 확인하고 접착제가 번들거리는 부위는 젖은 수건으로 눌러 광택을 없앤다.
· 접착제의 광택이 카메라에 민감하게 보일 수 있으므로 광택 제거제를 바르거나 접착제가 굳기 전에 두드려 최대한 광택을 없앤다.

## 4. 상투머리

사극 분장의 남성 캐릭터 머리 모양은 신분과 계급 등의 정확한 기준보다는 통상적으로 상투를 틀어 올리고 망건을 이마에 두른 상투머리로 연출된다. 사극에서 남성 연기자의 캐릭터 머리 모양은 수염과 같이 연령, 성격 등을 표현할 수 있으며 이러한 사극 남성 이미지의 가장 대표적이고 일반적인 머리 연출은 상투머리로 대표된다. 상투머리 연출로는 문무백관의 관복을 입을 시 착용한 사모, 조선시대 관직자만 사용하였던 탕건, 망건 등이 있다.

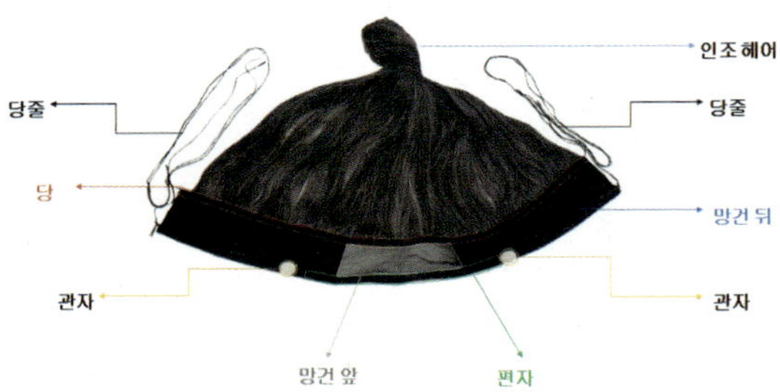


그림 4-25 망건의 구조 상투

### (1) 상투머리

① 망건

상투를 착용 전 잔머리를 끌어 올려 이마를 감싸 두르는 것이다.

② 관자

사대부들이 사용한 정자 간, 문신들이 사용한 주립, 무관이 사용한 전립 등이 있다.

③ 풍잠

망건의 윗부분을 고정하며 갓이 앞으로 내려오는 것을 방지해 준다.

④ 당줄

망건에 부착되어 있는 2가지의 줄이며 윗당줄, 아랫당줄이 있다.

⑤ 당

윗당줄로 상투를 고정시키기 위한 고리다.

⑥ 편자

망건을 고정해 조여 묶기 위한 두꺼운 띠이다.

### (2) 상투머리 분장순서

① 상투의 인모를 빗질하여 정리해 둔다.

② 배우의 헤어라인을 깨끗이 정돈하고 머리를 뒤쪽으로 빗어 넘겨준다.

③ 망건의 중앙 부분이 모델의 이마 중앙에 위치하도록 자리를 잡는다.

④ 망건의 아랫부분이 눈썹 위 1cm 정도 위치에 위치하도록 한다.

⑤ 뒷통수까지 망건이 기울지 않도록 씌워준다.

⑥ 당줄을 양쪽 관자에 걸어 교차하여 묶어준다.

⑦ 상투의 인모 부분을 머리 정수리 중앙에 올려 잡고 꽈배기 모양으로 틀어준다.

⑧ 틀어진 상투 모양이 완성되면 당줄을 돌려 감아 고정한다.

⑨ 남겨진 당줄은 끈과 끈 사이에 감아 깨끗이 정리한다.

### (2) 상투 씌우기 순서

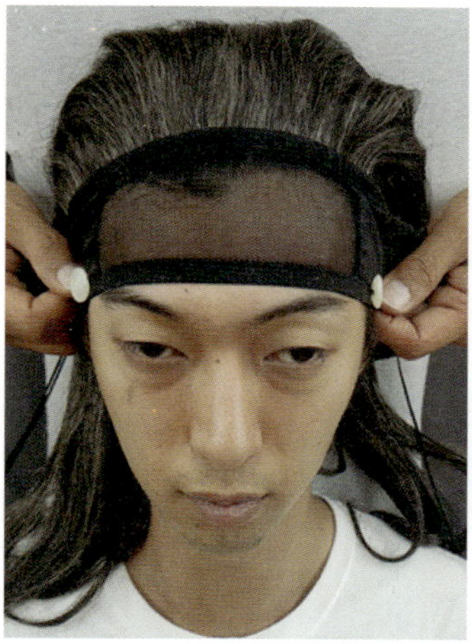

① 망건 부분을 이마 중앙에 고정시킨다.

② 뒷머리 부위에 교차하여 고정한다.

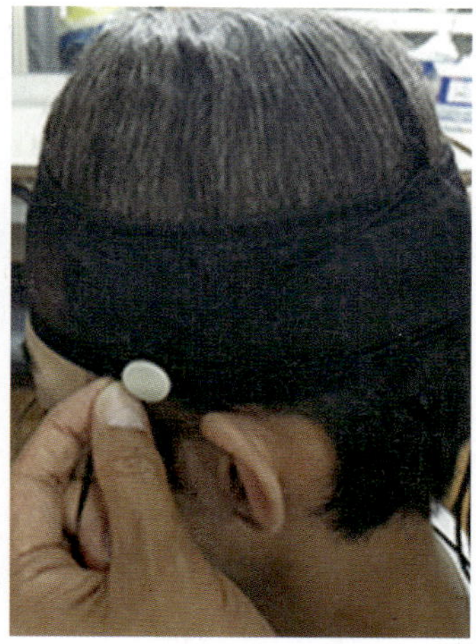

③ 상투 당줄을 관자에 걸어 2–3회 돌린다.

④ 상투의 인모를 정수리 중앙에 모아 쥔다.

⑤ 가발을 꽈배기 모양으로 돌린다.

⑥ 당줄을 사용하여 상투의 모양이 흐트러지지 않도록 고정한다.

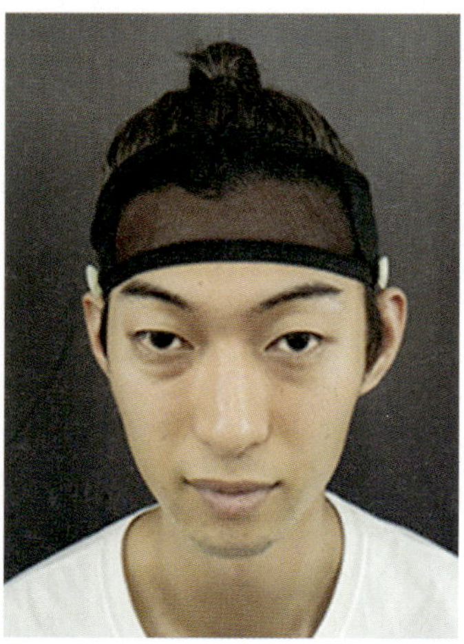

⑦ 상투 씌우기 완성

**TIP**

· 관품과 신분에 따라 관자 색 및 재료, 새김 장식을 다르게 하며 계급표시를 하였다.
- 금관자 : 왕 임금용
- 옥, 보석 등 : 부유층 양반
- 흰 관자 : 양반
- 검정 관자 : 서민

그림 4–26 상투 씌우기 순서

## 5. 여성의 고전머리 쪽머리, 트레머리

사극 분장에서 여성의 고전머리는 시대적 배경이나 신분 차이를 표현할 수 있다. 쪽머리는 여성의 가장 일반적인 머리모양으로 5:5 가르마를 만들어 양쪽으로 곱게 뒤로 빗어 넘겨 하나로 묶고 이를 틀어 올려 비녀를 꽂는 머리모양이다.

### (1) 고전머리 종류

① 대수머리

궁중에서 왕비의 의식용으로 대례복의상에 착용하는 머리 모양이다.

② 새앙머리

일명 사양계 머리라고 하는데 생머리를 말한다. 궁중의 어린 소녀나 아기 내인들의 머리 형태이다.

③ 떠구지

조선시대 궁중에서 왕비와 왕세자빈들이 예장할 때 하였던 머리이다.

④ 거두미머리

예식 때 여자의 어여머리 위에 얹던 가발을 말한다. 일명 큰머리라고도 한다.

⑤ 어여머리

조선시대 상류층 부인들이 예장용으로 하는 머리이다.

⑥ 쪽머리

결혼한 부녀자들의 보편적인 머리 모양으로 삼국시대부터 존재하여 조선시대 후기에 오면서 궁중과 양반가 부녀자들에게 일반화 되었다.

⑦ 종종머리

어린여자 아이들이 중앙에 앞가르마를 타고 양 갈래로 땋은 머리이다.

⑧ 트레머리

다른 사람의 머리카락인 가체를 이용해 꾸미고 얹진 머리이다. 우리나라 부녀자들의 기본 머리 모양으로 머리 둘레를 한 바퀴 돌려 정수리에 고정시키는 머리이다.

거두미 머리

대수 머리

댕기 머리

떠구지 머리

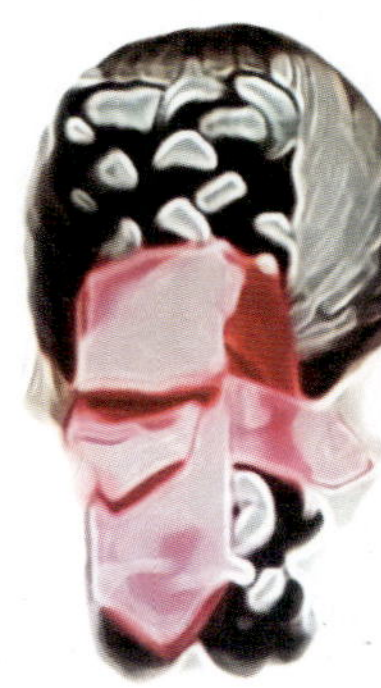

새앙 머리

그림 4-27 고전머리 종류

### (2) 쪽머리 분장

① 스틱 왁스를 이용해 5:5 가르마를 만들어 양쪽으로 빗는다.

② 두상 전체에 백콤을 넣어준다.

③ 앞이마를 중심으로 머릿결을 사선으로 빗질한다.

④ 빗겨진 머리카락을 뒷통수쪽으로 붙여서 하나로 묶어준다.

⑤ 뒷머리 중앙 묶은 곳에 쪽달비를 고정시킨다.

⑥ 달비를 왼쪽 방향으로 돌려 둥근 모양을 만든 후 쪽 댕기를 돌려 고정시킨다.

⑦ 둥근 모양으로 만든 달비를 비녀로 고정시킨다.

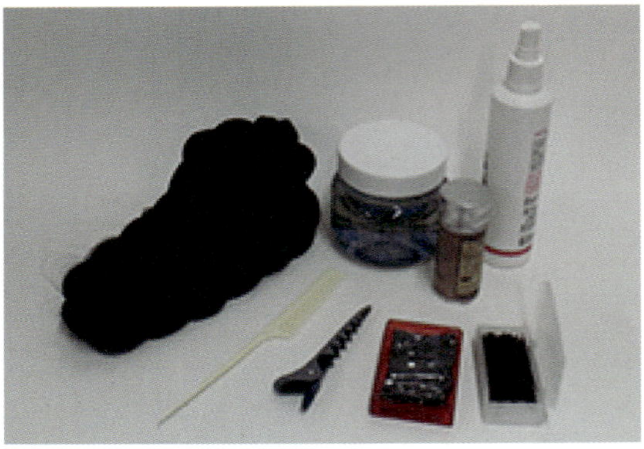

그림 4-28 쪽머리 분장 재료
사용 재료 : 젤, 스틱 왁스, U핀, 실핀, 스프레이, 달비, 꼬리빗

### (3) 쪽머리 분장순서

그림 4-29 쪽머리 분장순서

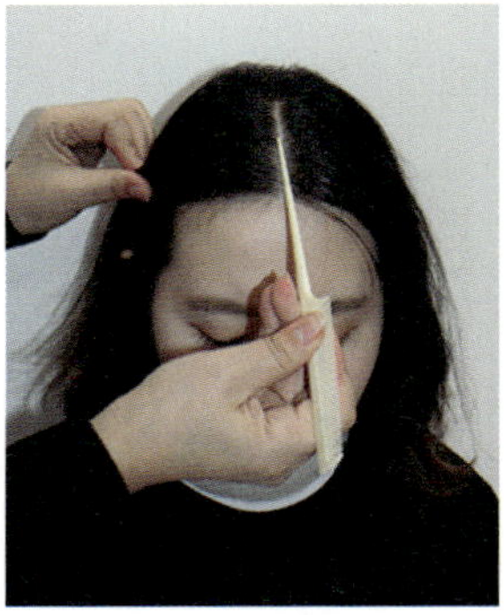

① 5:5 가르마를 만든다.

② 뒷머리 백콤을 넣어준다.

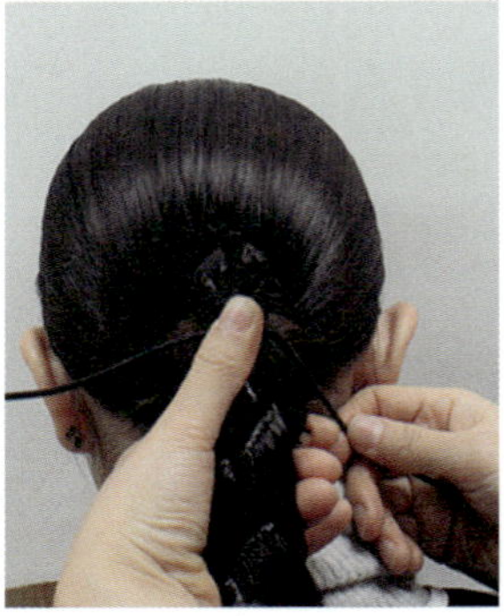

③ 고무줄을 이용해 달비와 하나로 묶는다.

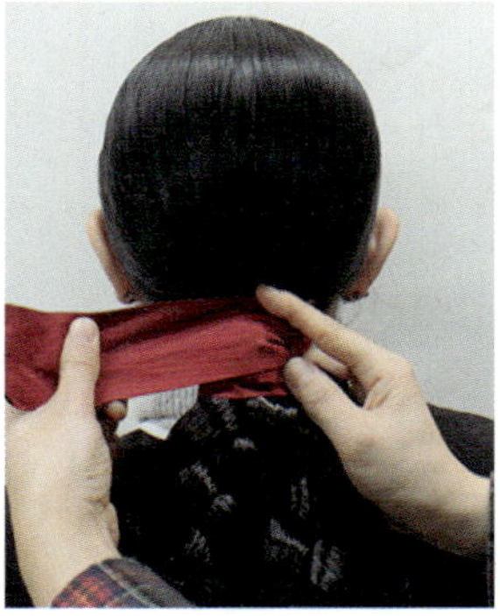

④ 쪽달비를 고정시킨후 헝겊 끈으로 고정시킨다.

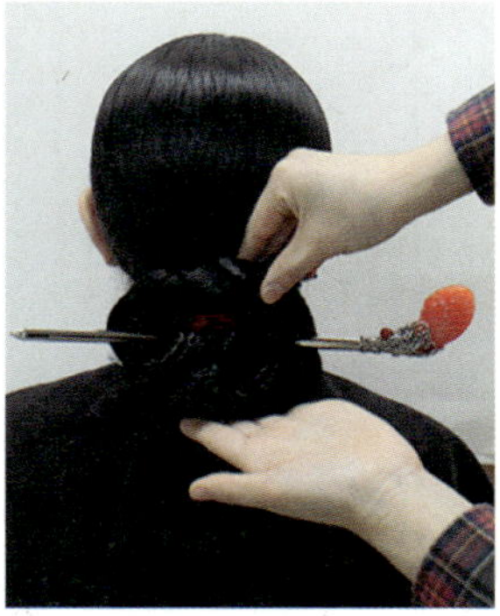

⑤ 달비를 둥근모양을 만들어 준다.

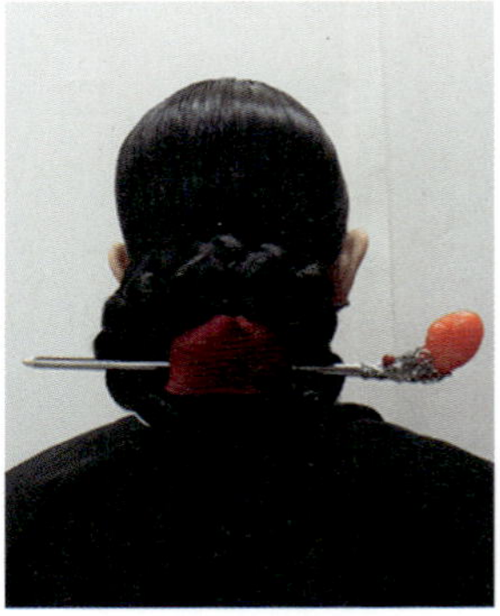

⑥ 비녀로 고정시킨다.

## (4) 얹은머리트레머리 분장

① 스틱 왁스를 이용하여 이마의 정 중앙 부분에 가르마를 탄다.

② 뒷머리 윗부분에 백콤을 넣어 뒷통수가 납작하게 보이지 않도록 볼륨감을 준다.

③ 머리를 사선방향으로 빗어 뒷목 위쪽에 하나로 묶어 고정한다.

④ 트레머리를 묶은 머리 밑으로 두어 고정하고 뒷부분부터 정수리 방향으로 사선 교차하며 연결한다.

⑤ 남은 달비를 모양을 잡아가며 연결한다.

⑥ 트레머리 달비를 U핀 등을 이용하여 단단히 고정시킨다.

그림 4-30

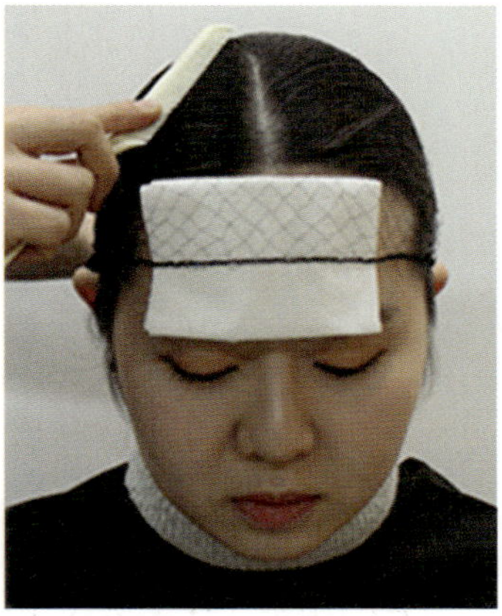
① 이마 가운데에서 가르마를 탄다.

② 머리를 곱게 빗고 트레머리속 달비를 연결한다.

③ 연결한 달비로 X모양을 낸다.

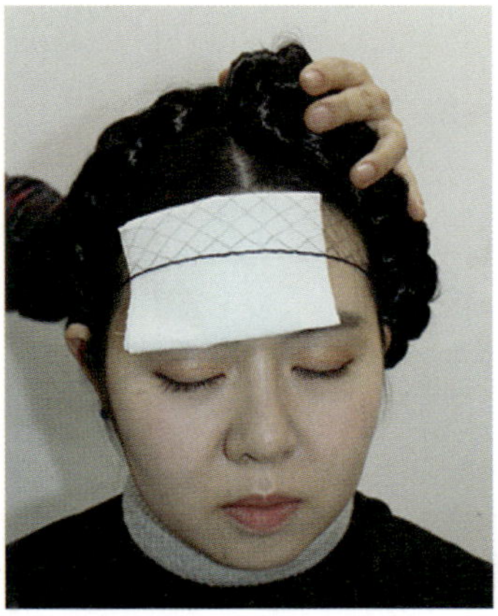
④ 위에 얹어 U핀으로 고정시킨다.

⑤ 트레머리달비로 X자로 교차시킨다.

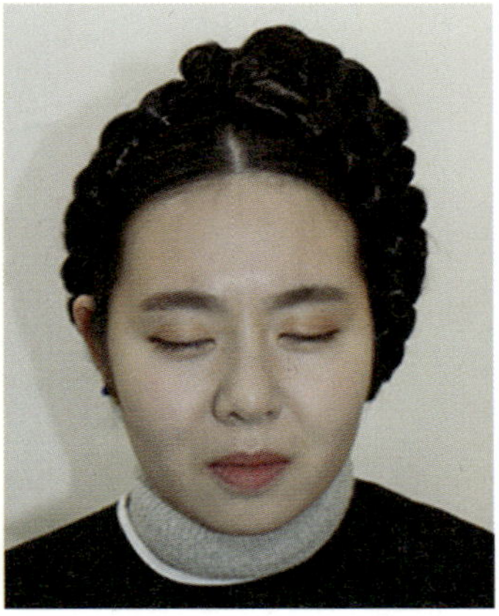
⑥ 완성

CHAPTER _#05

# 특수효과 메이크업

1. 인조피 제작
2. 질병 분장
3. 상처 분장
4. 화상 분장
5. 동상 분장
6. 타투 분장
7. 할로윈 분장

CHAPTER _#05

# 특수효과 메이크업

## I 인조피 제작

인조피란 실제 피와 같은 효과를 낼 수 있도록 인위적으로 제작한 것을 말한다. 초창기 헐리웃 분장에서 사용한 피는 체리쥬스와 같은 붉은 계열의 음료수를 콘시럽 등에 섞어 사용하기도 하였으나 매스미디어의 발전으로 현재는 물엿과 식용색소를 사용하며 각종 첨가물을 혼합해 인체에 해가 없는 제품으로 제작하거나 방부 처리하여 제품화한 형태로 판매되고 있다. 이러한 인조피는 상처분장, 3도 이상의 화상분장, 피부변화를 동반하는 질병분장, 좀비분장 등에 사용되며 인조피의 적절한 연출을 통해 극의 사실감을 높이는데 도움을 준다.

미디어 제작환경에서는 조명, 극의 분위기, 장르 등 현장 상황에 따라 적합한 농도와 색을 맞추어 제작하고 있다. 피의 붉은 정도를 밝게 제작하거나 더 어둡게 제작하기도 하며 농도 역시 조절 하여 묽은 피, 굳은 피, 젤라틴 굳은 피, 딱지피로 분장에 따라 각각 다르게 사용하고 있다. 이러한 인조피를 사용하지 않고 실제 동물의 피 또는 사람의 피를 사용하여 분장을 하게 되면 감염과 위생의 문제가 발생하게 되므로 사용하지 않으며 국가에 따라서는 실제 피를 사용할 경우 위법으로 처벌을 받기도 한다.

### 1. 농도별 인조피의 종류

(1) 묽은 피

상처 입은 피부조직에서 흘러나와 흐르는 형태의 피를 말하며 물피 또는 묽은 피 라고 한다. 제작한 후 보관기간이 길어지거나 사용될 부분이 인체가 아닌 부분에 사용되는 경우에는 방부제를 섞어 보관하게 된다. 입이나 얼굴에 바르는 경우 방부제 사용에 주의해야 한다.

그림 5-1 인조피 분장 재료

사용 재료 : 적색 식용색소, 황색 식용색소, 물엿, 물, 카라멜색소, 냄비, 휴대용 버너

### (2) 묽은 피 제작과정

① 냄비에 물엿을 끓인다.

② 물엿이 끓은 후 적색 식용색소, 카라멜 색소를 넣는다.

③ 거품이 생기며 끓을 때 넘치지 않도록 불을 조절하고 거품을 걷어 낸다.

④ 물을 조금씩 넣어가며 농도를 맞춘다.

⑤ 냄비에서 수저 등을 사용하여 덜어내어 식힌 후의 농도를 확인해야 한다.

⑥ 빨강색, 노란색, 초록색 등 색소를 소량 첨가하여 색을 조절한다.

⑦ 완성된 피는 위생적인 용기에 담아 냉장 보관한다.

① 냄비에 물엿을 끓인다.

② 적색 식용색소, 카라멜색소를 넣는다.

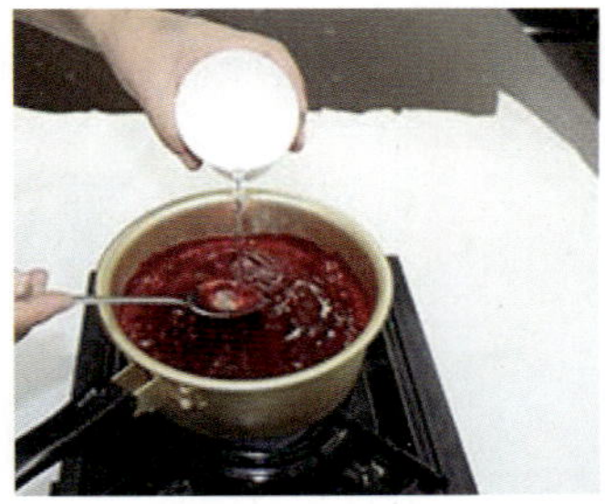

③ 물로 농도 조절을 한다.

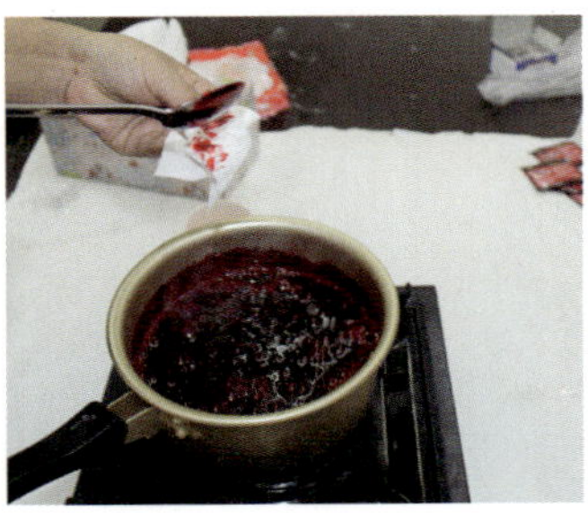

④ 색을 확인한다.

⑤ 황색 식용색소를 소량 넣는다.

⑥ 적절한 색이 나올 때까지 소량씩 색을 넣어 완성한다.

⑦ 완성

그림 5-2 묽은 피 제작과정

### (3) 굳은 피

시간 경과에 따라 피가 굳어져 응고된 상태에 따라 굳은 피와 딱지 피로 구분한다. 시간의 경과와 효과에 따라 굳은 정도를 조절하여 분장한다.

다양한 정도의 굳은 피가 시판되고 있으므로 굳은 정도와 색상을 테스트한 후에 선택하여 사용하는 것이 유용하다.

굳은 피는 묽은 피를 베이스로 하여 굳은 정도 또는 형태에 따라 첨가하는 재료를 선택하여 조제한다.

### (4) 젤라틴 굳은 피

젤라틴은 열에 쉽게 반응하지만 실온에서 굳는 형태이므로 피부에 바를 때는 약간 녹여서 바른 후 굳혀서 효과를 내는 것이 좋다. 다양한 색상의 젤라틴 피를 구입할 수 있으며 젤라틴 굳은 피는 선지와 같이 응고된 피를 표현하는데 유용하다.

묽은 피를 베이스로 하여 끓인 식용 젤라틴을 부어가며 농도를 맞춘다. 젤라틴은 온도에 민감하여 상온에서는 흐르지 않으므로 주의한다.

### (5) 딱지 피

딱지 피는 상처가 아물거나 피가 굳어 생긴 피딱지를 표현하는 방법이며 형태가 고정되어 마른 상태로 굳은 후 형태 수정이 불가능하므로 사용 시 주의한다.

묽은 피를 베이스로 C.M.C Carboxy Methyl Cellulose, 식용 젤라틴 또는 알지네이트alginate를 섞어서 농도를 조절하여 제작한다.

**TIP**

- 피 색상을 표현하기 위해 인스턴트 커피를 사용하면 쉽게 변질되고 거품이 생긴다.
- 피 색상을 확인할 때는 반드시 식은 상태로 확인한다.

## Ⅱ 질병 분장

질병은 심신의 전체 또는 일부가 일차적 또는 계속적으로 장애를 일으켜서 정상적인 기능을 할 수 없는 상태를 말하며 감염성 질환과 비감염성 질환으로 나뉜다. 감염성 질환의 경우 바이러스·세균·곰팡이·기생충과 같이 질병을 유발하는 병원체가 동물이나 인간에게 전파하는 질환을 말한다. 이에 비해 비감염성 질환은 특별한 병원체가 없으며 생활방식에서 오는 위험인자를 통해 발생되는 질병을 말하며 암, 당뇨, 고혈압 등의 질환을 말한다.

질병분장은 시나리오에서 요구되어지는 캐릭터의 질병 표현을 위해 분장재료를 이용하여 질병의 종류와 상태에 따라 적절하게 시각적으로 의도적 연출을 하는 행위를 말한다. 미디어분장에서 극적인 사실감을 주고 배우의 연기 몰입도를 높이기 위해서 꼭 필요한 부분이며 분장을 계획하기에 앞서 질병의 종류와 증상, 진행상태 등에 대한 의학적 기본 자료 수집과 실제 사진자료를 수집하며 질병에 대한 기본적인 이해와 분석이 선행되어야 한다. 특히 해당 질병이 가진 외형적인 변화에 대한 조사가 필요하다.

의학적 지식이 바탕 되지 않은 상태에서 분장을 하게 될 경우 오히려 관객의 극적 몰입을 방해하는 요소가 될 수 있으므로 유의하여 분장을 하도록 해야 한다. 미디어분장에서 연출되는 이미지는 배우의 외모와 피부 변화에 중점을 두고 분장을 하게되며 영화적 리얼리티를 위해 다소 과장된 형태로 분장을 실시하기도 한다.

> **TIP**
>
> 영화적 리얼리티
>
> 분장을 실시 할 때 의학적 이론을 바탕으로 하여 분장을 연출하는 것이 아니라 관객이 극적인 사실감을 느낄 수 있도록 분장을 의도적으로 과장하거나 축소하여 연출하는 것을 말한다.

### 1. 질병 분장의 종류

미디어분장에서 다루어지는 질병 분장은 〈대장금〉, 〈마의〉, 〈선덕여왕〉등과 같은 사극에서 시대상을 반영한 질병들이 간혹 등장하였으며 〈낭만닥터 김사부〉, 〈닥터스〉, 〈굿닥터〉, 〈병원선〉, 〈종합병원〉, 〈하얀거탑〉, 〈닥터 k〉 등 현대극의 의학드라마·영화에서 해당 질병에 대한 증상과 치료의 과정을 다루고 있다. 국내의 경우 질병을 주제로 극의 전체를 이끌어 가는 드라마와 영화는 극히 드문 편이다.

감염성 질병을 주제로 스토리를 이끌어가는 영화를 일컬어 판데믹pandemic영화라고 한다. 판데믹pandemic은 세계적으로 전염병이 대유행하는 상태를 의미하는 말로 세계보건기구WHO의 전염병 경보단계 중 최고위험 등급에 해당된다. 판데믹 영화의 유형은 실존하는 바이러스를 소재로 한 것과 비현실적인 바이러스를 소재로 한 것으로 구분된다. 외국 영화의 경우 〈아웃오브레이크〉, 〈컨페이젼〉이 있으며 국내 영화로는 〈연가시〉,〈감기〉와 같은 영화가 있다. 이러한 유형의 영화는 의학적인 자료 수집에 비중을 두어야 한다.

그와 반대로 〈새벽의 저주〉, 〈28주 후〉, 〈월드워즈〉, 〈혹성탈출: 반격의 서막〉, 〈워킹데드〉와 같은 영화의 경우 비현실적이며 공상적인 내용을 담고 있으므로 영화적 리얼리티를 고려한 질병분장의 창의적 디자인이 요구되어진다.

### (1) 궤양

피부나 점막의 표면이 손상되는 병변을 말한다. 궤양은 배우의 외모 변화 효과가 크고 관객의 반응이 좋아서 분장의 활용도가 높다.

① 외적인 변화

피부톤이 일률적이지 않으며 피부 밖으로 병변이 드러나 보인다. 출혈 혹은 농이 보인다.

② 사용재료

라텍스, 프로스에이드, 왁스, 라이닝컬러, 인조피, 글리세린, 빵조각, 빵가루, 솜, 티슈

### (2) 나병

한센병이라고도 한다. 나균에 의한 감염증으로 나균이 피부, 말초신경계, 상부 기도를 침범하여 일반적인 변화를 일으키는 만성 전염성 질환을 말하며 연골이 체내로 흡수되면서 그로 인해 손가락, 발가락이 짧아진다.

그림 5–3 질병의 실제 사진

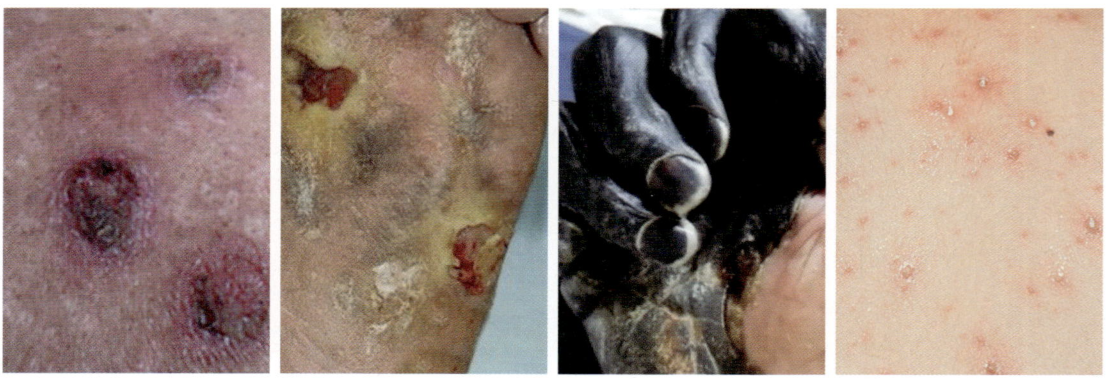

궤양 나병 흑사병 수두

> **TIP**
>
> 왁스 사용시 주의!
>
> 왁스를 사용할 경우에는 떨어질 우려가 있기 때문에 움직임이 많은 곳에 사용하지 않으며 광대뼈, 콧뼈, 눈썹뼈 등에 사용하면 효과적이다.

① 외적인 변화

나병의 진행결과로 신체조직 일부가 탈락하게 되며 피부가 밝아지면서 얼룩덜룩해진다. 털이 빠지고 눈썹 숱이 매우 적거나 거의 없다. 물집을 동반하며 중증일 때는 고름이 동반된다.

### (3) 흑사병

쥐에 기생하는 벼룩에 의해 페스트균이 옮겨져 발생하는 급성 열성 전염병을 말한다. 화살로 찌르는 듯 따끔거리다 열이 동반된다.

① 외적인 변화

피부가 붉게 부어오르거나 출혈성 반점과 상처부위의 출혈이 생기기도 한다. 병이 깊어지면 피부가 괴사하면서 검게 변한다.

② 사용재료

라이닝 컬러, 글리세린, 물스프레이, 왁스, 3rd degree

③ 베이스표현

블루나 그레이 계열의 파운데이션을 믹스하거나 회갈색 파운데이션을 믹스하여 베이스로 사용한다.

### (4) 콜레라

콜레라균의 감염에 의한 급성 설사 질환이다. 콜레라균에 오염된 익히지 않은 어패류, 오염된 물, 오염된 음식을 통해 발병한다. 복통과 두통, 열과 같은 증상이 나타난다.

① 외적인 변화

피부가 창백해지고 말라간다. 눈이 들어가 보이고 입주변이 마르며 껍질이 일어난다.

### (5) 심장마비, 쇼크

심장의 기능이 갑자기 중단된 것을 말한다. 이러한 증상으로 뇌손상을 입거나 사망하기도 한다.

① 외적인 변화

파란색과 회색빛이 도는 피부톤이며 핏기가 없고 눈이 들어가 보이며 광대뼈 아래가 들어가 보인다. 입술이 보랏빛으로 보이기도 한다.

② 사용재료

기본 베이스 파운데이션, 파란색, 회색 라이닝 컬러, 보라계열의 라이닝컬러

### (6) 마약중독

마약(마리화나, 코카인, 암페타민, 아편류 등)으로 지칭되는 유해물질의 습관성 복용으로 인한 신체적, 심리적 의존도가 높은 상태를 말한다.

① 외적인 변화

전체적으로 피부톤이 불규칙적이며 눈 주위가 까맣게 보인다. 입술에 윤기가 없으며 팔에는 주사바늘 자국이 보인다.

② 사용재료

회갈색 계열의 베이스, 프로스에이드, 듀오

### (7) 심장병

1-2%는 풍진이나 염색체 이상 등 질병이나 원인 불명의 외부 인자에 의해 생기며 90%는 환경 인자와 유전적 요인이 복합적으로 작용하여 발병한다.

① 외적인 변화

피에 산소가 모자라서 피부가 푸르스름하게

되는 청색증이 보여지며 입술은 보랏빛이거나 파랗게 보이며 눈은 주변에 비해 까맣게 보인다.

② 사용재료

회갈색 계열의 베이스, 보라계열의 라이닝 컬러

그림 5-4 일반환자 분장 재료
사용 재료 : 회갈색계열의 베이스 톤, 붉지 않은 갈색 라이닝 컬러, 파우더, 듀오, 글리세린, 스펀지

## 2. 질병분장의 표현방법

### (1) 일반환자 분장

① 외적인 변화

병증으로 인해 쇠약해 보이며 말라 보인다. 눈 주위가 꺼져 보이며 입술의 윤기가 없으며 피부 껍질이 일어나 보인다.

[ 분장 순서 ]

① 환자의 느낌을 주기 위해 모델의 피부톤보다 반톤 밝은 파운데이션을 균일하지 않게 얼룩지도록 펴 바른다.

② 회갈색 계열의 베이스 톤을 믹스하여 부분적으로 칠해준다.

③ 붉지 않은 갈색톤의 라이닝 컬러를 이용하여 눈 주위와 광대뼈 밑 부분에 음영처리를 해준다.

④ 투명파우더를 이용하여 가볍게 유분기를 잡아준다.

⑤ 글리세린으로 식은 땀을 표현해준다.

그림 5-5 일반 환자 분장

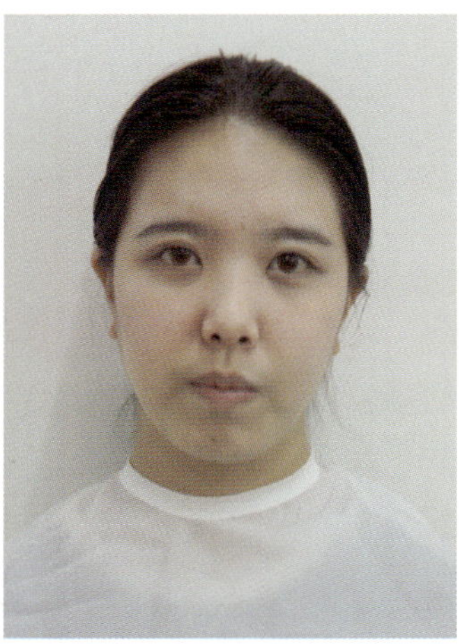

① 반톤 밝은 파운데이션을 균일하지 않게 얼룩지도록 펴 바른다.

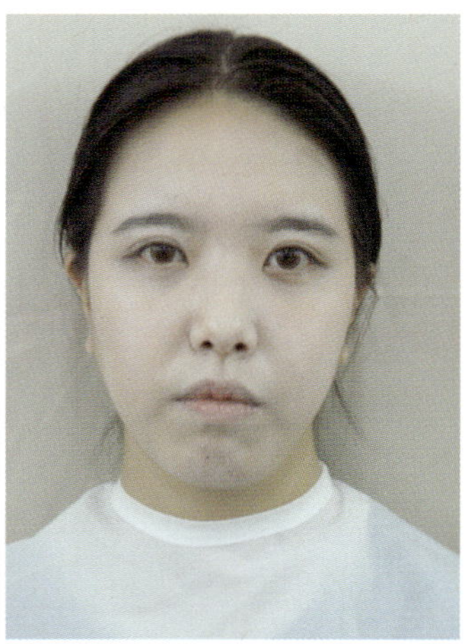

② 회갈색 계열의 베이스톤을 부분적으로 칠해준다.

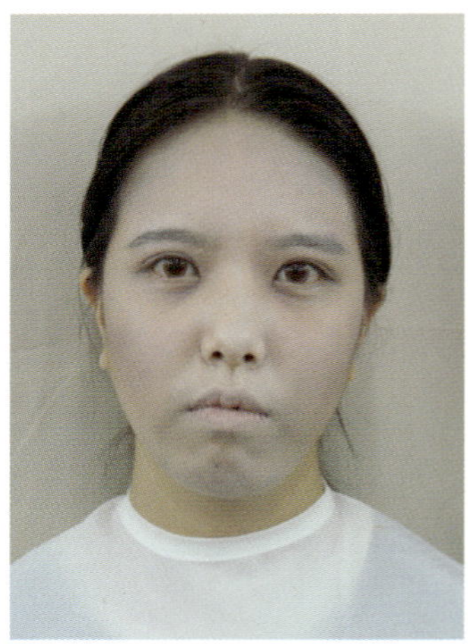

③ 갈색톤의 라이닝 컬러로 눈 주위, 광대뼈 밑을 음영처리 해준다.

### (2) 튼 입술을 표현하는 방법

**[ 분장순서 ]**

① 파운데이션을 이용하여 입술의 색을 커버해 준다.

② 파우더로 유분기를 없애준다.

③ 듀오 혹은 라텍스를 이용하여 2~3겹 정도 발라준다.

④ 집게 혹은 손가락을 이용하여 껍질을 표현해준다.

⑤ 추가로 색을 입혀주고 마무리한다.

그림 5-6 튼 입술 분장 재료

사용 재료 : 듀오, 라텍스 혹은 화이트 글루, 파운데이션, 파우더, 퍼프, 스펀지, 믹싱팔레트, 스파츌러, 브러쉬

그림 5-7 튼 입술 표현 과정

① 파운데이션으로 입술색을 커버한다.

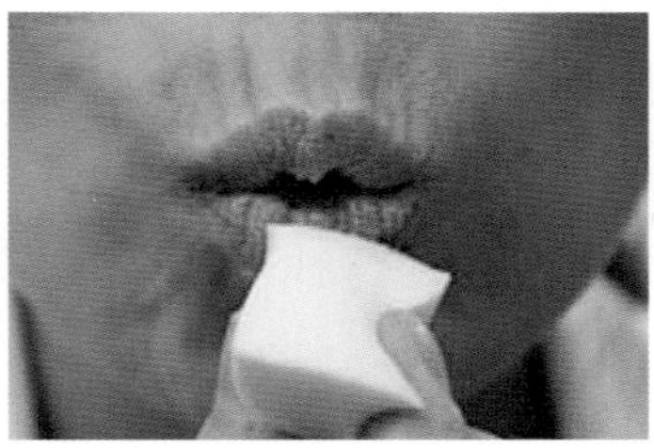

② 거친 질감을 위해 입술 모양을 '우' 로 만들고 파운데이션을 바른다.

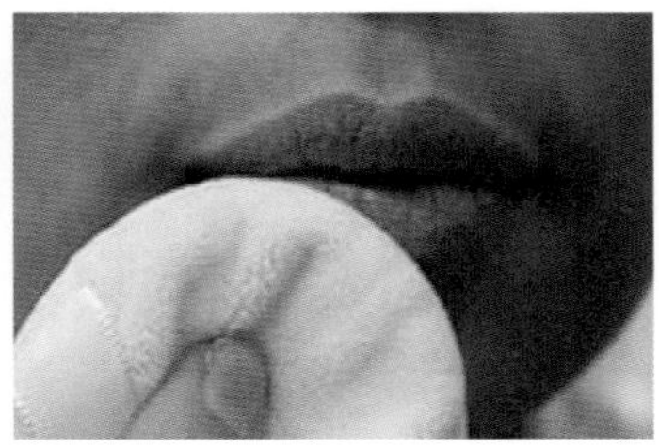

③ 파우더를 해준다.

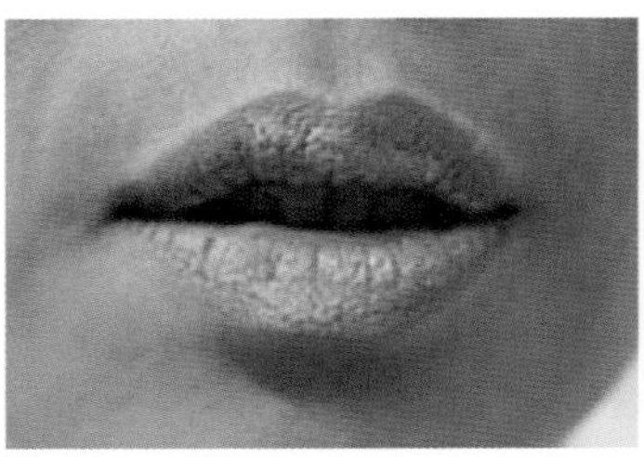

④ 스펀지를 이용하여 듀오를 묻혀준다.

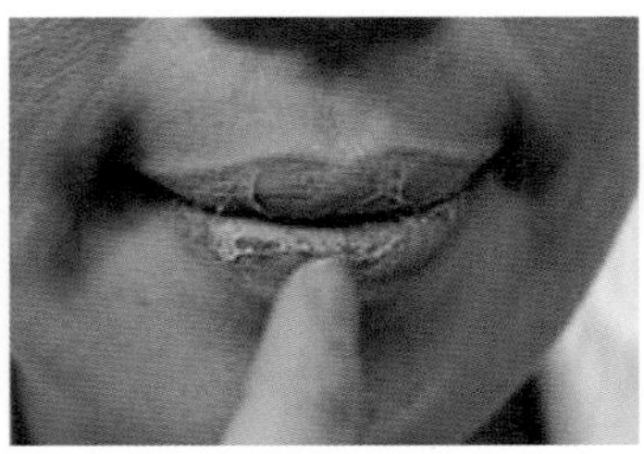

⑤ 집게 혹은 손가락으로 껍질형태를 잡아준다.

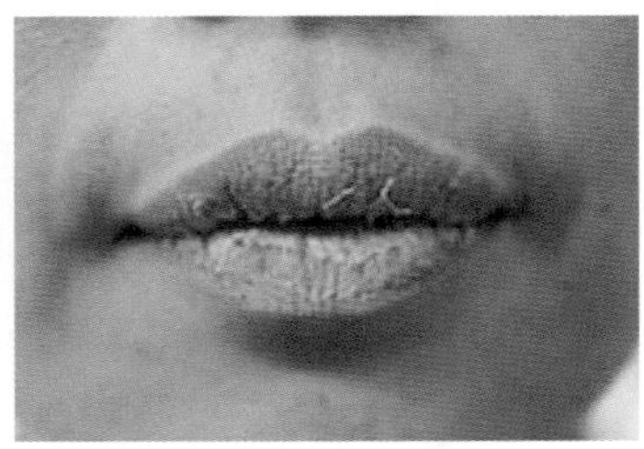

⑥ 추가로 파운데이션을 바르고 완성한다

**TIP**

- 화이트 글루White glue는 문구용 풀을 말하는데, 화학적 첨가제가 많이 들어간 목재용 글루와 유사하므로 사용 시 반드시 첨가물을 확인한다.
- 화이트 글루는 라텍스, 듀오와 달리 마르면 말리지 않고 뻗뻗하게 형태를 유지시켜 주는 장점이 있다.

## (3) 고름 만드는 방법

그림 5-8 고름 분장 재료
사용 재료 : 바세린, 캐스터 실러, 초록색계열 라이닝컬러, 겨자색 라이닝컬러, 컬러 휠, 인조피, 믹싱팔레트, 스파츌러

① 겨자색, 초록색 계열의 라이닝 컬러를 믹스하여 고름의 색을 만들어준다.

② 바세린과 캐스터실러를 적절하게 믹스하여 원하는 농도를 조절한다.

③ 겨자색을 추가하여 조금 더 밝은 색을 만든다.

④ 고름은 피를 동반하기도 하므로 필요한 경우 고름과 피를 믹스한다.

⑤ 완성

그림 5-9 고름 제조 과정

### (4) 수두 표현방법

대상포진 바이러스의 일차감염으로 인해 전신에 감염 증상이 나타나는 바이러스성 질환을 말한다.

① 외적인 변화

온몸에 열이 나며 물집이 생긴다. 여드름과 비슷하게 보이기도 하나 집중되어 나타나는 여드름에 비해 수두는 넓게 분포되며 후에 딱지가 생긴다.

**[ 분장 순서 ]**

① 모델의 피부톤에 맞는 베이스톤을 얇게 펴 바른다.

② 투명파우더를 이용하여 가볍게 처리한다.

③ 물집을 표현하고자 하는 곳의 주변을 붉은색 라이닝컬러를 이용하여 얼룩덜룩하게 칠해준다.

④ 오렌지 우드스틱이나 스파츌러를 이용하여 더마플러지를 사용하여 모양을 잡는다. 라텍스 혹은 프로스에이드를 사용해도 좋다. 얼굴주변에 수두의 모양을 잡을 때는 큰 모양 보다는 작은 모양으로 넓게 분포되는 형태로 분장하며 크기의 차이를 일관되게 만들지 않는 것이 효과적이다.

⑤ 굳은 후 모양 위 부분을 붉은색 라이닝 컬러를 이용하여 컬러링 해준다.

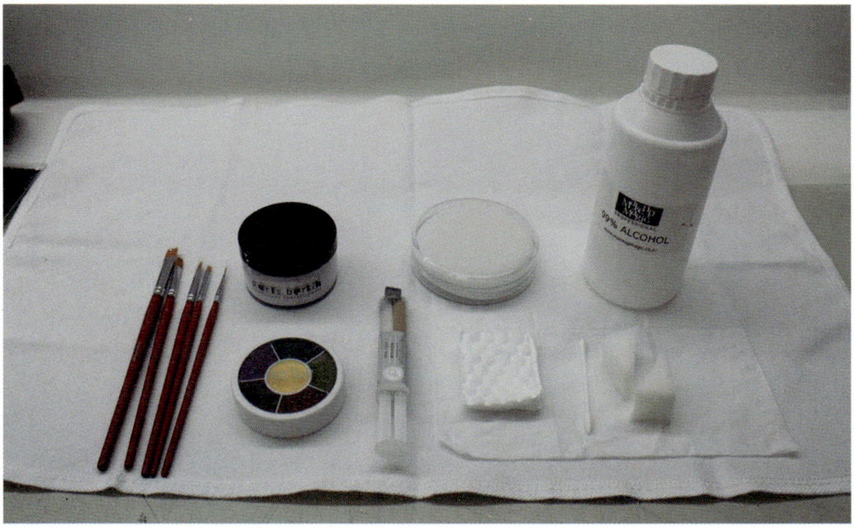


그림 5-10 수두 분장 재료
사용 재료 : 더마플러지(또는 라텍스, 프로스에이드), 컬러 휠, 스펀지, 파우더, 면봉

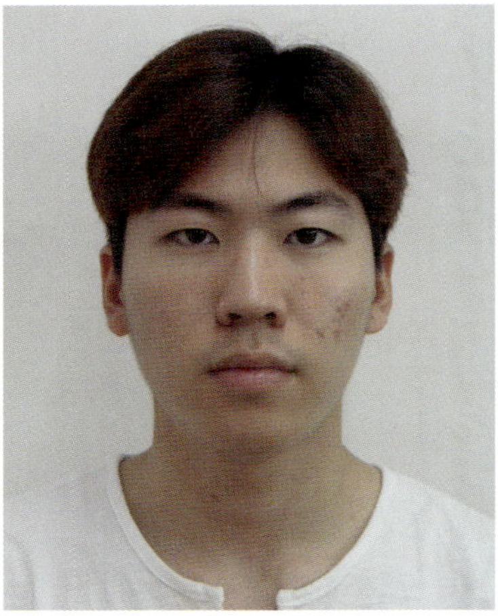

① 베이스톤을 도포한 후 투명파우더로 가볍게 처리한다.

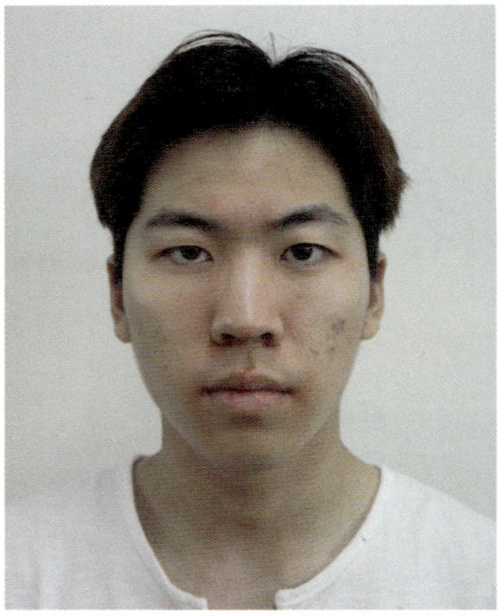

② 붉은색 라이닝컬러를 이용하여 얼룩덜룩한 느낌이 나도록 컬러링한다.

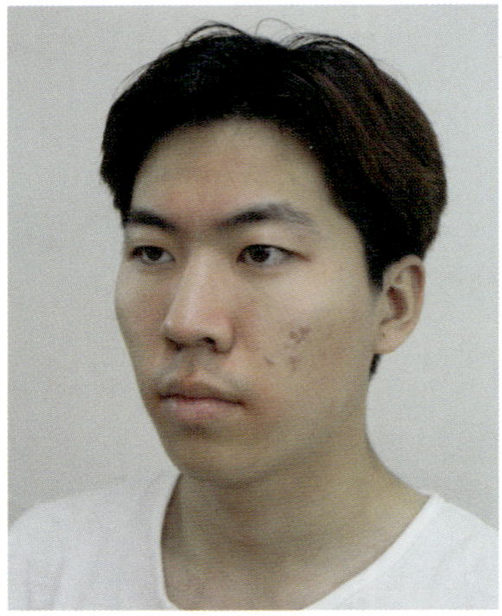

③ 물집의 위치 주변에 붉은색을 추가해준다.

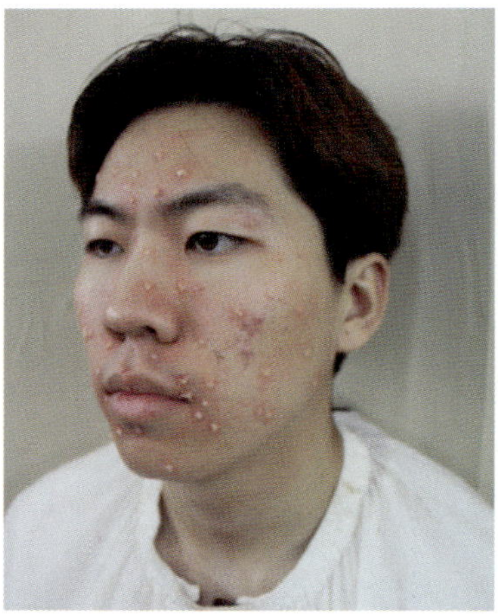

④ 더마플라지(라텍스, 프로스에이드)로 모양을 잡는다.

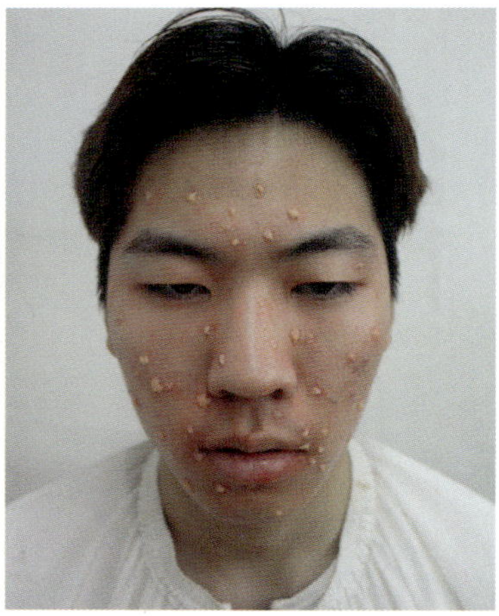

⑤ 붉은색 라이닝 컬러로 색을 보강해준다.

그림 5-11　수두 분장 과정

### (5) 바이러스성 질환 수포표현 방법

수포를 표현할 수 있는 재료는 젤라틴, 촛농, 투플라스트, 라텍스, 듀오, 라텍스와 헤어젤, 3rd degree 등이 있다.

· 라텍스와 헤어젤을 이용한 방법

**[ 분장순서 ]**

① 레드와 적갈색으로 물집을 표현하고자 하는 피부 표면에 불규칙적으로 칠해준다.

② 물집을 표현하고자 하는 부분보다 조금 넓게 라텍스를 한 겹씩 총 3겹 정도 발라준다.

③ 라텍스의 끈적임을 없애기 위해 베이비파우더 혹은 캐스터 오일을 발라준다.

④ 족집게를 이용하여 라텍스를 들어준 뒤 1회용 주사기를 이용하여 헤어젤을 넣어 준다. 물집의 크기는 일률적인 것보다 다양한 사이즈로 표현하는 것이 자연스럽다.

⑤ 물집의 진한 부분은 라이닝컬러 혹은 알코올베이스 물감으로 채색을 해준다.

⑥ 겨자색으로 물집 부분을 표현해준다.

⑦ 베이비파우더로 마무리하고 진물 표현을 위해 글리세린을 발라준다. 물집과는 다르게 수포의 경우 붉은 기가 없는 상태에서 물집 표현과 농을 표현해준다.

그림 5-12 바이러스성 질환 표현 재료

사용 재료 : 라텍스, 헤어젤, 베이비파우더, 캐스터실러, 1회용주사기, 글리세린, 컬러 휠, FX팔레트, 브러쉬, 집게, 99% 에틸알코올, 스펀지

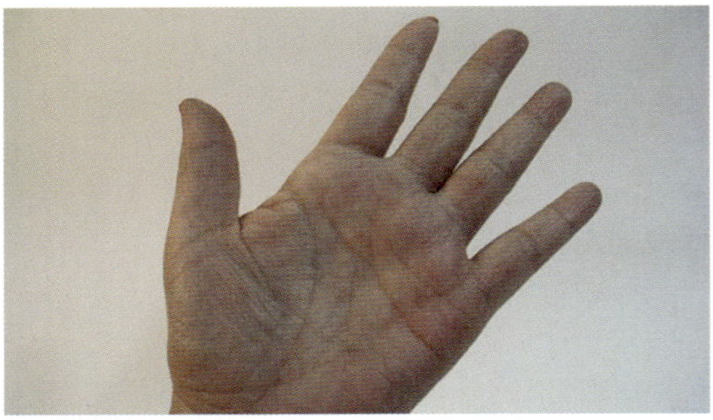

① 적색계열의 라이닝컬러로 피부표면에 불규칙적으로 색을 칠해준다.

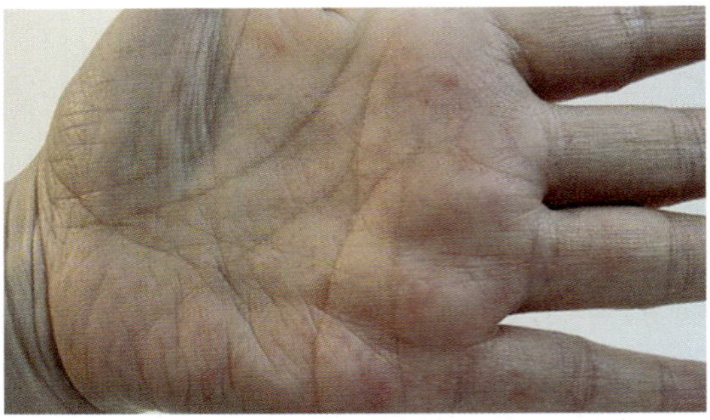

② 적갈색으로 색을 보강해준다.

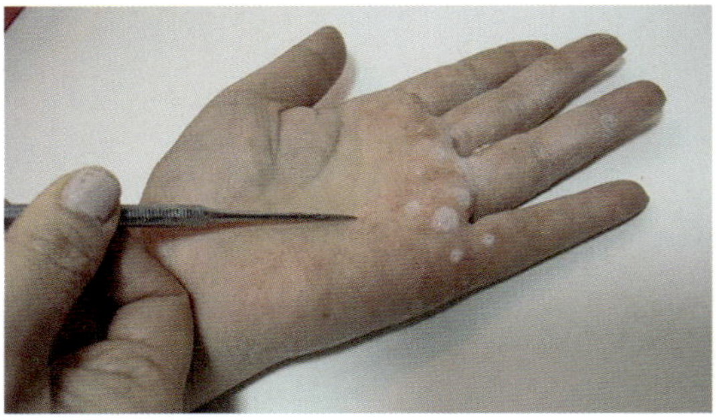

③ 라텍스를 발라준 다음 족집게로 들어 주사기로 헤어 젤을 주입한다.

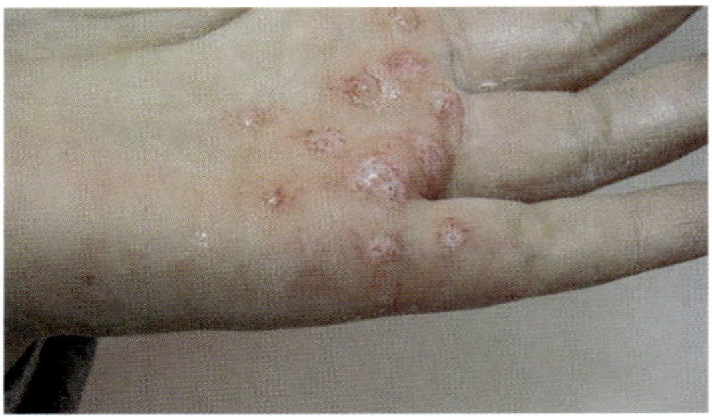

④ 붉은색 라이닝 컬러로 색을 보강해준다.

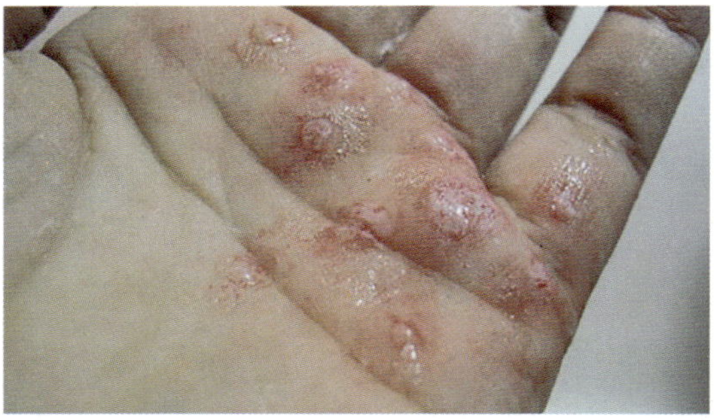

⑤ 완성

그림 5-13 바이러스성 질환(수포표현방법)

TIP

· 라텍스는 되도록 얇게 3겹을 바른다. 라텍스가 두꺼워지면 투명감이 없고 잘 부풀지 않아서 헤어젤 삽입이 어려우므로 균일하고 얇게 발라야 한다.
· 주사바늘은 1cc 1회용을 사용하고 감염, 위생의 문제가 발생할 수 있으므로 반드시 1회 사용 후 폐기한다.
· 바늘은 절대 여러 명이 돌려쓰지 않고 한 사람만 사용한다.

### (6) 그 밖의 피부질감 표현 방법

· 빵가루를 이용한 방법

**[분장순서]**

① 라텍스, 프로스에이드 등으로 표현하고자 하는 부위의 모양을 잡아준다.

② 드라이어 찬바람으로 말려준 후 스펀지를 이용하여 질감 표현을 해준다.

③ 거친 피부의 질감 표현을 위해 시리얼, 오트밀, 빵가루, 콘프레이크 등 가루를 붙여준다.

④ 라텍스가 굳기 전에 원하는 모양을 잡아주고 고정을 위해 라텍스를 다시 한 겹 발라준다.

⑤ 드라이어로 말려준 다음 파운데이션, 라이닝 컬러, 알코올베이스 화장품 등을 이용하여 톤에 맞게 칠해준다.

⑥ 회색, 파란색, 초록색, 적갈색, 보라색의 라이닝 컬러를 이용하여 좀비, 미라피부의 느낌을 표현한다.

⑦ 캐스터 오일 등 실러를 이용하여 질감을 표현해 준다.

그림 5-14　피부질감 표현재료

사용 재료 : 빵가루, 라텍스 또는 프로스에이드, 파운데이션, 라이닝컬러, 컬러 휠, 파우더, 스펀지, 믹싱팔레트, 퍼프, 스파츌러

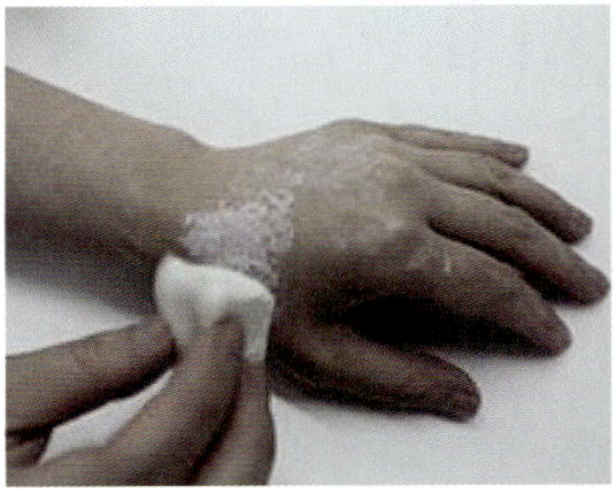

① 라텍스 또는 프로스에이드로 한 겹정도 표현하고자 하는 부위의 모양을 잡아준다.

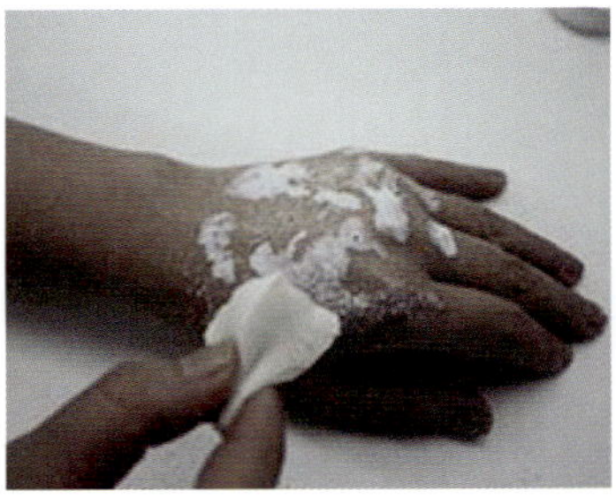

② 빵가루를 올려주면서 모양을 잡고 다시 라텍스를 올려주어 구체적인 모양을 잡는다.

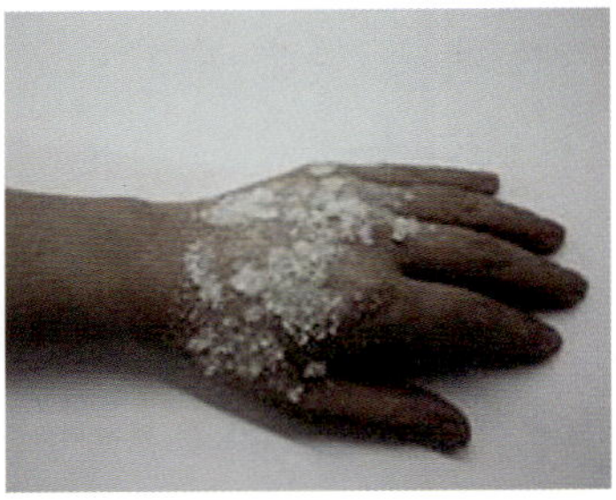

③ 빵가루를 올려주어 모양과 두께를 잡는다.

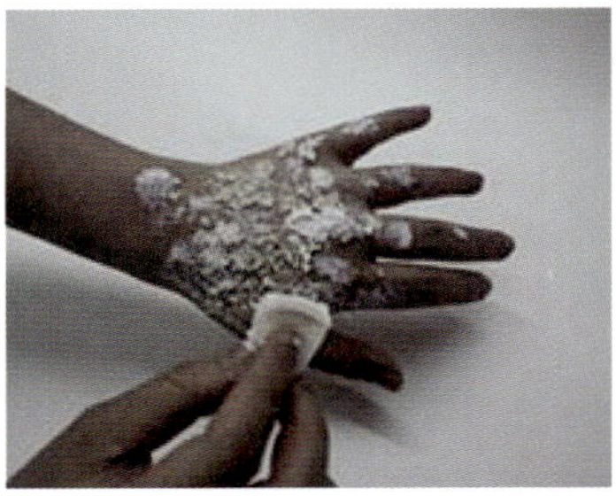

④ 빵가루 위에 라텍스를 덧발라 고정시키고 파우더 처리한다.

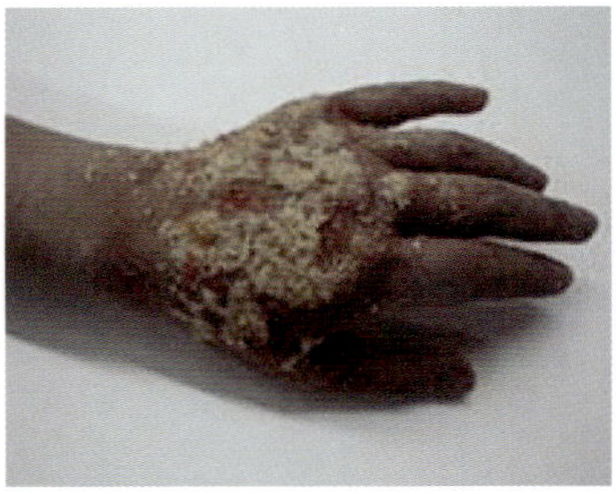

⑤ 붉은 느낌의 베이스를 발라준다.

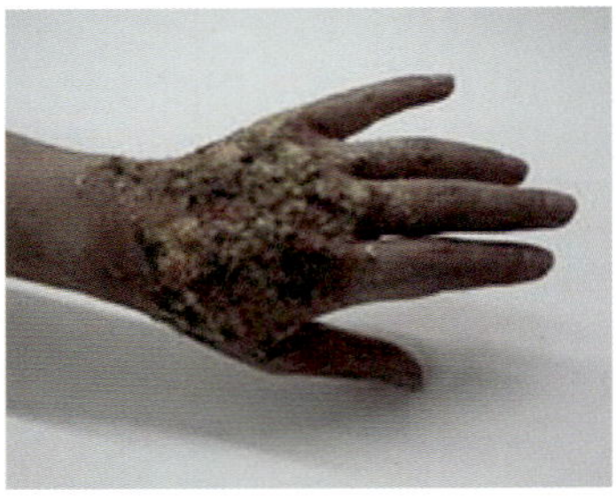

⑥ 초록색, 적갈색, 보라색, 회색, 파란색 등의 라이닝컬러로 색을 보충한다.

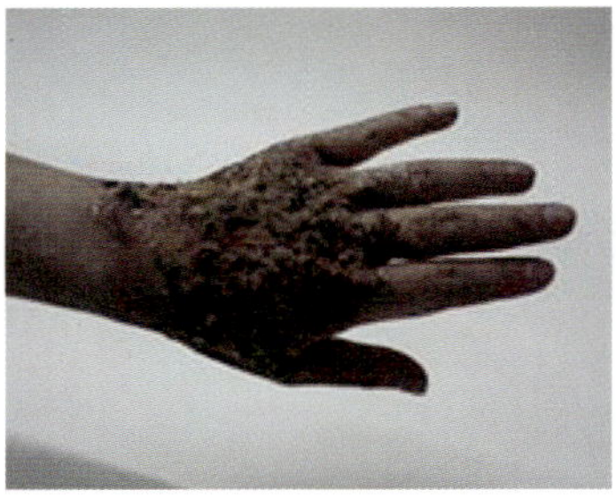

⑦ 파란색, 검정색을 추가하여 표현한다.

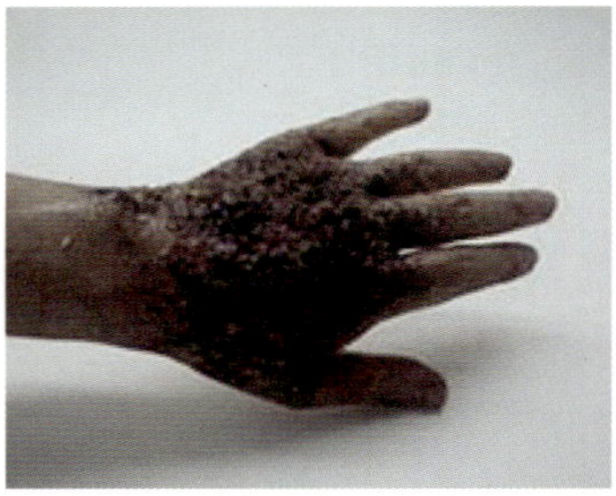

⑧ 캐스터오일 또는 실러를 이용하여 진물을 표현해준다.

그림 5-15
빵가루를 이용한 피부질감 표현과정

TIP

주의!

빵가루는 완전히 마른 것을 사용해야 효과가 좋다.

· **딱지표현 방법** 원두커피 가루를 이용한 방법

**[ 분장순서 ]**

① 원두가루, 콘프레이크에 프로스에이드(혹은 텔레시스 접착제)를 믹스하여 딱지를 표현할 피부 위에 올려준다. 이때 커피는 인스턴트 커피를 사용하지 않으며 갈아져 있는 상태의 마른 원두커피 가루를 사용한다.

② 모양을 잡고자 하는 피부 위에 스파츌러를 이용하여 접착제와 원두가루를 믹스하여 올려준다. 접착제가 빨리 굳기 때문에 빠른 속도로 딱지의 모양을 잡아주는 것이 좋다.

③ 딱지 표면을 평평하게 연출하기 위해서 종이 타월에 물을 묻혀 눌러준다.

④ 블랙스펀지에 검붉은 색을 묻혀준 후 긁힌 상처를 추가로 표현해주고 주변의 색을 추가해준다.

⑤ 인조피를 이용하여 사실감을 더해준다.

**TIP**

원두는 한번 커피를 내린 후 말린 것이 수분에 의해 색이 배어나오지 않으며, 가루가 팽창 후 다시 수축하여 형태감이 좋아져 사용하기에 적합하다.

그림 5-16 딱지 표현 재료
사용 재료 : 프로스에이드(혹은 텔레시스), 원두커피가루, 컬러 휠, 99% 에틸 알코올, FX 팔레트, 브러쉬, 블랙스펀지, 스파츌러, 종이타월, 인조피

그림 5-17 원두커피 가루를 이용한 딱지 질감 표현과정

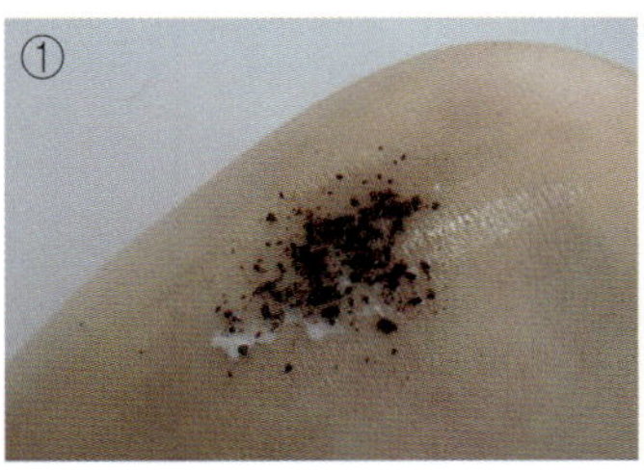


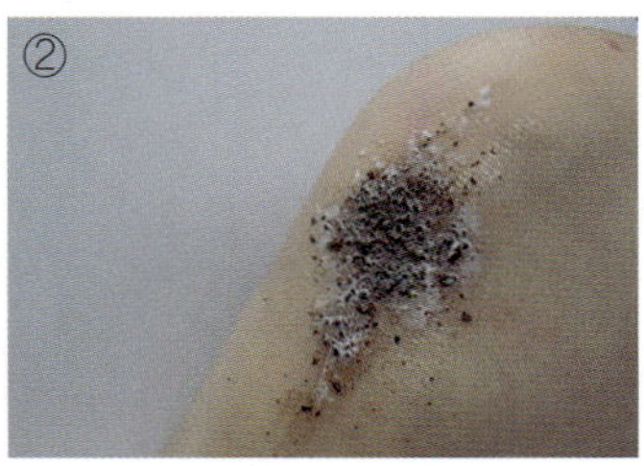


① 접착제와 원두커피가루를 믹스하여 올려준다.

② 딱지모양을 잡아주고 위에 프로스에이드를 한 번 더 입혀서 고정시킨다.

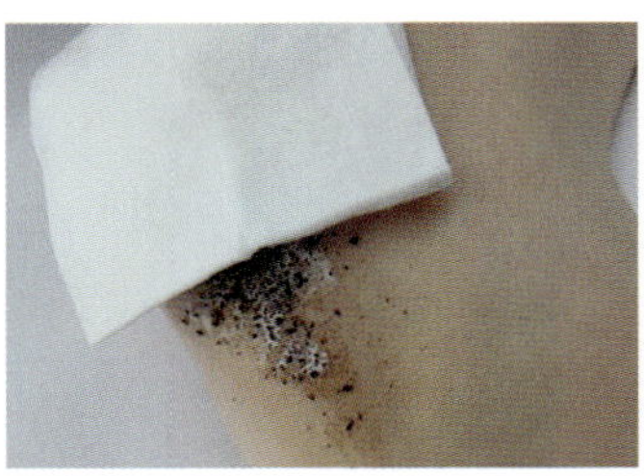

③ 딱지표면에 젖은 타월을 이용하여 눌러준다.

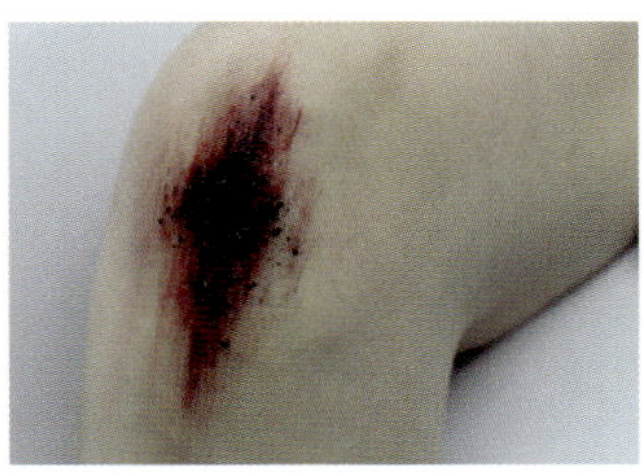

④ 블랙스펀지에 검붉은 색을 묻혀 준 후 긁힌 상처를 표현해 준다.

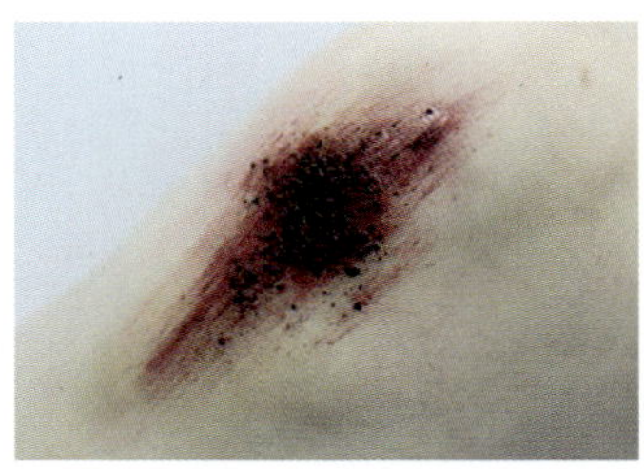

⑤ 인조피를 이용하여 마무리해 준다.

## Ⅲ 상처 분장 Injury Makeup

상처 분장은 미디어분장에서 관객들의 긴장과 몰입을 유도하기 위한 극적인 사실감과 배우의 연기적 몰입을 주기 위하여 꼭 필요한 과정이다. 사실적인 분장을 위해 실제 사진자료를 찾아보면서 상처의 기본적인 이해와 분석이 필요하다.

### 1. 타박상 멍 Bruise

타박상의 일종으로 외부의 충격을(사고, 구타, 넘어짐) 받아 근육이 붓고 통증이 생기는 것으로 연부 조직과 근육 등에 손상을 입어 피부에 출혈과 부종이 보이고 피부 속의 세포조직이 파괴되어 속으로 출혈이 되면서 검푸르게 멍이 든 것이다. 멍 분장은 생성된 시간에서 거의 나아가는 시간까지 경과에 따라 색감을 다르게 사용하여야 한다.

표 5-1 타박상 진행에 따른 색상의 변화

| 경과 | 초기 | 중기 | 말기 |
|---|---|---|---|
| 기간 | 1시간 후 ~3일 | 3일 2주 | 2주~ |
| 이미지 | 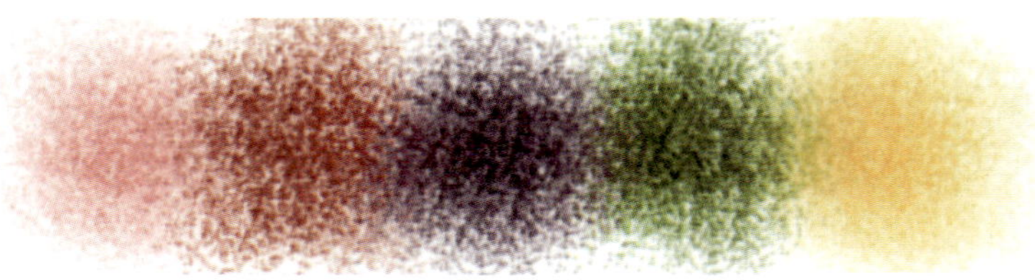 레드 → 머룬 → 퍼플 → 그린 → 옐로 순 | | |

그림 5-18 멍 분장 재료
사용 재료 : 컬러 휠, FX팔레트, 베이비파우더, 글리세린, 브러쉬, 99% 에틸알코올, 스펀지

## (1) 멍 분장하기

① 분장할 피부 부위를 알코올로 깨끗하게 정리한다.

② 충격이 가해진 부위의 방향과 크기를 결정하고 분장할 위치를 정한다.

③ 레드나 오렌지 스펀지로 텍스처를 살려가며 붉은색을 스펀지로 찍어준다.

④ 먼저 칠한 색이 뭉개지지 않도록 텍스처를 살려가며 레드 스폰지로 덧바르듯이 찍어준다.

⑤ 충격이 가해진 부위에 색이 진하게 스폰지로 더 찍어준다.

⑥ 시간의 흐름에 따른 멍의 색상 변화에 맞춰 분장하도록 한다. 멍의 생성 시간에 따라 그 색감의 정도를 정하여 시행한다. (붉은색→적갈색→보라→초록→노랑)

⑦ 거의 나아가는 멍의 경우에는 반대의 순서로 시행한다. (노랑→초록→보라→적갈색→붉은색)

그림 5-19 크림라이너를 이용한 멍 분장
화운데이션과 같이 색소에 오일을 넣어 크림형태로 만든 분장제품으로 손쉽게 사용이 가능 하다.

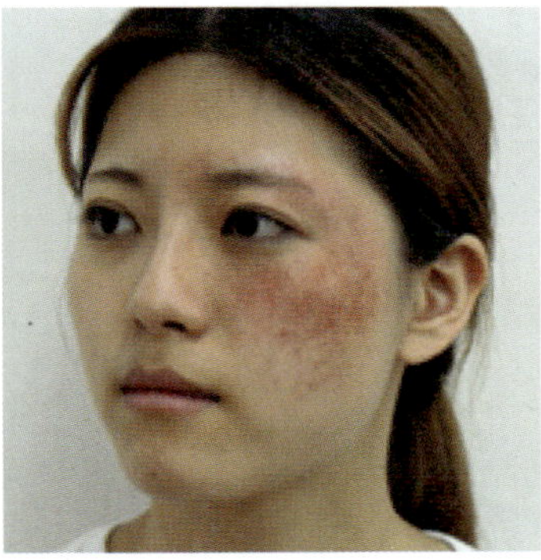

① 오렌지 스펀지를 사용하여 붉은색을 펴바르듯 찍어 질감을 표현한다.

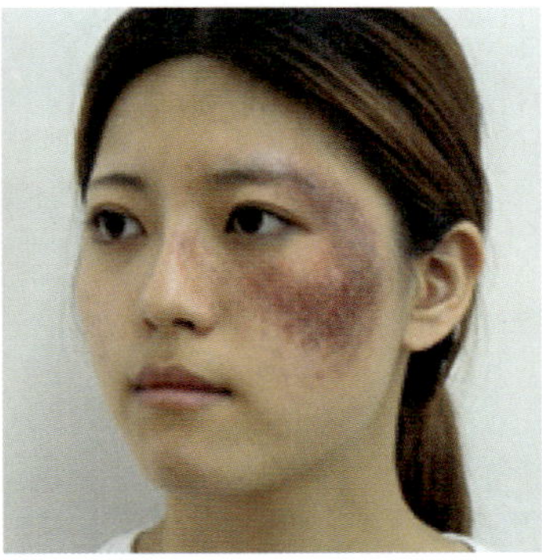

② 붉은 스티플한 색이 뭉개지지 않도록 주의하며 머룬색과 보라색을 두드리듯 스티플한다.

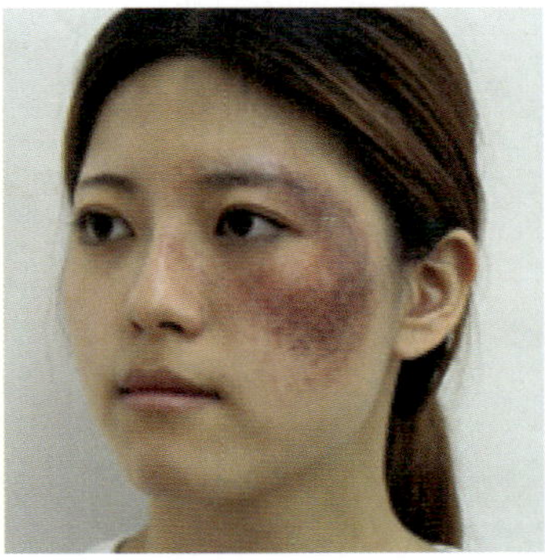

③ 충격이 가해진 부분에 짙은 보라의 머룬색을 강조한다.

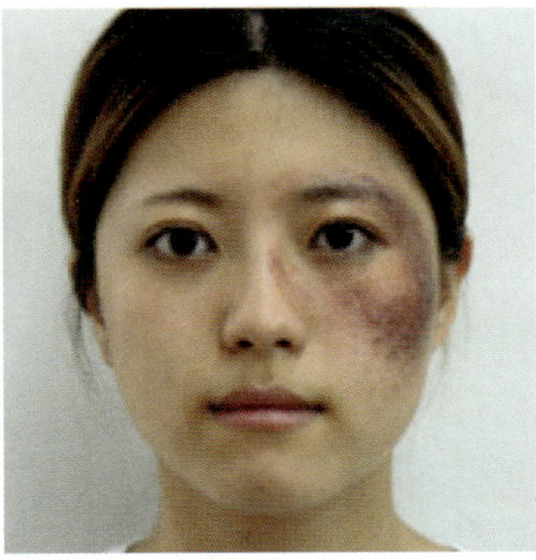

④ 완성된 멍 분장

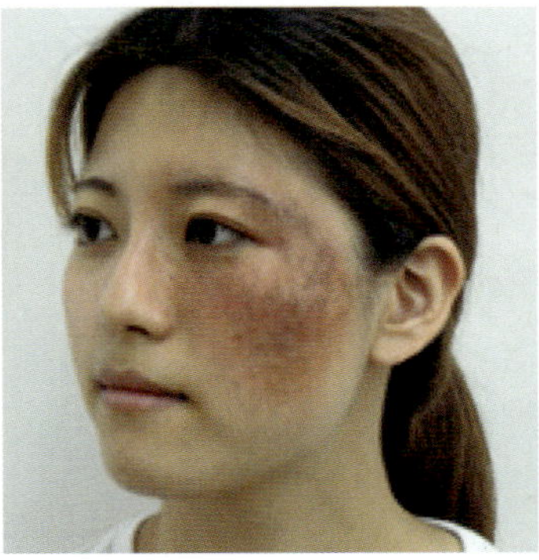

⑤ 나아가는 멍의 경우 강조된 부위의 색상을 빼고 순서대로 시행한다.

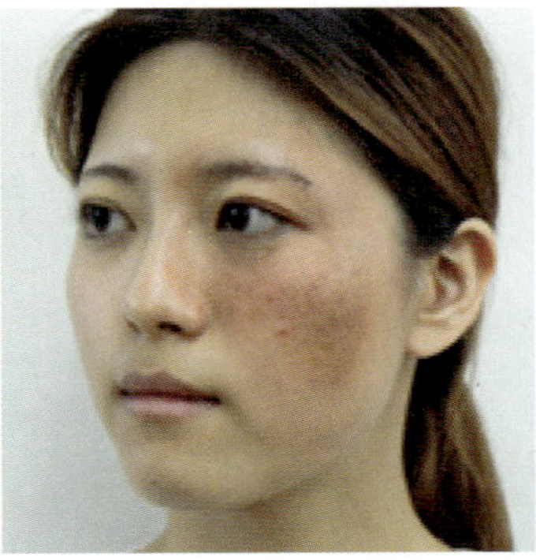

⑥ 거의 나아가는 멍 분장은 색상의 순서를 반대로 시행한다.

노랑 → 초록 → 보라

TIP

· 멍 분장 시 불규칙한 형태의 타원형으로 하는 것이 좋다.
· 한 가지 색상 위에 다른 색을 덧붙이며 진행되므로 색상이 서로 섞이지 않도록 주의한다.
· 많은 색상이 칠해져서 베이스톤을 지나치게 가리지 않아야 하며 반드시 피부톤이 보여져야한다.

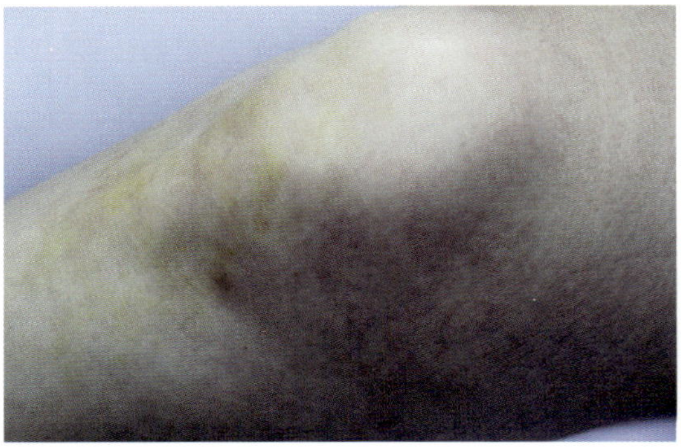

① 오렌지 스펀지로 텍스처를 살려가며 노란색을 찍어 준다.

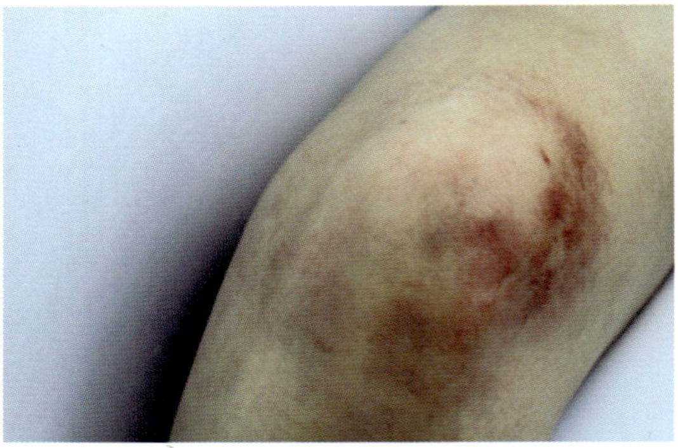

② 붉은 색상으로 멍의 바탕색을 텍스처를 살려가며 레드 스폰지로 찍어준다.

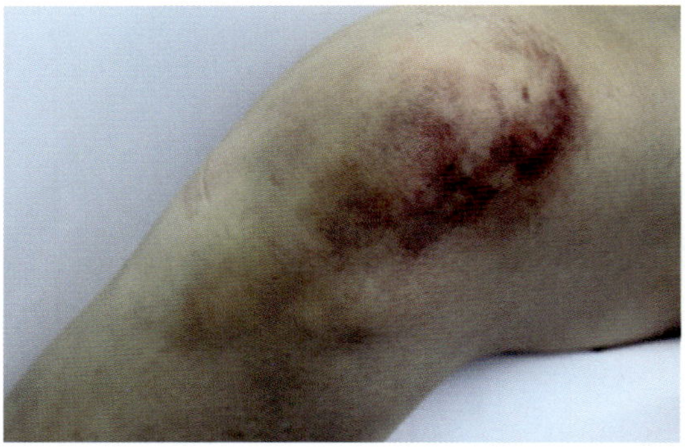

③ 먼저 칠한 색이 뭉개지지 않도록 텍스처를 살려가며 스폰지로 찍어준다.

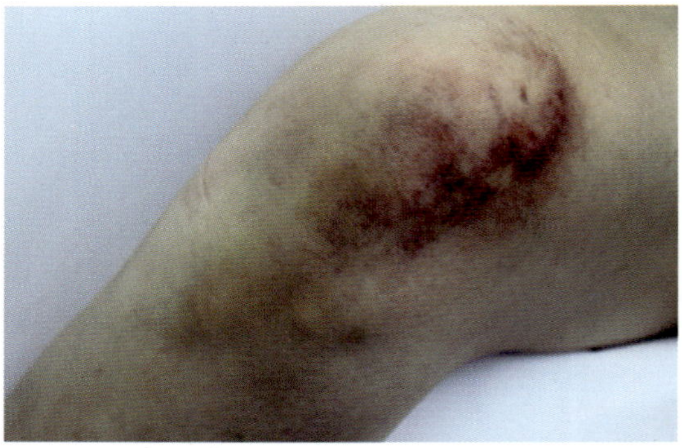

④ 충격이 가해진 부위에 색이 진하게 스폰지로 더 찍어 준다.

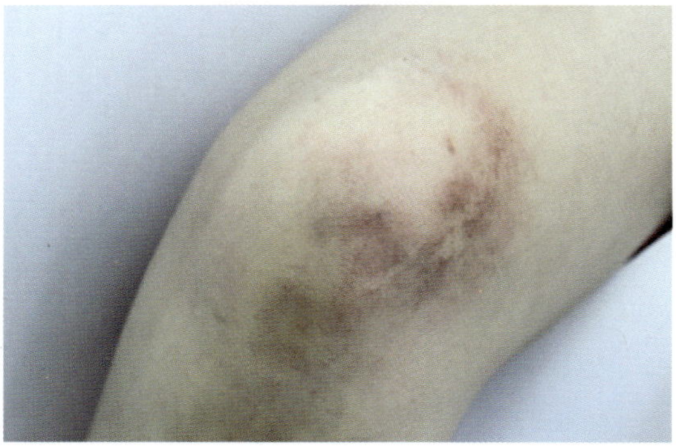

⑤ 나아가는 멍의 색은 노랑 → 초록→ 보라 순으로 시행한다.

그림 5-20 글레이징 젤을 사용한 멍 분장
프리미어제품의 글레이징 젤은 수성으로 피부에 흡착되어 착색 효과로 표현 되는 제품이다.

## 2. 찰과상 Scrape

마찰에 의하여 피부의 표면에 입는 긁힌 상처로 매우 단순한 사실적인 긁힘을 만들 수 있다. 찰과상 분장은 피부와 마찰되는 표면의 형태와 강도에 따라 긁힘에 차이가 있으므로 마찰대상의 표면 재질 상태를 파악해야한다.

### (1) 가벼운 찰과상 상처 분장하기

① 분장할 부위를 알코올로 깨끗하게 정돈한다.

② 가벼운 찰과상 표현을 위해 모공이 있는 검은색의 스티플 스펀지나 면봉을 사용하여 긁힌 상처를 인공 피, 또는 마스터 브루즈 휠의 붉은색를 사용하여 크기를 결정하고 연출하려는 방향으로 긁어 바른다.

③ 강하게 긁힌 상처 위에 면봉을 사용하여 묽은 인공 피를 살짝 발라주어 사실감을 더한다.

### (2) 깊은 찰과상 상처 분장하기

① 분장할 부위를 알코올로 깨끗하게 정돈한다.

② 면봉을 사용하여 긁힌 상처를 인공피를 사용하여 연출하려는 방향으로 긁어 바른다.

③ 깊은 상처를 강조하기 위해 몇개의 선을 걸죽한 인공 피를 사용하여 피가 고정될 수 있도록 바른다.

④ 깊게 파인 찰과상 표현을 위해 상처 위에 묽은 인공 피와 커피를 살짝 발라 피딱지의 사실감을 더한다.

그림 5-21 찰과상 분장 재료
사용 재료 : FX 팔레트, 99% 에틸 알코올, 인조피, 블랙스펀지, 스파츌러, 브러쉬, 원두커피가루, 믹싱팔레트

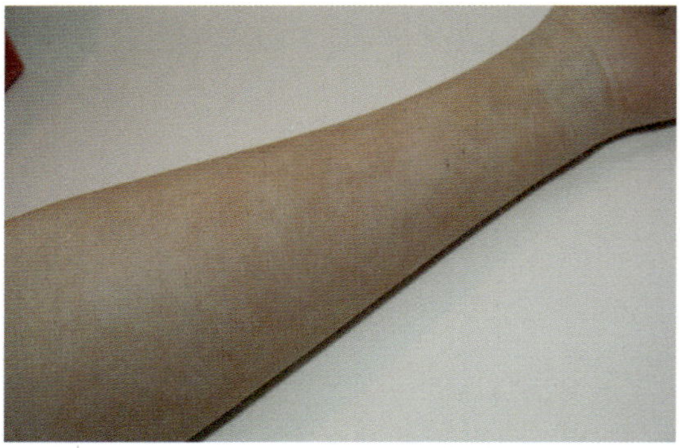

① 찰과상 분장 부위를 알코올로 깨끗하게 정돈한다.

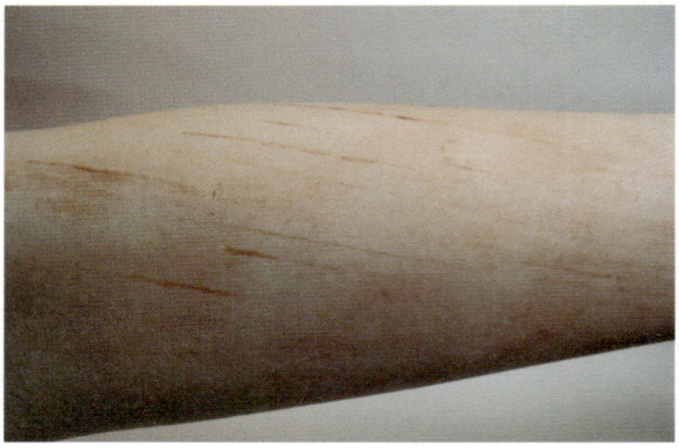

② 가벼운 찰과상 표현을 위해 검은색의 스티플 스펀지나 면봉을 사용하여 크기를 결정하고 연출하려는 방향으로 긁어 바른다.

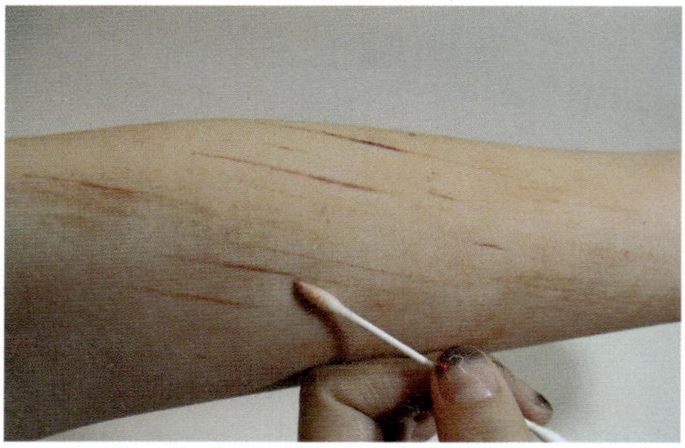

③ 면봉을 사용하여 몇개의 선을 깊은 상처로 강조한다.

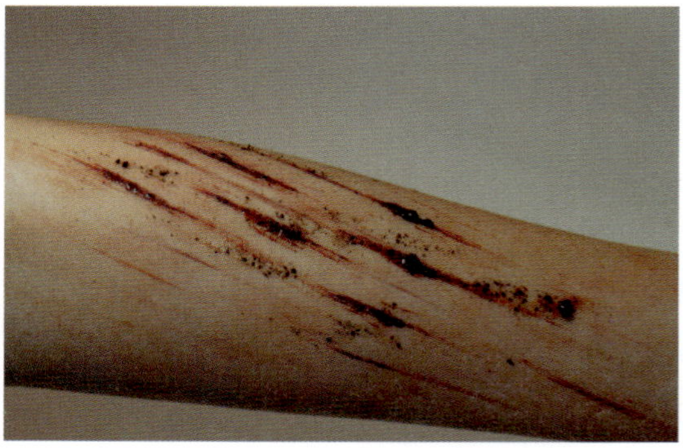

④ 깊게 페인 찰과상 표현을 위해 상처 위에 묽은 인공피와 커피를 살짝 발라 피딱지의 사실감을 더한다.

그림 5-22 찰과상 상처 분장하기

## 3. 봉합상처 꿰맨 상처

### (1) 봉합상처 분장하기

① 봉합 상처의 연출부위를 알코올로 깨끗하게 정돈한다.

② 스펀지를 사용하여 디자인할 부위에 라텍스를 두드려 바른다. 완전 건조 후 반복하여 라텍스를 3회를 더 두드려 바른다.

③ 건조된 라텍스 부위를 파우더를 사용하여 끈적임을 제거한다.

④ 글레이징 젤의 붉은 색상을 붓으로 튕겨 피부에 바른다.

⑤ 라텍스의 중앙 부위만을 가위로 자르고 끝부분은 자르지 않고 남겨 둔다.(3~5mm)

⑥ 봉합상처 디자인 부위의 피부와 밀착되어 있는 라텍스를 우드스틱 등을 이용하여 자른 부위의 둘레 좌,우면 1~2mm를 피부와 분리시켜준다.

⑦ 글레이징 젤의 붉은 색상을 먼저 표현한다.

⑧ 컷팅한 라텍스의 안쪽에 글레이징 젤 붉은 색상과 검은 색상을 혼합하여 붓으로 발라준다.

⑨ 솜을 얇게 펴서 컷팅한 라텍스 안쪽에 넣어준다.

⑩ 솜 위에 인공 피를 살짝 발라 주면 사실감을 더할 수 있다.

⑪ 라텍스 컷 안쪽에 글레이징 젤 검은 색상을 이용하여 상처의 깊이를 표현해 준다.

⑫ 인공 피를 살짝 바르고 컷팅한 라텍스를 바늘로 봉합한다.

⑬ 인공 피를 살짝 발라 주면 사실감을 더할 수 있다.

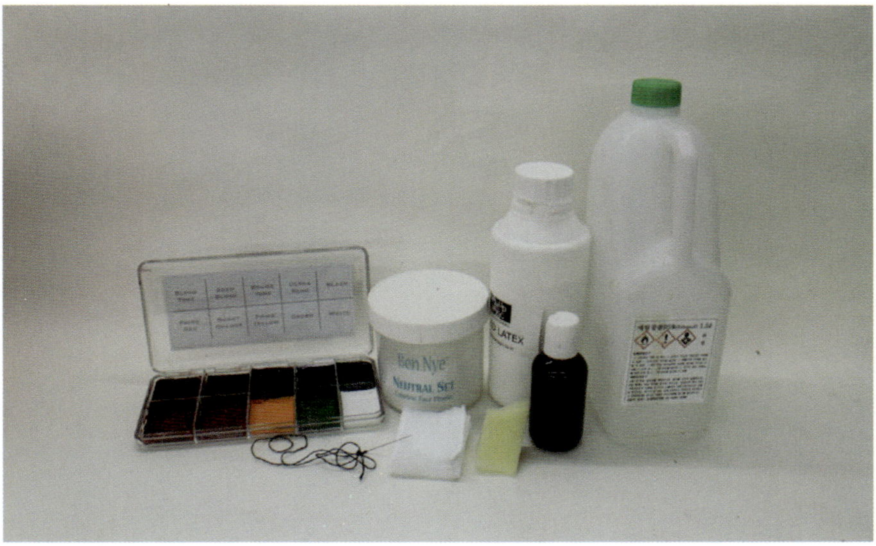


그림 5-23 봉합상처 분장 재료
사용 재료 : FX 팔레트, 99% 에틸 알코올, 인조피 라텍스, 화장솜, 실, 바늘, 파우더

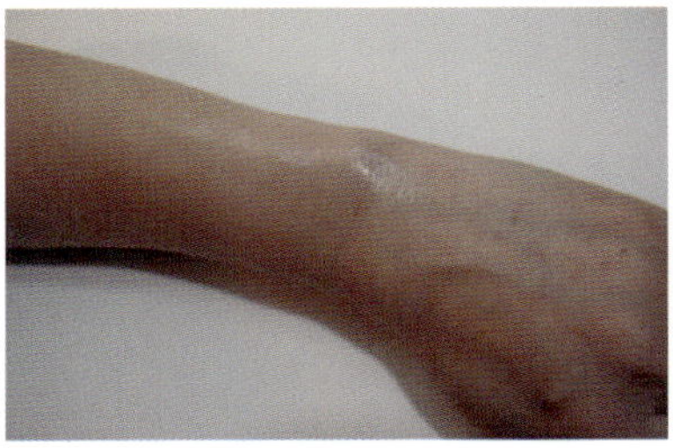

① 봉합상처의 연출부위를 알코올로 깨끗하게 정돈한다.

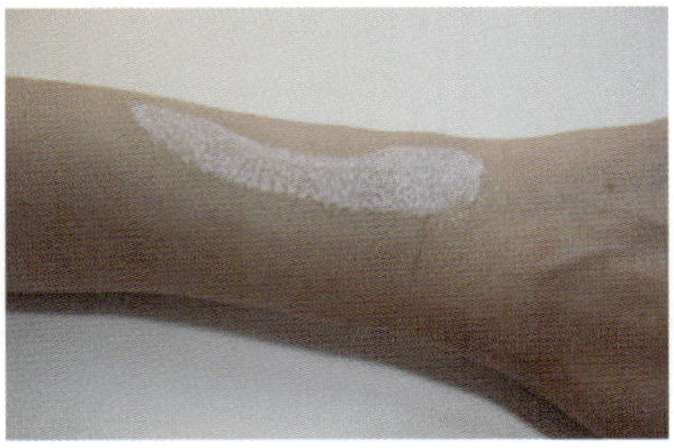

② 스펀지를 사용하여 디자인 할 부위에 라텍스를 두드려 바른다.(3~4회)

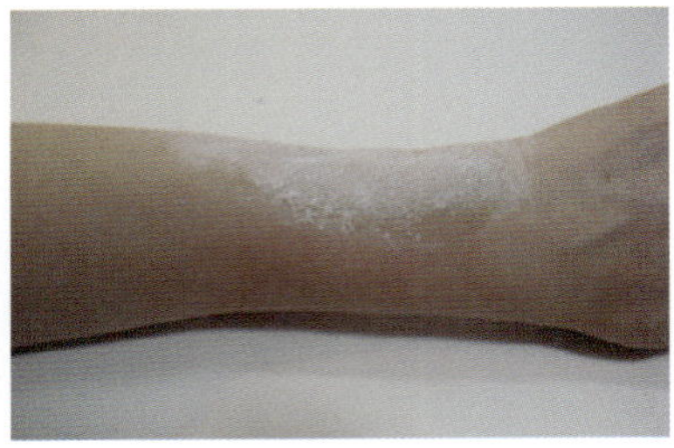

③ 건조된 라텍스 부위에 파우더를 바른다.

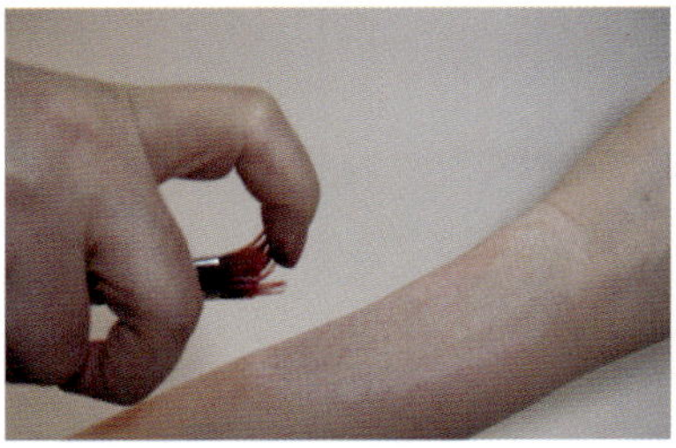

④ 글레이징 젤 붉은 색상을 붓으로 튕겨 피부에 바른다.

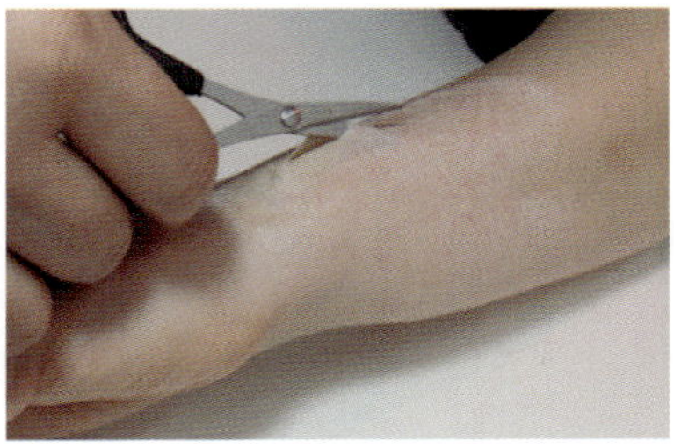

⑤ 라텍스의 중앙 부위만을 가위로 자르고 끝부분은 자르지 않고 남겨 둔다.(3~5mm)

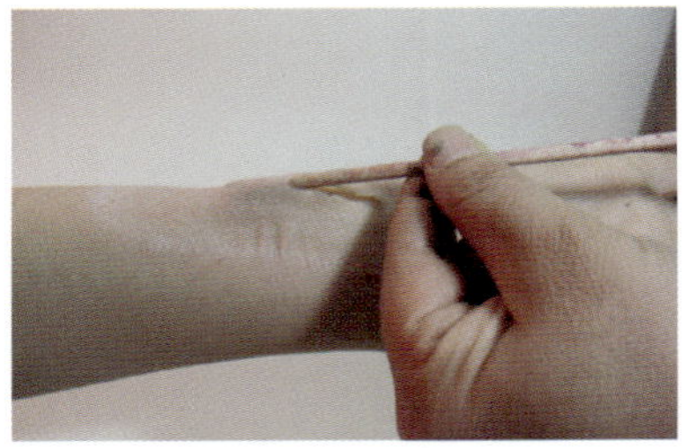

⑥ 피부와 밀착되어 있는 라텍스를 우드스틱을 사용하여 피부와 분리시켜 준다.

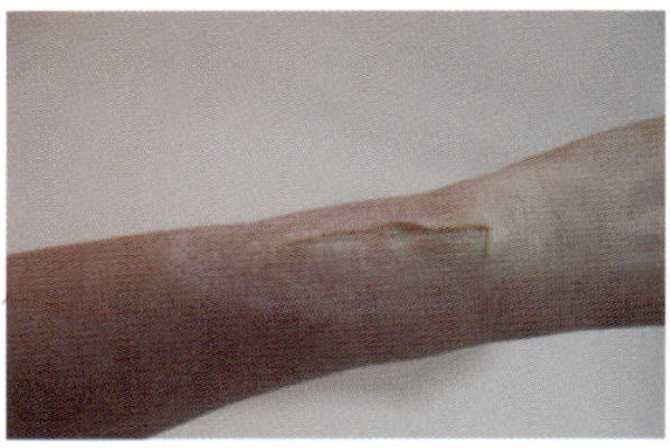

⑦ 우드스틱을 이용하여 라텍스 자른 부위의 둘레 좌,우면 1~2mm를 피부와 분리시켜준다.

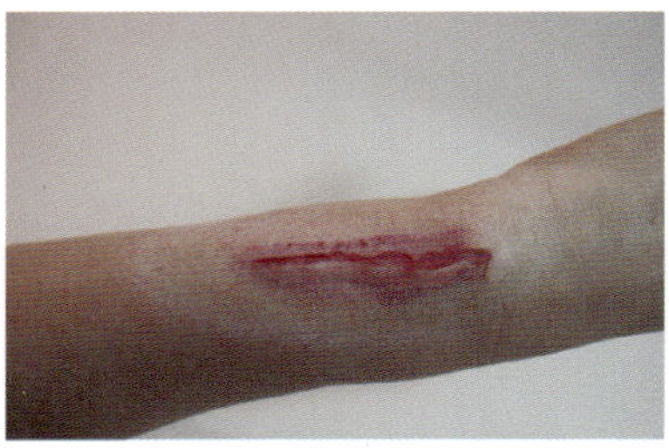

⑧ 붉은 색상을 먼저 표현한다.

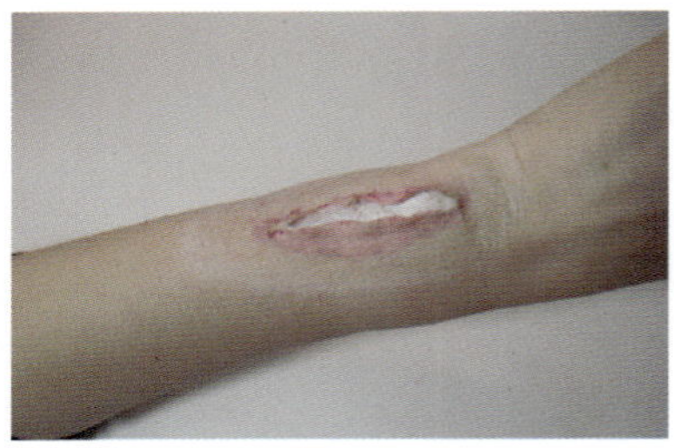

⑨ 솜을 얇게 펴서 컷팅한 라텍스 안쪽에 넣어 준다.

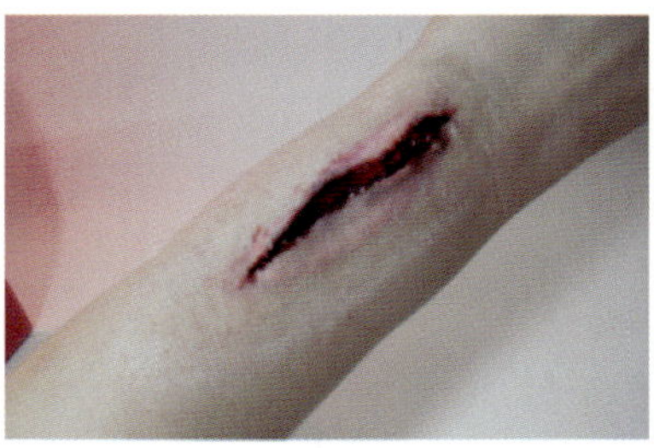

⑩ 라텍스 컷 안쪽에 묽은 피를 사용해 상처의 깊이를 표현해 준다.

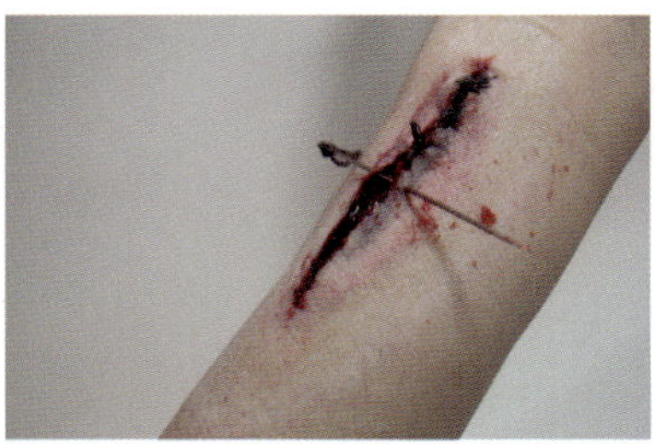

⑪ 컷팅한 라텍스를 바늘로 봉합한다.

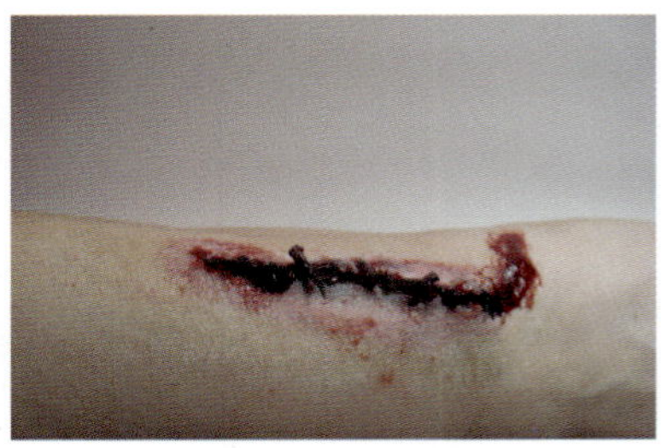

⑫ 인공 피를 살짝 발라 주면 사실감을 더할 수 있다.

그림 5-24 봉합상처 분장

## 4. 오래된 흉터 scar

흉터란 손상되었던 피부가 치유된 흔적이다. 수술 또는 외상으로 인하여 진피의 깊은 층까지 손상을 입었을 때, 피부의 긴장도를 유지하는 진피층의 콜라겐이 과다하게 증식하여 상처가 치유된 후에도 얇아진 피부를 밀고 나와 흉터로 남게 된다.

피부의 파임으로 인한 흉터는 진피증의 손상으로 인한 상처가 흉으로 남아 생기는 것으로 피부표면보다는 들어간 상태의 흉터이다. 돌출된 흉터는 상처 부위에 세균이 침투한 2차 감염으로 피부가 돌출된 흉터를 말한다.

그림 5-25 흉터 재료
사용 재료 : FX팔레트, 콜로디온, 99% 에틸 알코올, 브러쉬

### (1) 흉터 분장하기

① 분장할 피부 부위를 알코올로 깨끗하게 정리한다.

② 흉터 분장의 디자인을 결정하고 이미지의 형태대로 클로디온을 발라준다.

③ 상처의 깊이감을 주기 위해 첫 번째에 바른 클로디온 위에 반복하여 클로디온을 발라준다.

④ 피부 파임이 적은 가벼운 흉터 부분은 클로디온을 1~2회 바르고 파임이 깊은 흉터 부분은 클론디온을 3~4회 반복하여 발라준다.

⑤ 흉터 분장 부위를 갈색 계열의 색상으로 채색한다.

⑥ 튀어나온 흉터는 스파출라를 사용하여 튜플라스트로 빠른 시간에 디자인한다.

**TIP**

· 분장 후 콜로디온의 바깥 부분이 떨어지거나 갈라지는 경우 붓으로 99% 에틸 알코올을 사용하여 녹여 블랜딩 한다.
· 클로디온을 바르기 전 흉터를 강조하기 위하여 갈색 파운데이션 또는 펜슬로 색감을 표현한 후 클로디온을 도포하면 오래된 상처 연출이 가능하다.

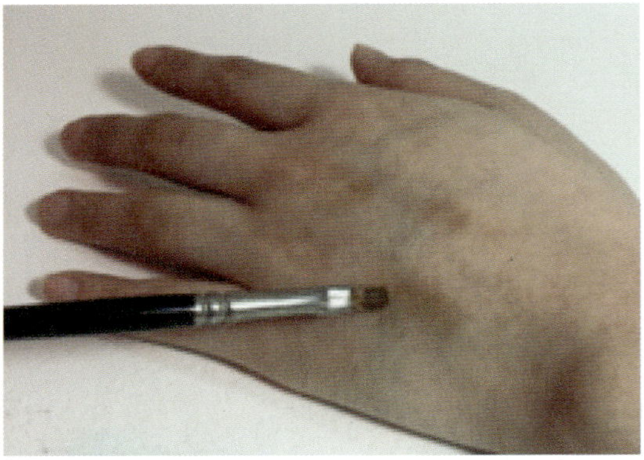

① 흉터 분장의 디자인을 결정하고 이미지 형태대로 클로디온을 발라준다.

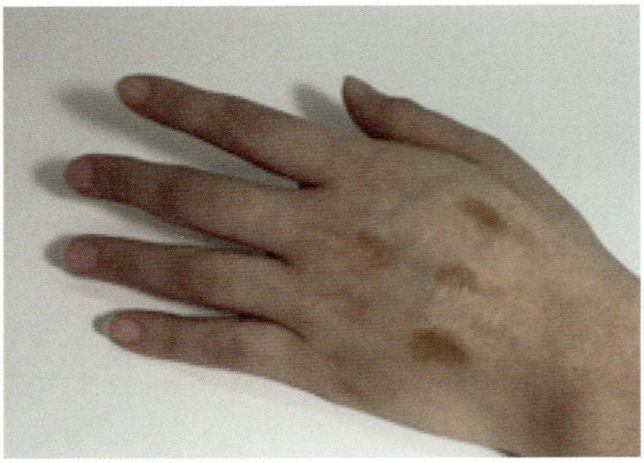

② 피부 파임이 적은 가벼운 흉터 부분은 클로디온을 붓으로 1~2회 바른다.

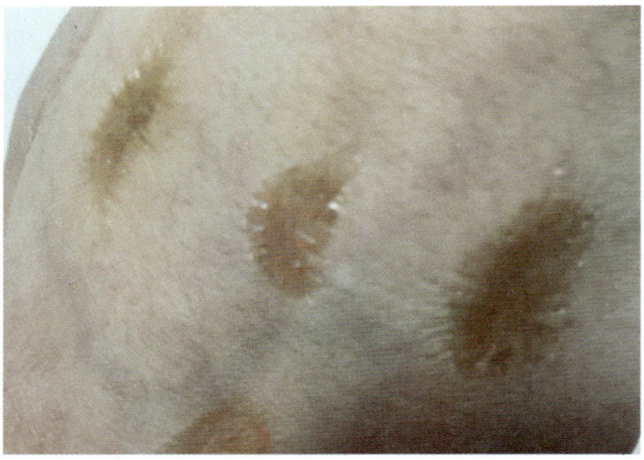

③ 패임이 깊은 흉터 부분은 클론디온을 붓으로 3~4회 반복하여 발라 준다.

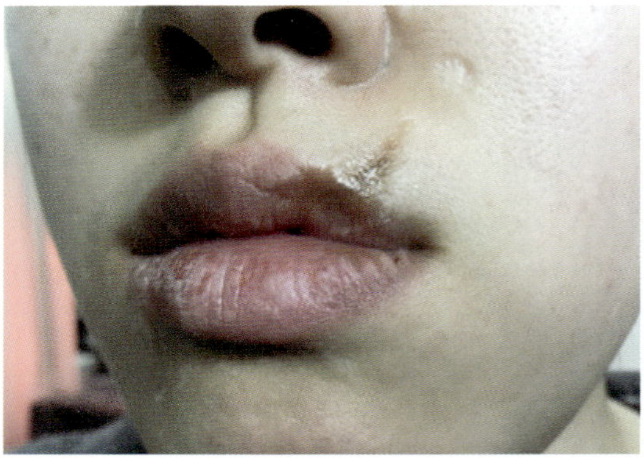

④ 흉터 분장 부위를 갈색 계열의 색상으로 채색한다.

그림 5-26 흉터 분장 과정

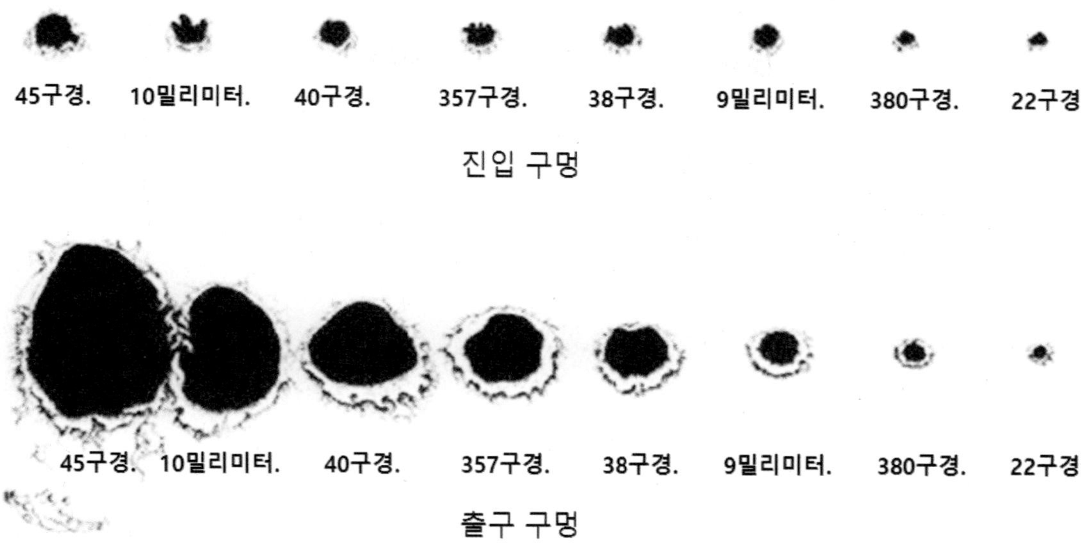


그림 5-27 총상의 종류

## 5. 총상

총알은 총기류를 사용하여 신체에 손상을 입힌 상처를 뜻한다. 총상은 총의 종류와 총알의 크기에 따라 형태가 달라지며 총알이 들어가는 부위와 총알이 빠져 나가는 부위의 상처가 다르다.

총상 분장은 총알의 진입과 출구에 따른 분장이 다르기 때문에 소품으로 사용되는 총의 종류를 파악하여 분장하여야 한다.

### (1) 총상 분장하기

① 총상표현 할 피부 부위를 알코올로 깨끗하게 정돈한다.

② 스파출라를 이용하여 3rd-Degree실리콘을 2.5cm 원형으로 펴 바른다.

③ 스파출라를 이용하여 원 중앙의 총구 모양을 빠른 속도로 만들고 레드 또는 오렌지 스펀지로 피부질감을 표현한다.

④ 원형의 가장자리를 빠른 속도로 자연스럽게 블렌딩 해준다.

⑤ FX팔레트의 붉은 색상으로 만들어 놓은 총상을 채색한다.

⑥ 컷 안쪽에 FX팔레트의 검은 색상을 이용하여 상처의 깊이를 표현해준다.

⑦ 인공 피를 살짝 발라 사실감을 더할 수 있다.

그림 5-28 총상 분장 재료
사용 재료 : FX 팔레트, 99% 에틸 알코올, 컬러휠, 3rd-Degree실리콘, 프로스에이드, 인조피, 파우더, 브러쉬

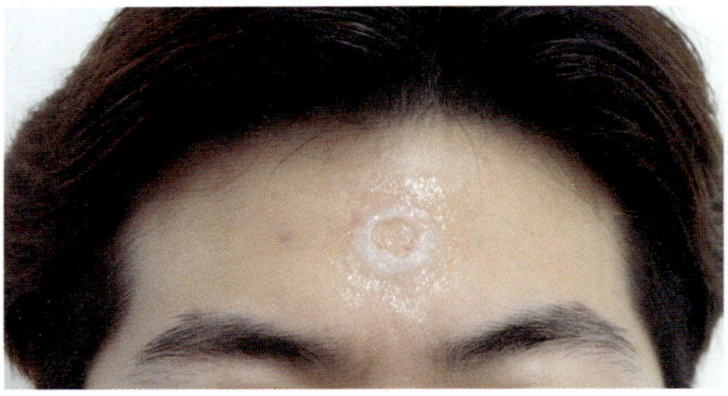

① 3rd-Degree실리콘을 스파출라를 이용하여 원 중앙에 총구 모양을 만들어준다.

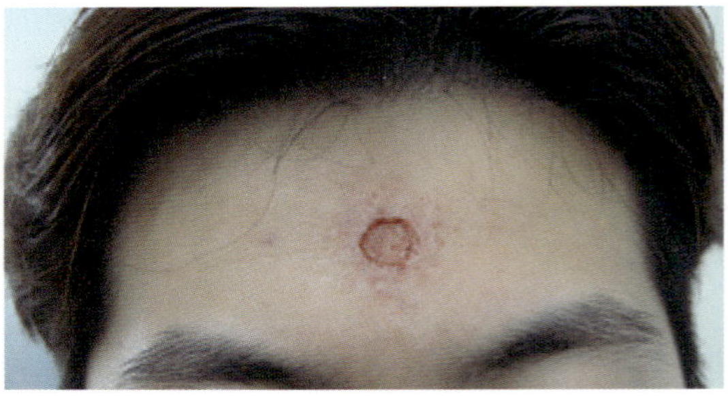

② 붓과 오렌지 스폰지로 피부의 질감을 빠르게 표현한다.

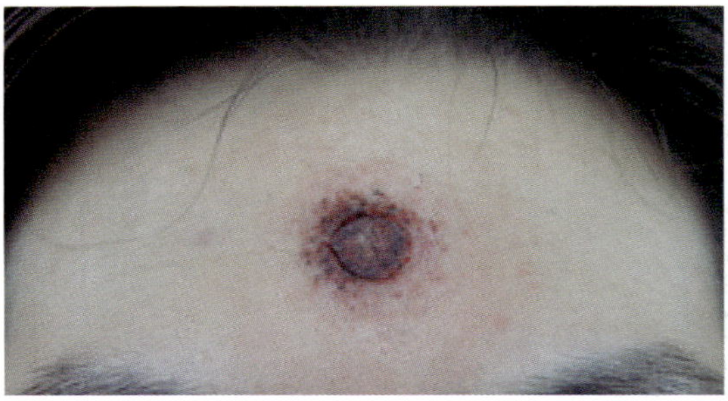

③ 컷 안쪽에 FX팔레트의 검은 색상을 이용하여 상처의 깊이를 표현해준다.

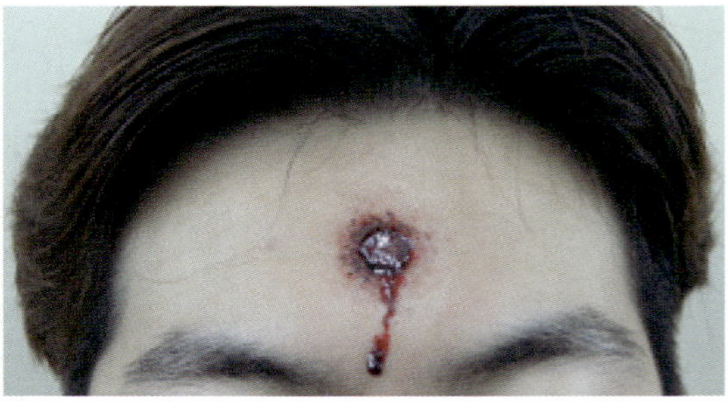

④ 인공 피를 살짝 발라 사실감을 더할 수 있다.

그림 5-29 총상 분장 과정

## 6. 자상 stab/Punctured wound

끝이 예리하고 날카로운 물체(칼, 유리, 파편 등)에 의해 피부가 찔려서 생긴 상처를 말한다. 자상분장은 피부에 찔리거나 박힌 상태를 연출할 때 사용되는 분장으로 피부에 관통하는 물체의 종류를 파악하여 분장하여야한다.

### (1) 자상 분장

① 자상을 표현할 피부 부위를 알코올로 깨끗하게 정돈한다.

② 투명한 플라스틱 조각을 프로스에이드 크림 접착제를 사용하여 자상 상처 디자인 부위에 붙여준다. 피부에 부착되는 투명 플라스틱의 단면은 샌딩페이퍼로 부드럽게 연마하여 준비하다.

③ 상처의 가장자리를 3rd-Degree실리콘으로 빠른 속도로 자연스럽게 블렌딩 해준다.

④ FX팔레트 붉은 색상을 오렌지 스펀지로 가장자리에 두드려 채색한다.

⑤ 자상 안쪽에 FX팔레트의 검은 색상을 이용하여 상처의 깊이를 표현해준다.

⑥ 인공 피를 살짝 발라 주면 사실감을 더할 수 있다.

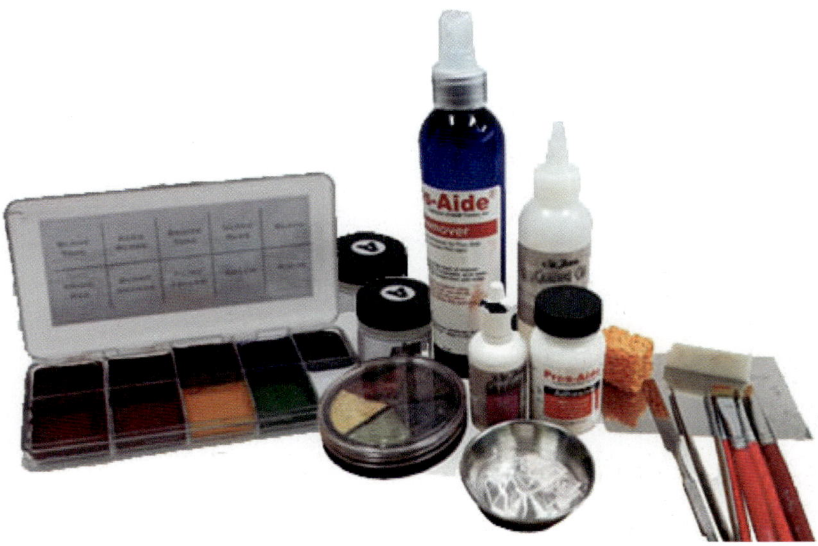

그림 5-30 자상 분장 재료

사용 재료 : FX 팔레트, 3rd-Degree실리콘, 99% 에틸 알코올, 컬러휠, 프로스에이드, 프로스에이드 리무버, 인조피, 파우더, 브러쉬

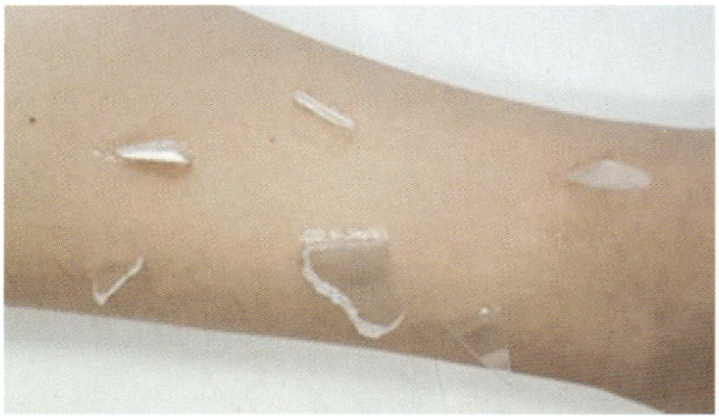

① 투명한 플라스틱 조각을 프로스에이드 접착제를 사용하여 자상분장 부위에 붙여준다.

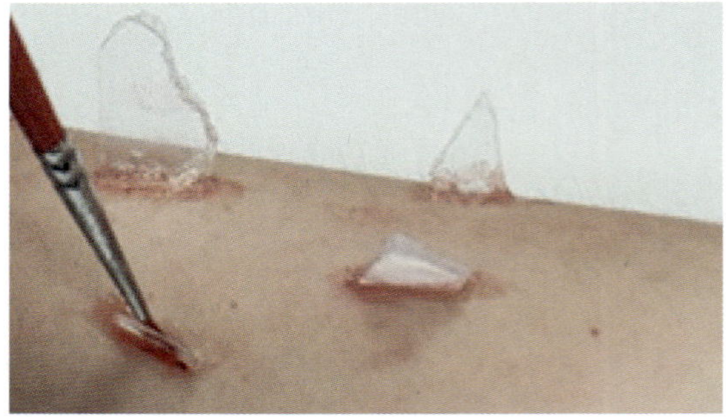

⑥ 스파출라를 이용하여 3rd-Degree실리콘을 이용하여 자상 상처 가장자리를 자연스럽게 블렌딩 해준다.

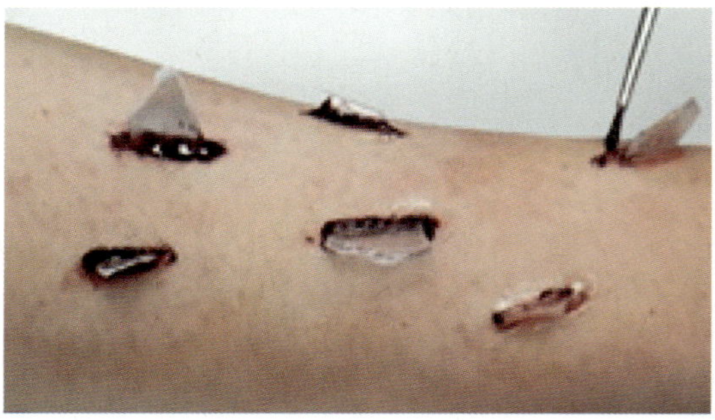

② FX팔레트의 붉은 색상을 오렌지 스펀지로 피부에 두드려 채색하고 인조피를 투명조각 주위에 발라준다.

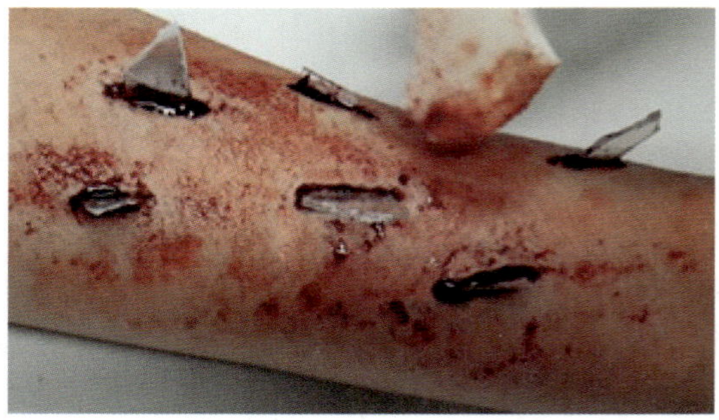

⑤ 피부에 FX팔레트의 붉은 색상을 오렌지 스펀지로 가장자리에 두드려 채색한 후 인공 피를 스폰지로 발라준다.

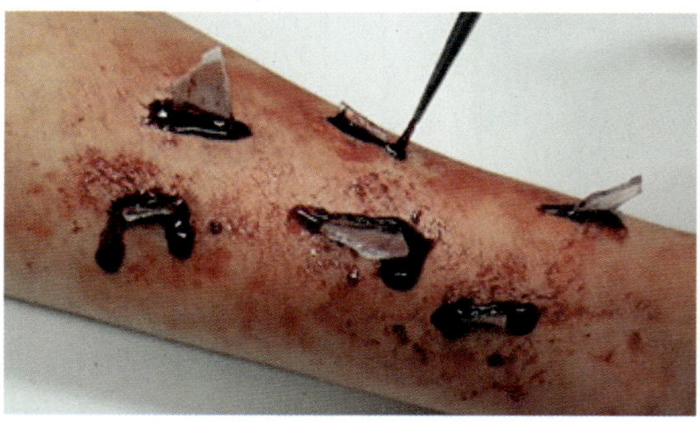

③ 인조피를 투명 플라스틱 조각주변에 발라준다.

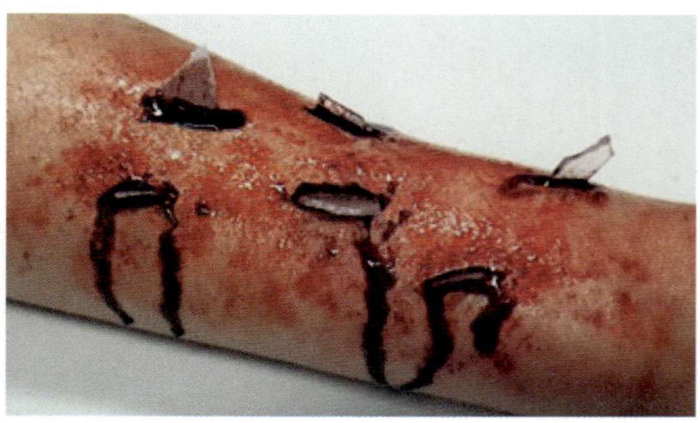

④ 스프레이로 물을 살짝 뿌려 사실감을 더할 수 있다.

그림 5-31 자상 분장 과정

## 7. 열상 cut

칼이나 둔기 등 외부의 자극에 의해 피부가 찢어져 입는 상처로 열과 피를 동반하게 된다.

### (1) 열상 분장하기

① 3rd-Degree실리콘 펴 바를 피부 부위를 깨끗하게 정돈한다.

② 스파출라를 이용하여 3rd-Degree실리콘을 빠른 속도로 펴 바른다.

③ 스파출라를 이용하여 디자인대로 열상의 컷 모양을 만들고 레드 또는 오렌지 스폰지로 피부의 질감을 빠르게 표현한다.

④ 가장자리를 자연스럽게 블렌딩해준다.

⑤ FX 팔레트의 붉은 색상을 도구(붓, 레드 또는 오렌지 스펀지)를 사용하여 열상주변을 채색한다.

⑥ 컷 안쪽에 FX팔레트의 붉은 색상과 검은 색상을 이용하여 상처의 깊이를 표현해 준다.

⑦ 인공 피를 살짝 발라 주면 사실감을 더할 수 있다.

그림 5-32 열상 재료
사용 재료 : FX 팔레트, 99% 에틸 알코올, 컬러휠, 3rd-Degree실리콘, 프로스에이드, 인조피, 파우더, 브러쉬

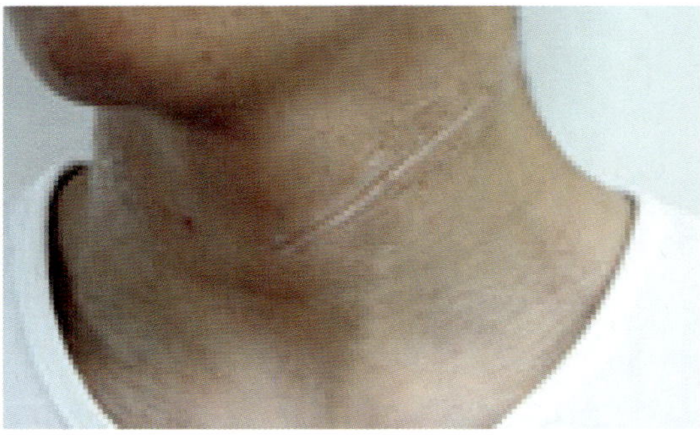

① 스파출라를 이용하여 열상의 컷 모양을 만들고 레드 또는 오렌지 스폰지로 피부 질감을 빠르게 표현 한다.

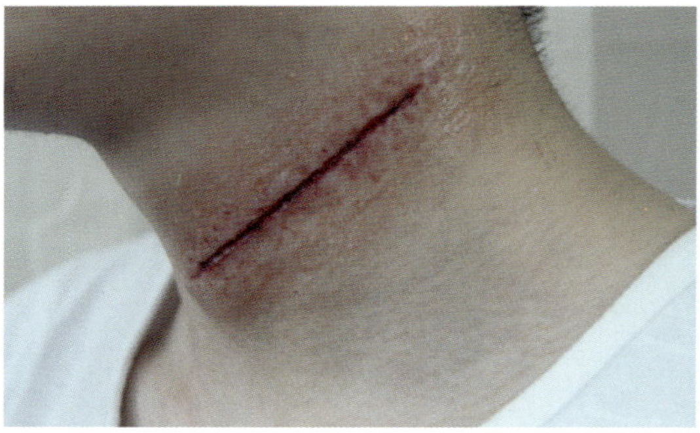

② 컷 안쪽에 FX팔레트의 붉은 색상과 검은 색상을 이용하여 상처의 깊이를 표현해 준다.

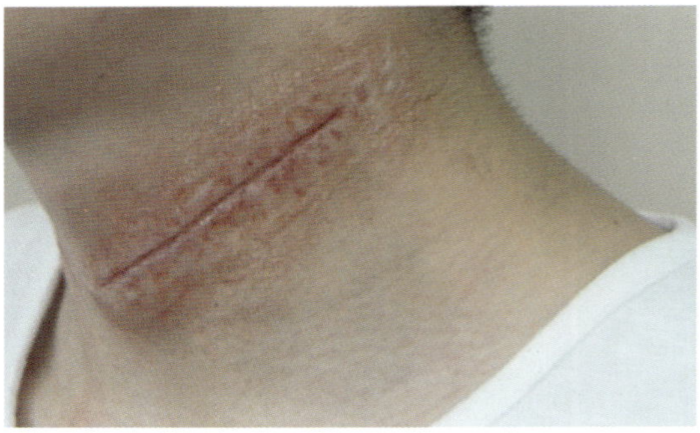

③ FX팔레트의 붉은 색상을 먼저 붓으로 바른다.

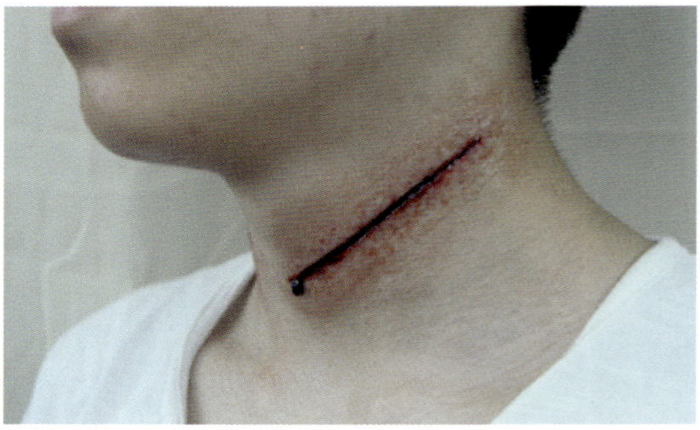

④ 인공 피를 살짝 발라 주면 사실감을 더할 수 있다.

그림 5-33 열상 분장 과정

**TIP**

분장 완성 후 땀 또는 번들거림을 표현하기 위해 헤어젤을 오렌지 스폰지 등으로 두드려 표현하면 효과적이다.

## 8. 할퀸 상처

칼이나 둔기 등 외부의 자극에 의해 피부가 찢어진 상처로 열과 피를 동반하게 된다. 할퀸 상처 분장은 상처를 내는 물건의 종류에 따라서 분장의 형태가 완전히 달라지므로 가해 대상의 형태와 특성을 파악하여 분장하여야 한다.

### (1) 할퀸 상처 분장하기

① 3rd-Degree실리콘을 펴 바를 피부 부위를 깨끗하게 정돈한다.

② 스파출라를 이용하여 3rd-Degree 실리콘을 상처 부위에 펴 바른다.

③ 스파출라를 이용하여 디자인대로 컷 모양을 만들고 오렌지 스폰지로 피부 텍스처를 표현해준다.

④ 상처 안쪽에 FX팔레트에 알코올을 섞어 상처 깊이를 표현한다.

⑤ FX팔레트의 붉은 색상을 먼저 표현한다.

⑥ 컷 안쪽에 FX팔레트의 검은 색상을 이용하여 상처의 깊이를 표현해준다.

⑦ 인공 피를 살짝 발라 주면 사실감을 더할 수 있다.

그림 5-34 할퀸 상처 재료
사용 재료 : FX 팔레트, 99% 에틸 알코올, 컬러휠, 3rd-Degree실리콘, 프로스에이드, 인조피, 파우더, 브러쉬

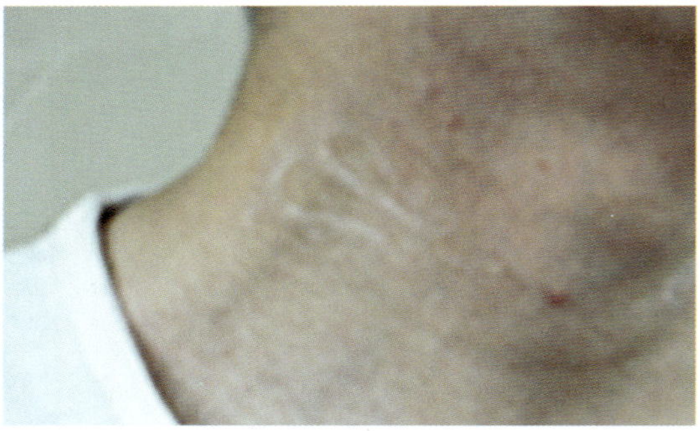

① 스파출라를 이용하여 3rd-Degree실리콘을 펴 바르다.

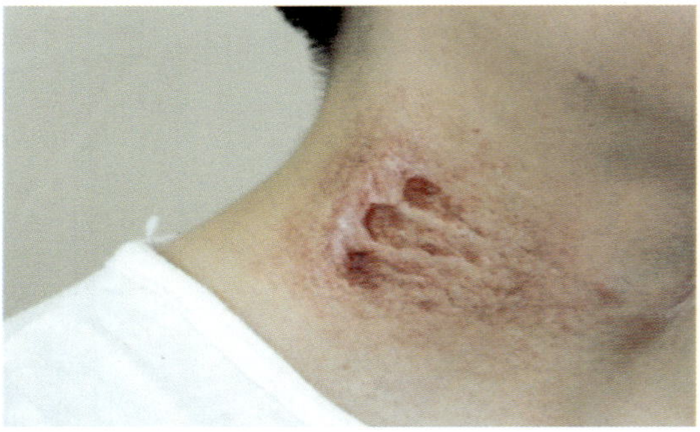

② FX팔레트의 붉은 색상을 먼저 표현한다.

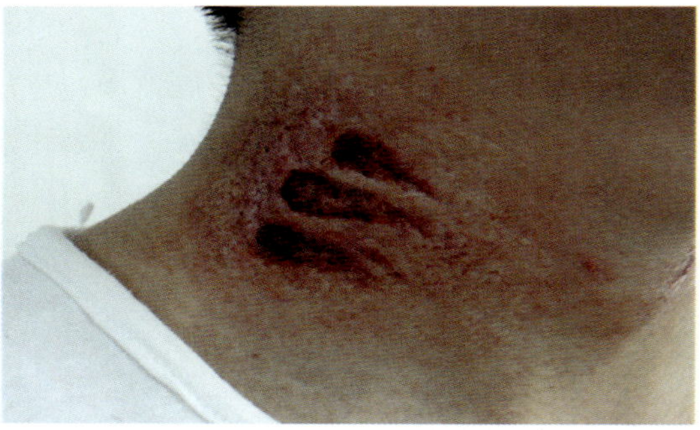

③ 컷 안쪽에 FX팔레트의 검은 색상을 이용하여 상처의 깊이를 표현해 준다.

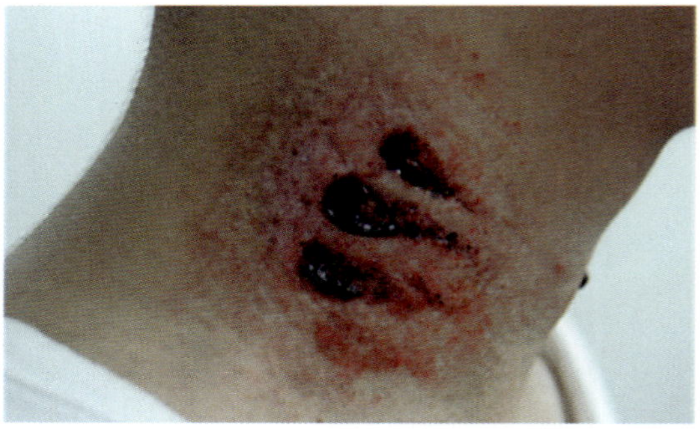

④ 인공 피를 살짝 발라 주면 사실감을 더할 수 있다.

그림 5-35 할퀸 상처 분장과정

## Ⅳ 화상 분장 Burn injuries

화상은 주로 열에 의해 피부와 피부 부속기관에 생긴 손상을 의미한다. 발생하는 화상의 약 90% 정도가 뜨거운 액체나 물건, 화염, 일광 등에 의해 생기는 것으로 불이나 뜨거운 물 또는 화학물질 등에 의해 피부 및 조직이 손상된 것을 말한다.

화상은 증상이 어떤 모습으로 나타나는지와 어떤 타입의 화상인지에 따라 분장이 달라진다. 영상매체를 위한 분장인지 무대공연을 위한 분장인지에 따라서, 그리고 어플라이언스로 제작할 것인지 현장에서 분장을 할 것인지에 따라 다양한 방법이 적용될 수 있다. 따라서 화상의 원인과 증상을 고려하여 분장의 정도를 디자인하고 적절한 재료를 찾아서 분장을 시행하도록 한다.

화상은 넓은 의미로 열에 의해 피부세포가 파괴되거나 괴사되는 것으로 다섯 가지의 종류에 의해 화상을 입게 되는 것을 말한다.

### 1. 화상의 원인

#### (1) 화염화상 flame burn

화재사고나 프로판, LPG 가스의 폭발로 인하여 화상을 입는 경우를 말하며, 대개 상처가 깊고 호흡기에 손상을 동반할 수 있다

#### (2) 열탕화상 Thermal burn

뜨거운 물이나 식용유, 수증기 등에 의하여 화상을 입는 경우로 주로 2도 화상이 많으며, 어린이가 많이 입게 되는 화상이다.

#### (3) 전기화상 Electrical burn

체내에 들어온 전기의 흐름과 작용시간 등에 의해 화상의 심한 정도가 나타나며, 가해진 전류의 종류, 전압, 전류량, 생체조직의 저항, 체내 들어온 전기의 흐름과 작용시간 등 많은 인자에 의해 결정된다. 일반 가정에서 사용하는 낮은 전압에서도 화상을 입을 수 있으며, 종종 심각한 후유증을 입게 된다. 지속적 전류교류에 노출되는 경우 신체의 근육이 지속적 수축과 이완을 반복하게 되므로 사망에 이를 수 있다.

전압이 24볼트 이하이거나 전류가 8-22mAampere를 넘지 않는 전기는 생체에 해롭지 않다. 전기 화상은 원인을 기준으로 6가지 종류로 나눠지는데 각 원인이 복합적으로 합쳐져서 두 가지 이상의 원인이 전기화상을 일으킬 수 있다.

**① 저전력 화상**

500V 이하의 전력에 노출된 화상으로 표피에 상해를 입히지는 않는 정도의 약한 화상이다. 단 노출된 시간에 따라 상해의 정도가 나타난다.

**② 고전력 화상**

고전력 화상은 500V 이상의 고전력에 노출된 것으로 인체에 상해를 주며 심각한 피해를 준다. 피하조직까지 상해를 입힐 수 있으며 치명적인 손상을 준다.

③ 아크 플래시 화상 Arc Flash

아크 플래시 화상은 섬광 또는 불꽃에 의한 전기적인 설비로부터 발생하기도 하고 대기 중 천둥과 함께 번개로 발생하기도 한다. 폭발사고 등의 경우 아크는 순간적으로 20,000℃의 고열과 망치로 때리는 것과 같은 강력한 압력을 발생시킨다. 또한 1,000㎞/hr의 속도로 모든 방향에 고온의 파편을 흩날린다. 강력한 압력과 열 소음을 발생시켜 피해자를 죽음에 이르게 하기도 한다.

### (4) 섬광화상 Flash burn

플래시 화상은 강한 섬광, 고전압 전류, 또는 강한 열복사에 의해 발생하는 화상이다. 전기적인 섬광이 피부를 통과하면서 생긴다. 빛과 열이 피부를 통과하며 대체로 넓은 부위에 나타나게 된다. 이 상처는 대부분 깊이가 깊지 않고 진피까지는 상처를 입히지 않는다.

### (5) 화학화상 Chemical burn

화학물질에 의한 손상으로 화학적 변화를 겸한 손상이다. 산, 알칼리(양잿물 등) 및 금속 염류, 일반 유기 용매제의 접촉에 의하여 일어나는 화상이 원인이다. 일반적으로 알칼리에 의한 화상이 산에 의한 화상보다 깊으며 경우에 따라 심각한 장애를 유발할 수 있다.

### (6) 접촉화상 방사선 화상, Radiation burn

뜨거운 철판, 다리미, 전기장판 등에 피부가 장시간 노출되면서 발생하는 화상으로, 대부분의 경우 3도 화상으로 진행된다.

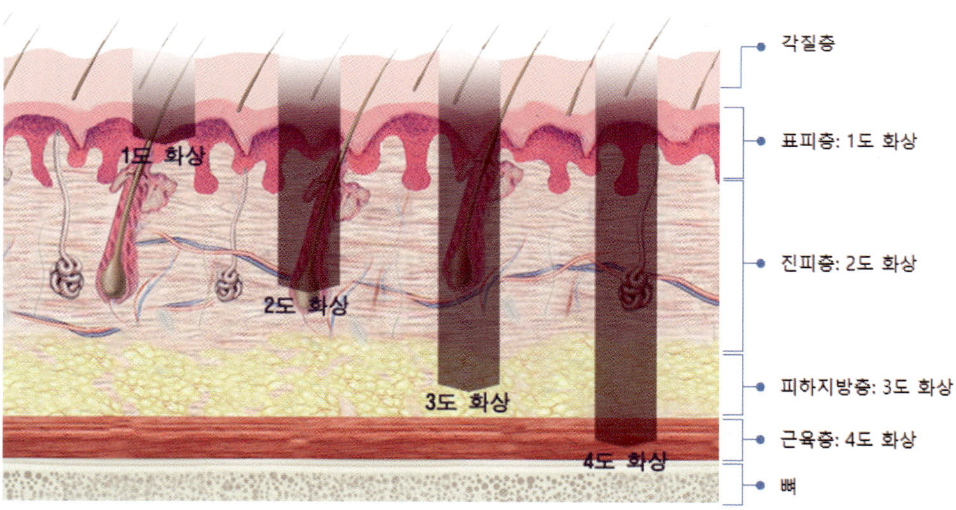


그림 5-36 화상의 분류

## 2. 화상의 분류

### (1) 1도 화상

강한 태양광선, 뜨거운 열기 또는 가스 폭발 등의 화기에 순간적으로 노출되었을 때의 화상이다. 접촉 부위의 피부가 붉어지고 따갑고 아프지만 물집은 생기지 않고 대부분의 경우 별다른 합병증이나 후유증 없이 낫는다. 피부의 표피층 또는 피부의 표면에만 상해를 입는 것으로 피부가 붉게 변하며 통증과 함께 불편한 상태로 피부가 건조하며 진물을 동반하지 않는다. 치료기간은 5~10일이 경과된다. 약한 태양 화상이 대표적인 1도 화상이다. 오랜 기간의 표피 상해는 드물지만 피부의 변색을 가져온다. 눈에 보이는 흉터는 남기지 않으며 화상으로 변색된 피부의 색이 영구적으로 남지 않는다.

### (2) 2도 화상

주로 열탕화상이나 가벼운 화염화상에 의하여 나타나며, 피부의 진피층까지 손상된 상태로 화상 주위는 붉은색을 나타내며 물집(수포)이 생기고, 피하조직이 붓고 심한 통증이 동반된다. 감염만 되지 않은 경우 2주~3주 경과 후 완전 치유되어 영구적인 흉터가 남지는 않으나 감염된 경우 3주~8주 경과 후 상처가 다 나은 후에도 흉터가 남을 수 있다.

### (3) 3도 화상

피부 전층이 손상된 상태로 피부색이 흰색 또는 검은색으로 변하며, 피부 신경이 손상되어 통증이 느껴지지 않는다. 피부의 표피, 진피층은 물론 피하조직까지 상해를 입는 경우로, 피부는 건조하며 밀랍 같은 흰색 또는 타버린 갈색이나 검은색으로 변하며 피부감각을 상실하여 핀으로 찔러도 동통을 느끼지 못한다. 환부는 주위조직보다 가라앉은 듯 보이며 물집과 피부 표면을 불규칙한 모양으로 만들고 흰색과 붉은 빛의 흉터가 남게 된다. 치료기간은 장기전으로 알 수 없다.

### (4) 4도 화상

표피 및 진피는 물론 피하조직을 통과하여 피하의 근육, 힘줄, 신경 또는 골 조직 및 뼈 조직이 손상된 상태로 생명연장을 위해 신체 부위를 절단해야 하기도 한다.

그림 5-37　화상 재료
사용 재료 : 컬러휠, FX팔레트, 젤라틴, 우드스틱, 라텍스, 3rd-degree실리콘, 튜플라스트, 프로스에이드, 글리세린, 오렌지 스펀지, 99% 에틸 알코올, 라텍스, 인조피, 화장솜, 휴지, 믹싱팔레트

## 3. 화상의 분장

### (1) 1도 화상 분장하기

① 화상분장 할 피부 부위를 깨끗하게 정돈한다.

② 붉은색 크림 라이너 또는 FX 등을 오렌지 스펀지에 묻혀 화상 분장 부위에 두드리듯 바른다.

③ 가장자리가 진하지 않도록 블렌딩 해준다.

④ 화상부위 전체가 균일하게 발라지지 않도록 한다.

### (2) 2도 화상 분장하기

① 튜플라스트, 촛농, 라텍스 등을 이용하여 물집을 만들어 준다.

② 물집 주위가 붉게 표현되도록 오렌지 스펀지로 붉은색을 두드려 발라 준다.

③ 진물이 터진 부분을 글리세린 등으로 표현해준다.

### (3) 3도 화상 분장하기

① 젤라틴 바를 피부 부위를 깨끗하게 닦아준다.

② 젤라틴을 중탕하여 준비한다.

③ 충분히 식힌 젤라틴을 떠내어 약간 식힌 뒤 피부에 펴 바르고 나이프 등으로 젤라틴 표면을 살살 두드려 울퉁불퉁하게 만들어준다.

④ 젤라틴이 모두 굳은 뒤 붉은색으로 표면을 발라준다.

⑤ 좀 더 디테일한 깊이감을 표현해준다.

⑥ 검은색을 튀어나온 면에 살짝 찍어 사실감 있게 묘사해준다.

⑦ 글리세린 등으로 진물을 표현하고 마무리 해준다.

### (4) 4도 화상 분장하기

① 라텍스를 바를 피부 부위를 깨끗하게 닦아준다.

② 스폰지로 분장할 부위의 피부를 붉게 표현한다.

③ 라텍스를 스폰지로 두드려 바른다.

④ 표면을 휴지나 솜을 사용하여 울퉁불퉁하게 만들어준다.

⑤ 라텍스가 모두 굳은 뒤 붉은색으로 표면을 발라준다.

⑥ 좀 더 디테일한 깊이감을 표현해준다.

⑦ 근육과 뼈의 손상을 표현하기 위해 노란색을 사용하여 채색한다.

⑧ 탄 피부표현을 위해 검정색으로 채색하고 사실감 있게 묘사해준다.

⑨ 글리세린 등으로 진물을 표현하고 마무리 해준다.

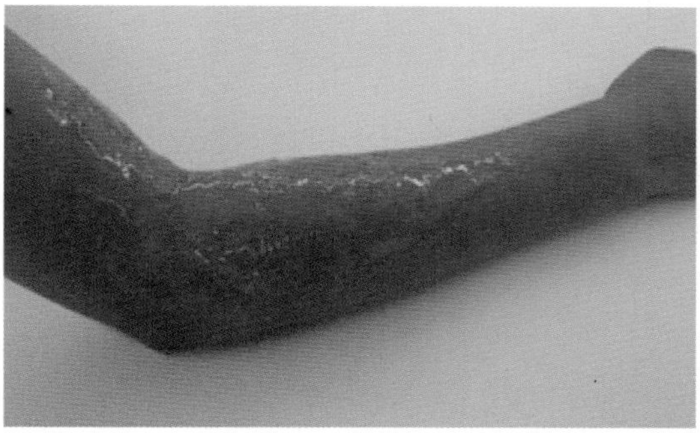

① 우드스틱을 사용하여 젤라틴으로 표면을 울퉁불퉁하게 만들어준다.

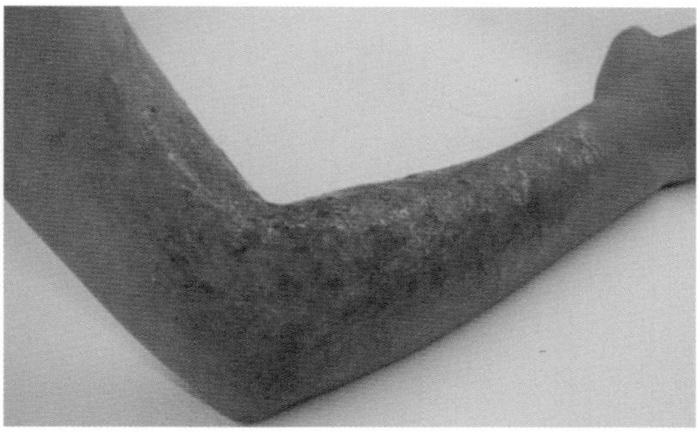

② 젤라틴이 굳은 뒤 붉은색으로 표면을 채색한다.

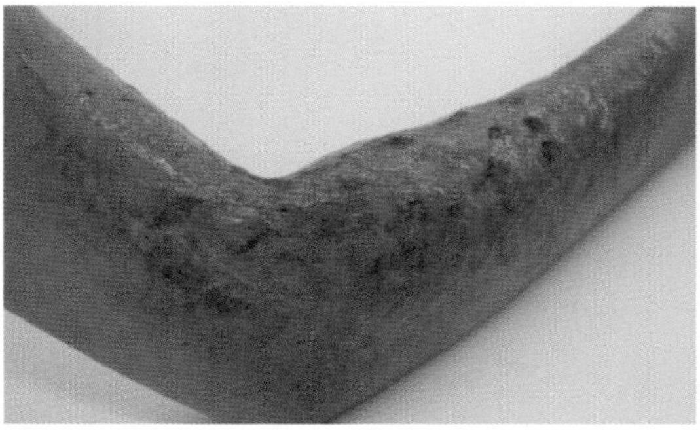

③ 부분적으로 디테일한 깊이감을 표현한다.

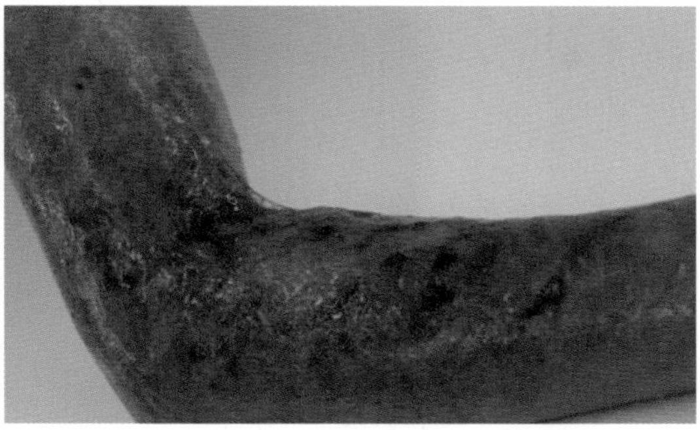

④ 검은색을 튀어나온 면에 살짝 찍어 사실감 있게 묘사하고 3도 화상을 완성한다.

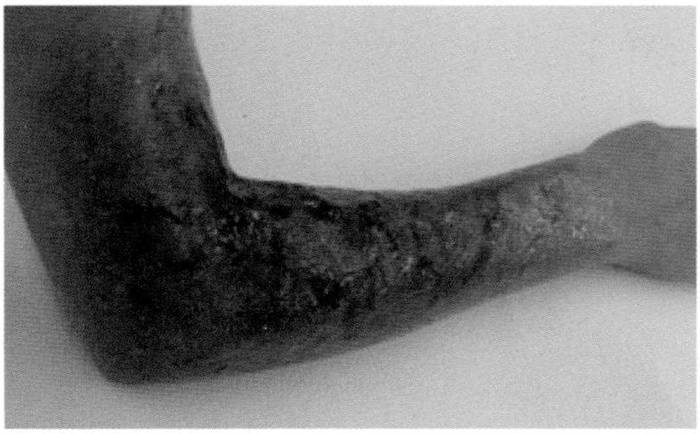

⑤ 손상된 피부층의 화상부위에 노란색으로 염증 효과 주고 사실감 있게 묘사하여 4도 화상을 완성한다.

그림 5-38 젤라틴 화상 과정

**TIP**

- 젤라틴의 농도는 물의 양을 조절하여 사용하고 텍스처의 점도를 위해서는 글리세린을 첨가해야 한다.
- 부드러운 텍스처를 원할 경우 최대 40% 까지 글리세린을 첨가한다.

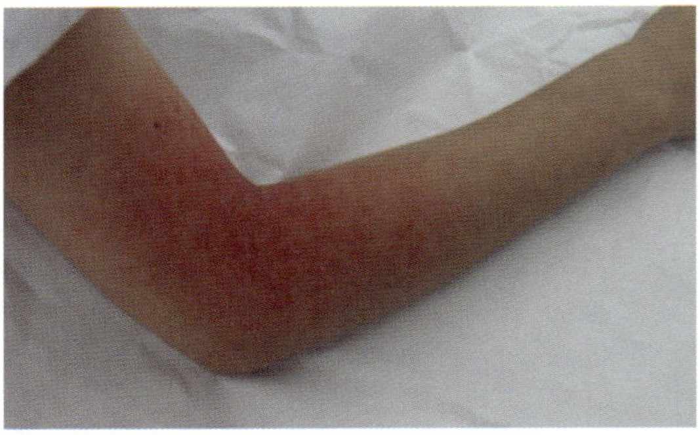

① 붉은색 크림 라이너를 스펀지로 분장할 부위에 두드려 바른다.

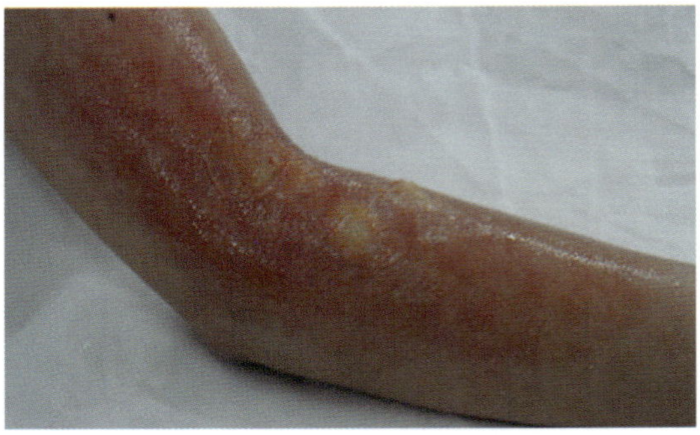

② 물집을 표현하여 2도 화상을 완성한다.

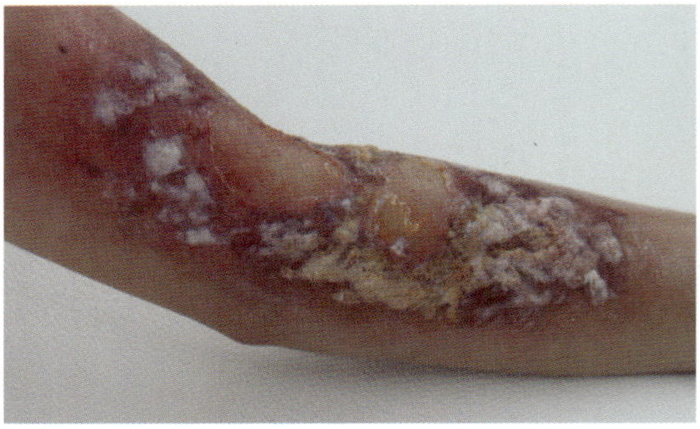

③ 휴지 또는 솜을 붙이고 라텍스를 발라 피부표면을 울퉁불퉁하게 만들어 준다.

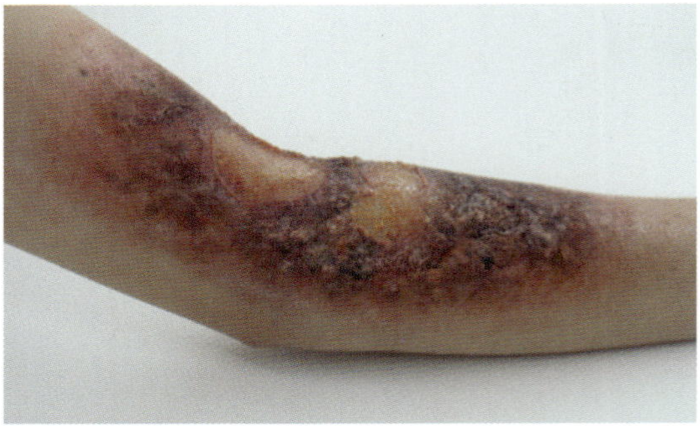

④ 라텍스가 모두 굳은 뒤 붉은색과 검정색을 사용하여 깊은 화상을 표현하고 3도 화상을 완성한다.

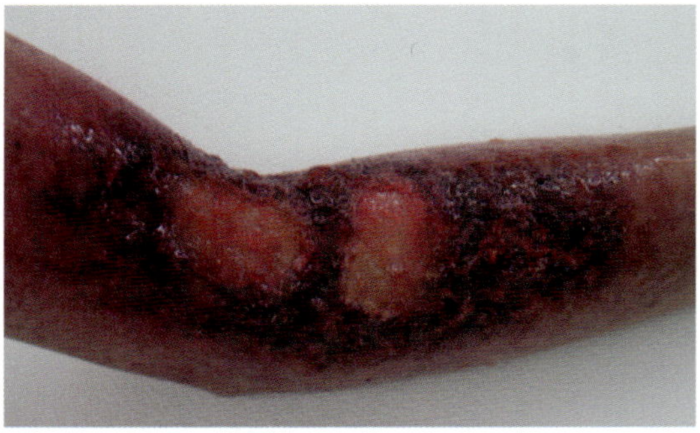

⑤ 라텍스가 모두 굳은 뒤 붉은색과 검정색을 사용하여 근육, 뼈, 탄 피부를 사실감 있게 묘사하여 4도 화상을 완성한다.

그림 5-39 라텍스 화상 과정

## V 동상 분장

동상은 추운 환경에 노출된 신체 부위에서 생리적인 보상기전의 작용이 실패한 경우 손가락, 발가락, 코, 귀, 뺨, 턱 등의 피부가 추위로 인해 조직이 손상되어 발생하는 것으로 신체 부위가 얼어서 생긴 한랭 손상을 말한다. 온도가 낮아지면서 혈액의 점도는 증가하게 되고, 체온유지의 항상성 기전으로 인하여 노출된 부위의 혈관이 수축하고 혈장이 혈관 밖으로 빠져나와 조직 부종이 발생한다. 습성괴저는 죽은 조직으로 인해 사지가 회색으로 변하여 물렁물렁해질 수 있으며, 건성괴저는 죽은 조직 부위가 까매지고 가죽 같이 되는 것을 말한다.

영상매체에서는 주로 등반을 주제로 한 영화나 드라마 캐릭터의 고난 또는 가혹행위 등의 결과로 연출되는 경우가 많다.

### 1. 동상의 분류

#### (1) 1도 동상

추위에 피부가 노출되어 창백하며 피부에 무감각한 하얀 층이 생기고 일시적인 화끈거림, 욱신거림, 찌르는 듯한 통증과 피부가 붉어지면서 약간 붓는 부종이 나타나며 가려움을 동반한다. 부분적인 동결, 발적, 부종, 수포나 괴사는 없으며 때때로 손상 발생 5~10일 후에 피부 박탈은 있을 수 있다.

#### (2) 2도 동상

추위에 피부가 노출되어 손상 부위의 피부가 검붉어지고 피부 세포에 빙정이 형성되어 맑은 체액이 든 물집과 부종이 생긴다. 감각 저하에 고동치거나 쑤시는 통증을 유발한다.

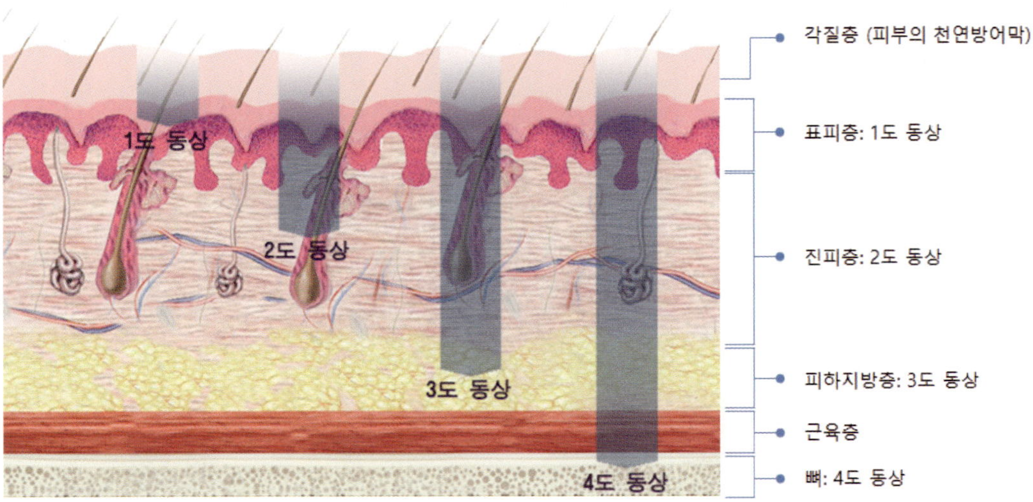


그림 5-40 동상의 분류

### (3) 3도 동상

추위에 피부 전층의 손상 및 피하층의 동결로 표면 혈관이 얼고 노출된 부위로의 혈류를 감소시킨다. 피부와 피하조직이 괴사되며 손상 부위의 피부에 감각이 소실되어 사지가 무감각해지며, 차갑고 단단해진다. 자주빛 혹은 혈흔이 섞인 체액의 수포와 부종이 생기며 피부괴사로 청회색으로 변색된다.

### (4) 4도 동상

추위에 노출된 피부 세포가 빠르게 탈수되어 조직 손상을 악화시켜 영구적인 조직 손상으로 피하층, 근육, 인대, 뼈의 동결과 부종은 거의 없다. 4도 동상 초기에 얼룩덜룩한 반점, 진한 빨강, 혹은 청색증 이후 점차 건조되면서 검은색으로 변하고 관절의 통증 호소와 근육 및 뼈까지 심하게 괴사되어 말단 부위가 떨어져 나가는 정도의 증상을 말한다. 습성괴저는 죽은 조직으로 인해 사지가 회색으로 변하여 물렁물렁해질 수 있으며, 건성괴저는 죽은 조직 부위가 까매지고 가죽 같이 되는 것을 말한다.

### (5) 동상 분장

① 동상 부위의 피부를 깨끗하게 정돈한다.

② 피부를 창백하게 표현한다.

③ 동상 부위를 청회색 크림라이너를 사용하여 창백하게 표현한다.

④ 동상 부위의 가장자리를 자연스럽게 블렌딩 해준다.

⑤ 글레이징 젤의 퍼플 색상을 사용하여 창백함을 표현한다.

⑥ 젤라틴을 사용하여 고드름을 부분적으로 헤어와 눈썹에 달아 표현한다.

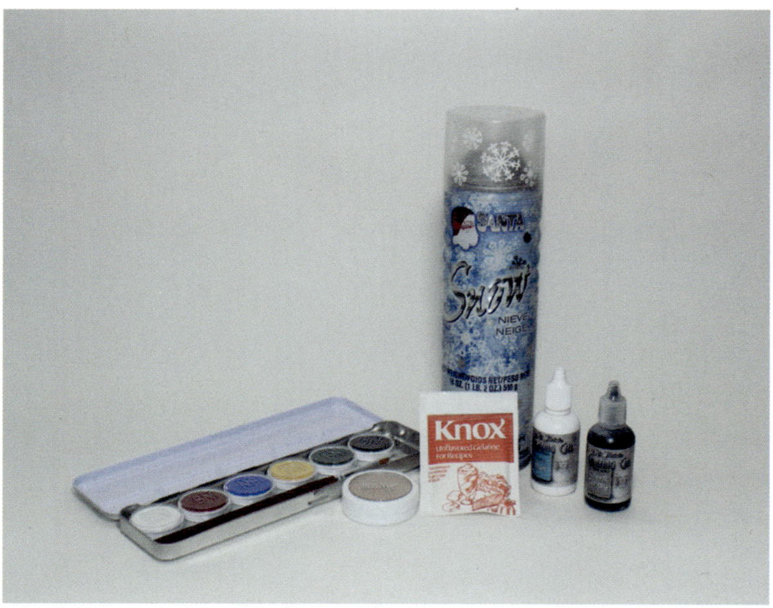


그림 5-41　동상 재료
사용 재료 : 크림라이너, 젤라틴, 크림파운데이션, 라텍스, 스노우 스프레이(Snow spray)

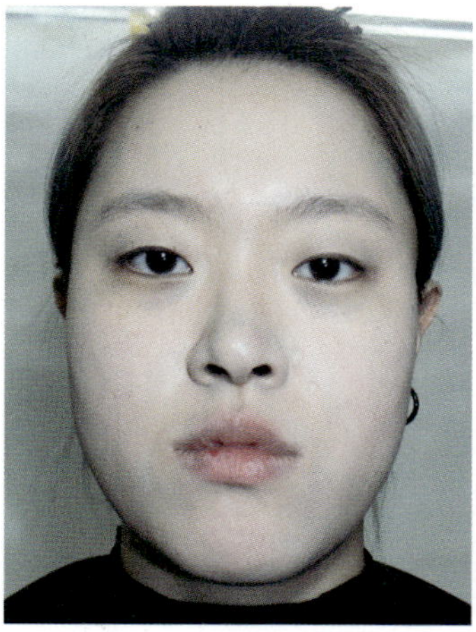

① 피부를 창백하게 표현한다.

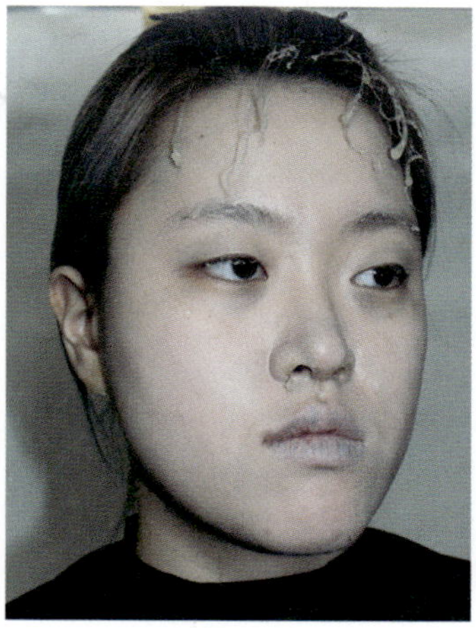

② 크림파운데이션을 사용하여 청회색 등으로 표현한다.

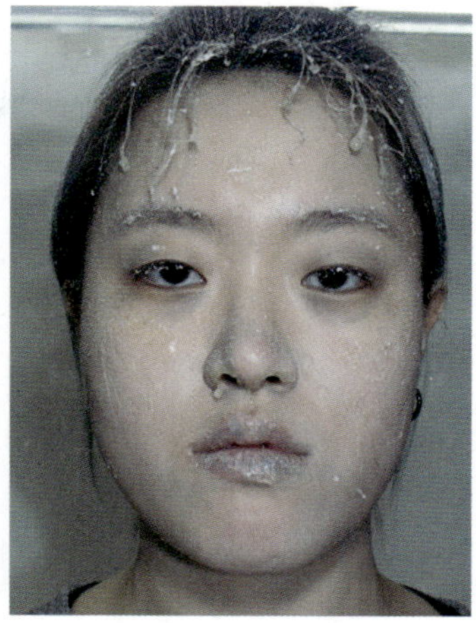

③ 젤라틴을 사용하여 고드름을 부분적으로 헤어와 눈썹에 달아 표현한다.

그림 5-42 동상 분장과정

TIP

동상 분장은 노출된 피부에 주로 연출하며 피부 주위의 옷이나 기타 소품에도 고드름, 서리, 눈 등을 함께 연출해 주는 것이 효과적이다.

## Ⅵ 타투 분장

피부나 피하조직에 상처를 만들어 물감을 들여 글씨나 그림, 무늬를 새긴 것을 일컬어 문신文身이라고 한다.

한자문화권에서는 피부위에 물감을 넣어 특정한 문자나 무늬를 새긴 것을 지칭하는 말로 입묵入墨 · 자문刺文 · 자청刺青 · 경면黥面 · 문신文身등이 쓰였으며 오늘날에는 문신이라는 말로 주로 사용되어지고 있다. 또한 남태평양에서 흘러나와 영어화 된 것으로 타투tattoo와 같은 단어로 사용되고 있다.

문신의 기원은 후기 구석기 시대기원전38,000~10,000부터 시작되어진 것으로 알려져 있으며 유럽의 고고유적 발굴장에서 색소의 저장소 역할을 했던 것으로 보이는 진흙과 황토로 만들어진 원반과 살갗을 뚫는 데 사용되었던 날카로운 뼈바늘과 같은 문신의 기구가 발견되었다. 문신기술의 전파는 기원전 4000년부터 이집트에서 시작된 문신에 의한 몸치장이 점토인형에서 인류에까지 적용이 되었다고 한다.

문신의 행위는 시대, 문화, 지역에 따라 다양한 목적으로 출현되었는데 미개민족의 경우 사회적 성숙의 의미로 성년식 때 문신을 하였으며 주술적, 종교적 의례, 계급표시, 액땜, 결혼이나 출산의 호적 대용, 전쟁 시 적의 위협의 용도, 형벌의 용도 등으로 사용되었다. 문신과 타투는 같은 의미를 지니고 있지만 형벌의 의미가 강했던 문신은 부정적인 이미지로 인식되는 경우가 많으며 반대로 타투는 신체장식의 의미로서 패션 용어로 인식되어 있다. 단어에 의해 연상되는 이미지는 문신의 경우 위협적인, 폭력적인, 무서운, 과격한 등의 부정적 이미지이고, 타투의 경우 개성적인, 섹시한, 개방적인, 매력적, 긍정적 이미지로 인식되고 있다. 하지만 현대에 들어서 문신은 하나의 문화양식으로 형성되어 있으며 패션 트렌드이며 각각의 개성을 표현하는 아이템으로 인식된다.

시술방법은 피부색에 따라 두 가지 양식이 있으며 피부색이 짙은 흑인의 경우 살을 베어 상처를 낸 다음 흉터가 되는 형태인 반흔문신을 이용하고, 엷은 백인 혹은 황인종은 색소를 사용하는 문신이 주로 행해진다. 또한 현대 패션에서 쉽게 시술되는 형태로는 반영구문신과 헤나문신, 일회용 스티커, 미용문신, 패션문신 등이 있다.

미디어 분장에서의 문신은 시나리오에서 요구하는 캐릭터를 만드는 데 부수적인 역할을 하기 위해 시행되는 것으로 페인팅 재료를 활용한 일시적인 문신을 말한다. 또한 배우가 배역에 맞지 않는 실제 문신을 하고 있는 경우에 관객의 극 몰입도를 해치게 되므로 커버해야 하는 경우가 종종 생기게 된다. 실제 문신은 진피층에 색소와 염료를 주입했기 때문에 피부톤의 파운데이션만으로는 커버가 매우 어렵다. 문신의 크기와 색에 따라 적절한 재료를 선택해야 하며 촬영 시 카메라와 조명에 따라 톤과 질감의 차이가 날 수 있기 때문에 유의 깊은 분장기술을 필요로 하는 부분이다.

## 1. 타투 분장 표현방법

### (1) 복사지를 활용하는 방법

**[ 분장순서 ]**

① 에틸 알코올(70%)를 이용하여 피부의 기름기와 먼지를 제거해준다.

② 토너 베이스의 복사지를 활용하여 도안을 출력한 후 복사된 면을 피부에 밀착시켜 아세톤으로 충분히 적셔준다. 주의할 점은 본인이 얻고자 하는 이미지를 얻기 위해서는 반대로 출력해야 한다.

③ 도안의 라인이 피부에 전사가 된 것을 확인하고 이를 이용하여 브러쉬를 사용하여 사실감있게 채색한다. 실제 타투의 색을 재현하기 위해서는 검정, 파랑, 그린을 적절하게 믹스하여 사용하는 것이 좋다.

④ 그라데이션이 필요한 부분은 에어브러쉬로 표현해준다.

⑤ 수정할 부분은 알코올에 면봉을 묻혀서 닦아준다.

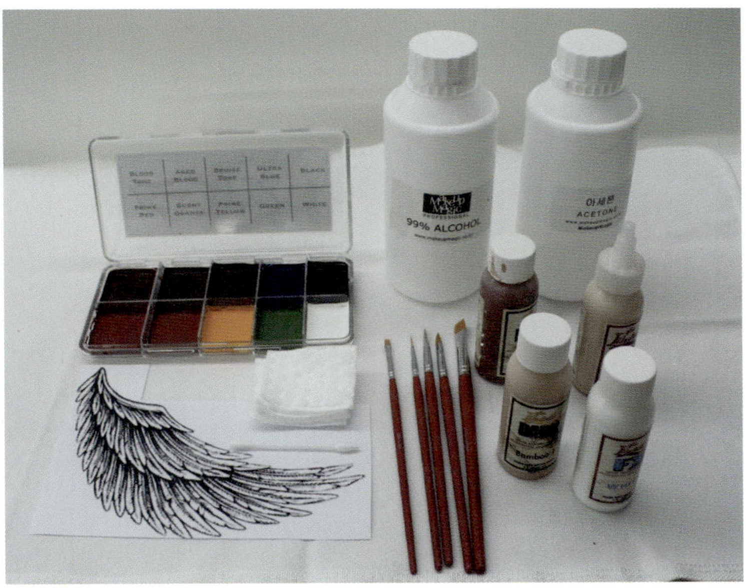


그림 5-43
복사지를 활용한 타투 분장 재료

사용 재료 : FX 팔레트, 에틸 알코올(70%, 99%), 복사기로 출력한 도안, 스펀지, 화장솜, 아세톤, 스킨일러스트레이터-리퀴드, 면봉, 브러쉬 혹은 에어브러쉬 건, 파우더, 콤푸레샤

> **TIP**
>
> 주의!
>
> 눈 주위나 상처가 아물지 않은 부분은 물감을 사용하지 말아야 한다.

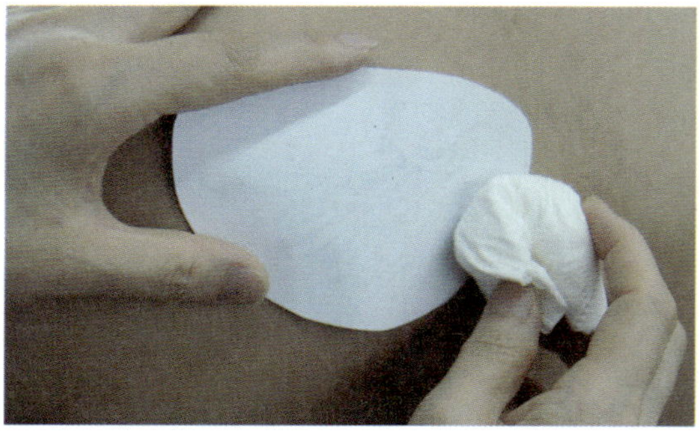

① 도안을 피부에 밀착시켜 아세톤으로 충분히 적셔준다.

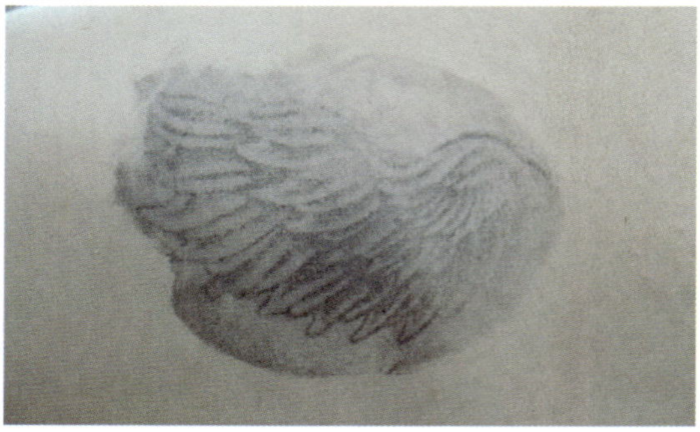

② 피부에 전사가 된 것을 확인하고 필요 없는 부분은 아세톤으로 지워준다.

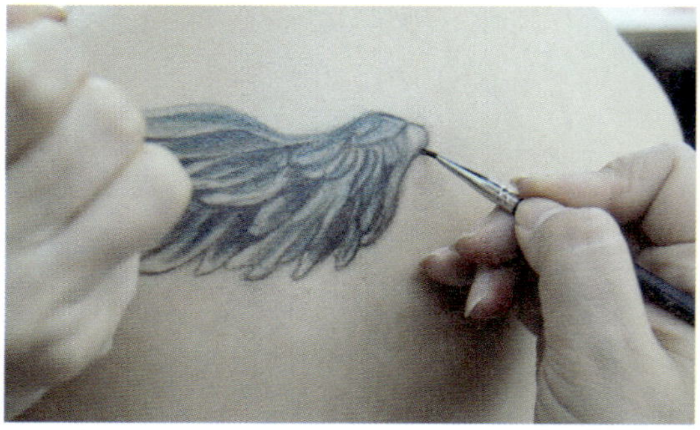

③ 검정, 파랑, 그린색을 사용하여 사실감 있게 채색한다.

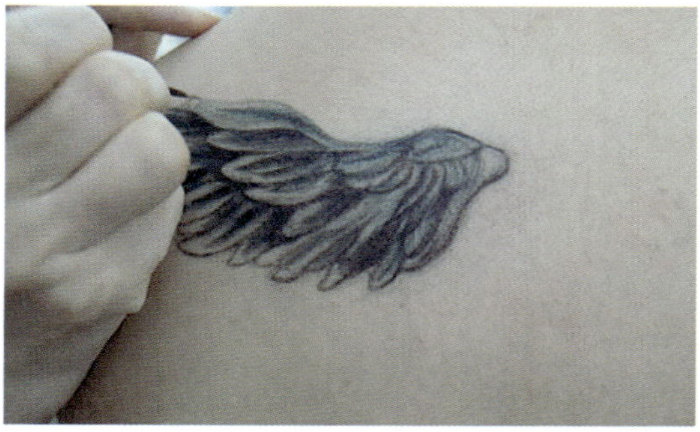

④ 그라데이션이 필요한 부분은 에어브러쉬로 표현해 준다.

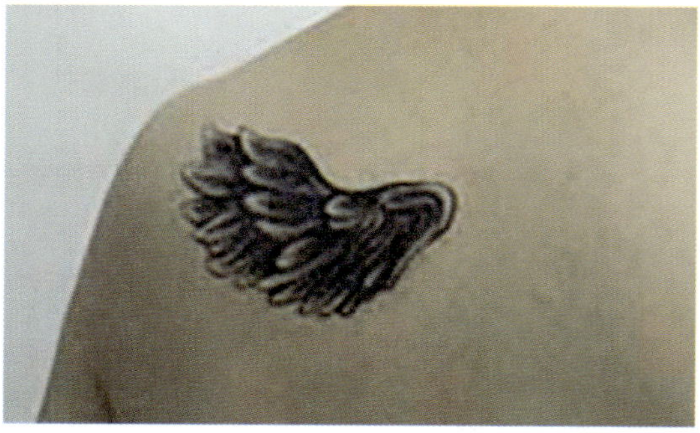

⑤ 수정 할 부분은 알코올에 면봉을 묻혀서 닦아주고 마무리한다.

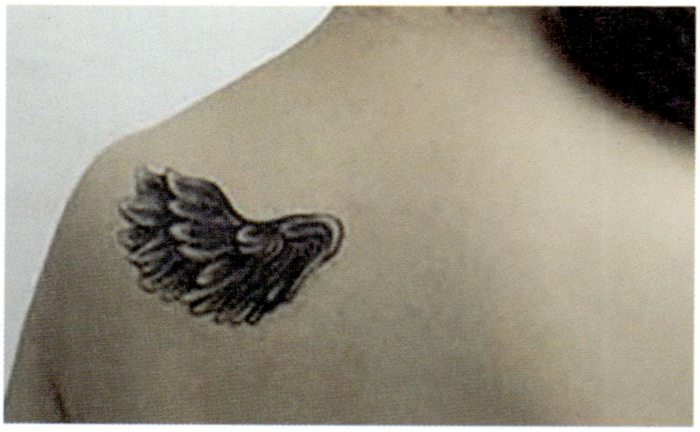

⑥ 완성

그림 5-44 복사지를 활용한 타투표현

**TIP**

도안 복사 시 잉크젯을 활용한 인쇄물은 아세톤에 전사가 되지 않는다. 이는 출력방식의 차이 때문이다. 잉크젯은 잉크를 뿌려서 출력한 방식이며 복사기는 토너라는 가루를 뿌린 후 열을 가해서 달라붙게 만든 방식이기 때문이다.

## (2) 스텐실을 이용한 방법

**[ 분장순서 ]**

① 준비된 도안에 OHP 필름지를 올리고 유성펜을 이용하여 그린다.

② 유리판 위에 도안이 그려진 필름지를 올리고 칼이나 전기인두를 이용해 색을 입힐 부분을 뚫어 스텐실을 준비한다.

③ 부착할 모델의 피부를 에틸 알코올(70%)을 이용해 소독하여 말려준다.

④ 디자인이 들어갈 모델의 신체 적당한 위치를 선정하여 준비된 필름지를 고정시켜주고 에어브러쉬를 사용하여 채색한다.

⑤ 수정이 필요한 부분은 면봉에 알코올을 묻혀 닦아준다.

⑥ 자연스러움을 주기 위해 파운데이션이나 파우더를 가볍게 해준다.

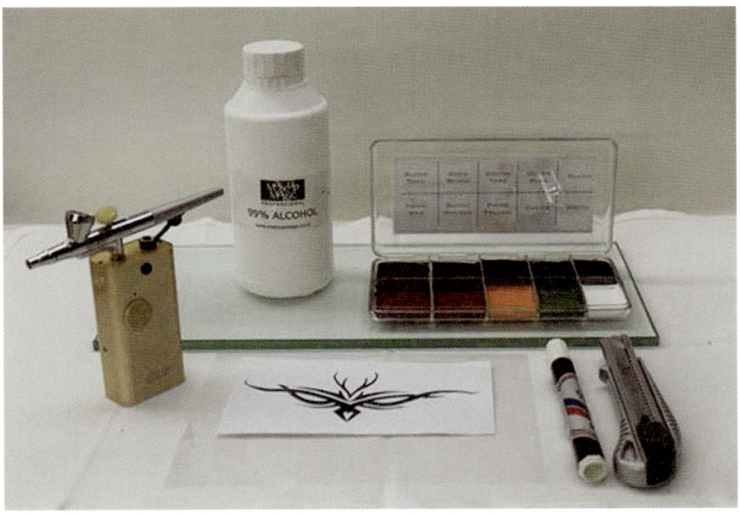


그림 5-43
스텐실을 활용한 타투 분장 재료

사용 재료 : 도안, OHP 필름지(종이, 투명 아세테이트), 유성펜, 문구용 칼, 전기인두, 유리판, FX팔레트, 에틸 알코올(70%, 99%), 에어브러쉬건, 콤퓨레샤, 3M테이프

① 준비된 도안에 OHP 필름지를 올리고 유성펜을 이용하여 그린다.

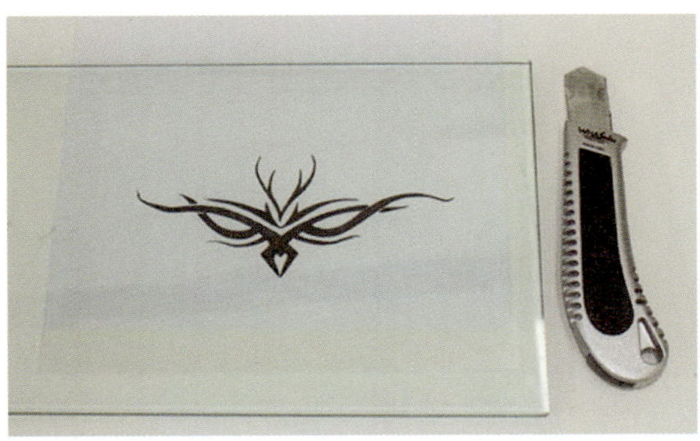

② 유리판 위에 도안이 그려진 필름지를 올린다.

③ 칼이나 전기인두를 이용해 색을 입힐 부분을 뚫어 준다.

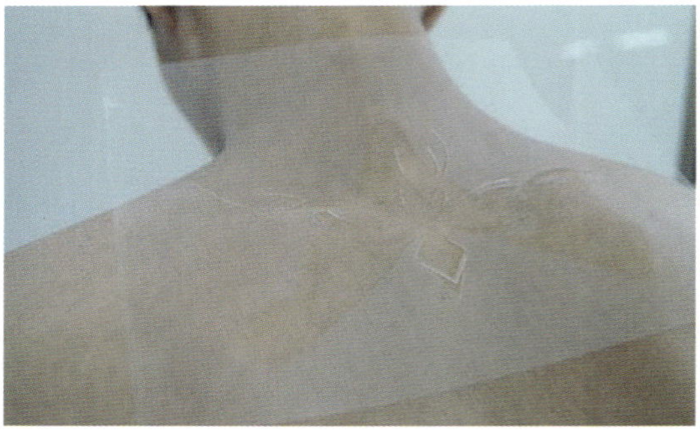

④ 준비된 필름지를 고정시켜준다.

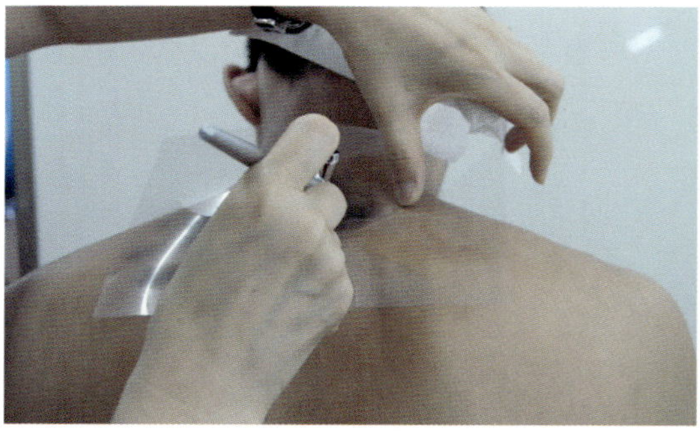

⑤ 에어브러쉬를 사용하여 채색한다.

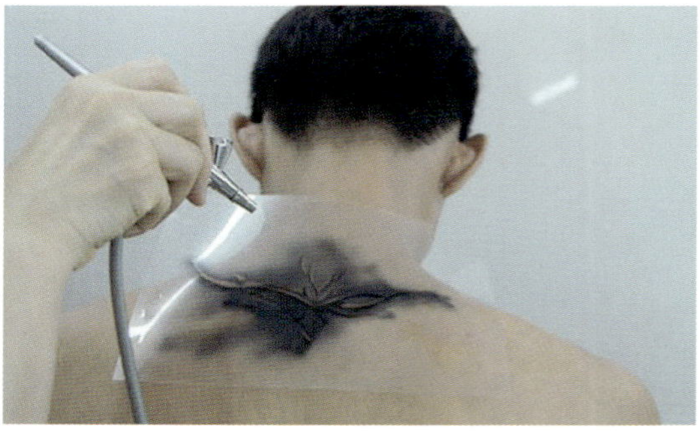

⑥ 그라데이션에 유의하여 도포한다.

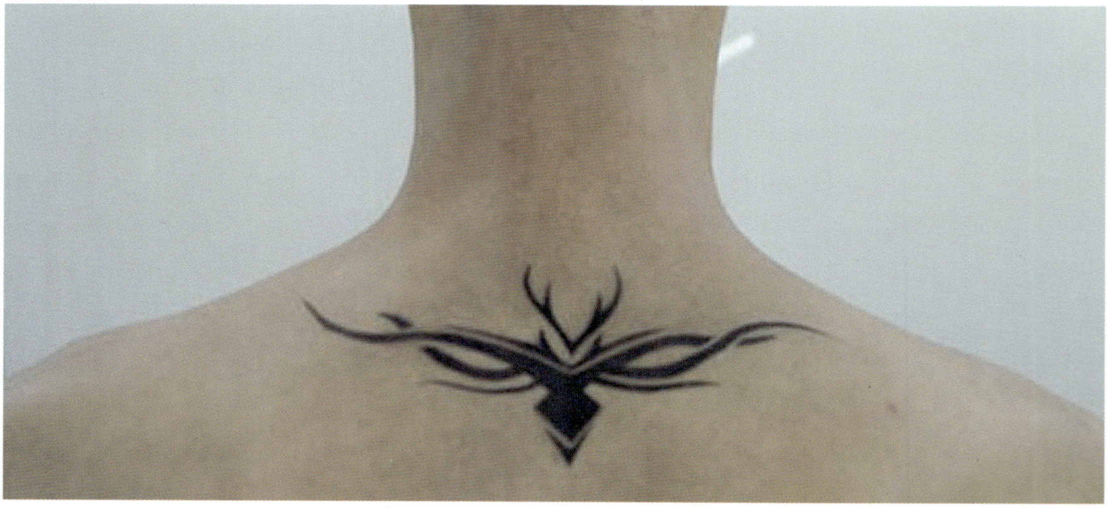

⑦ 자연스러움을 주기 위해 파운데이션이나 파우더를 가볍게 바르고 완성한다

그림 5-46 스텐실을 활용한 타투분장 표현

## 2. 타투 커버

크기가 작고 오래되어 진하지 않는 작은 사이즈의 문신커버는 일반적인 컨실러를 사용하여 커버가 가능하지만 사이즈가 크고 노출신이 많을 경우 완벽하게 커버되어야 할 수도 있으므로 타투 커버의 목적과 기타 상황들을 고려하여 재료를 선택하여 실행하도록 한다.

**[ 분장순서 ]**

① 지속력을 높이기 위해 커버하고자 하는 타투부분의 피부를 에틸 알코올(70%)을 이용하여 기름기와 먼지 등의 잔여물을 제거해 준다.

② 레드, 오렌지 계열의 알코올베이스 화장품을(혹은 PAX MAKEUP KIT) 이용하여 청녹색계열의 타투색을 일차적으로 커버해준다. 진하지 않는 타투일 경우에는 바로 스킨톤으로 커버를 해준다.

③ 스킨톤의 알코올베이스 화장품을 이용해 일차적으로 커버한 부분 위를 덧바르며 최대한 모델 피부톤과 동일하도록 채색한다.

④ 알코올베이스의 화장품은 피부와 질감의 차이가 나기 때문에 이러한 점을 보완하기 위해 실리콘베이스 혹은 워터베이스 에어브러쉬용 파운데이션을 덧발라준다.

⑤ 피부가 건조해 보일 경우 선 스프레이를 분사해준다.

그림 5-47 타투커버 재료
사용 재료 : 스킨일러스트레이터-리퀴드(혹은 PAX MAKEUP KIT), 실리콘베이스 혹은 워터베이스 에어브러쉬용 파운데이션, 70% 에틸 알코올, 실러, 선스프레이, 99% 에틸 알코올, 프로스에이드 리무버, 에어브러쉬 건, 콤퓨레샤, 화장솜

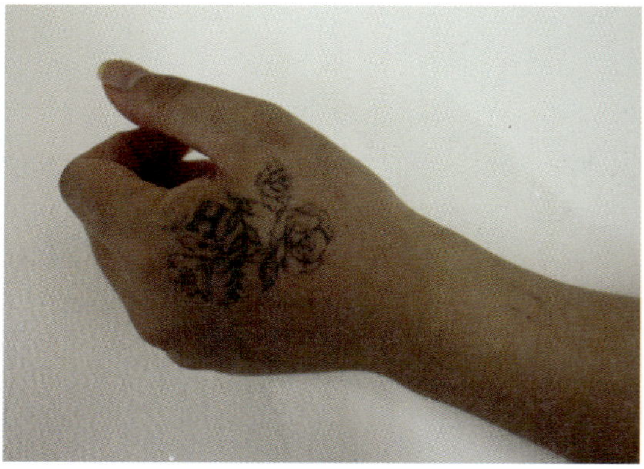

① 에틸 알코올(70%)을 이용하여 잔여물을 제거해준다.

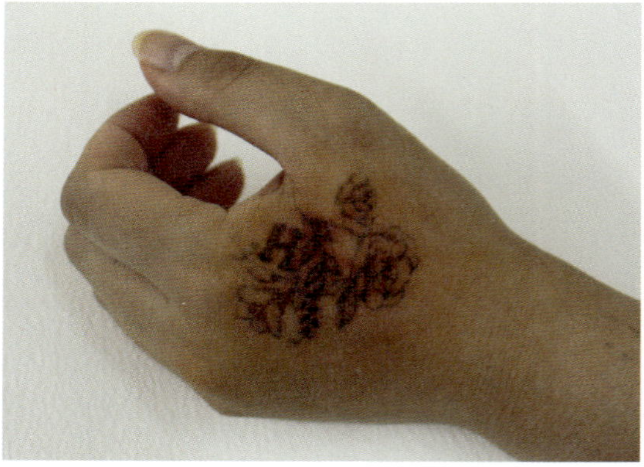

② 레드, 오렌지 계열의 물감을 이용하여 청녹색계열의 타투를 일차적으로 커버해준다.

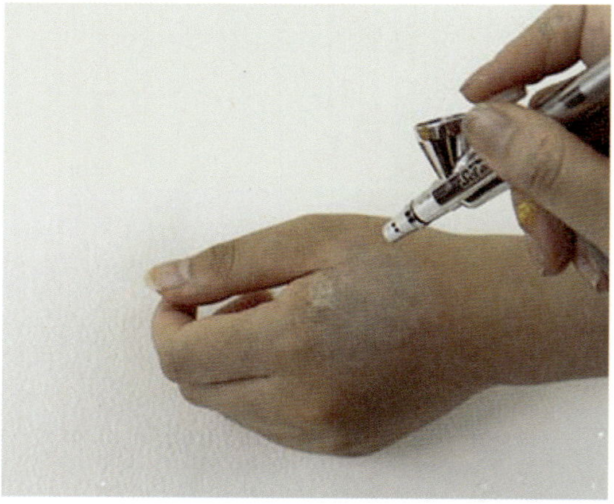

③ 스킨톤의 알코올베이스 화장품을 이용해 덧바른다.

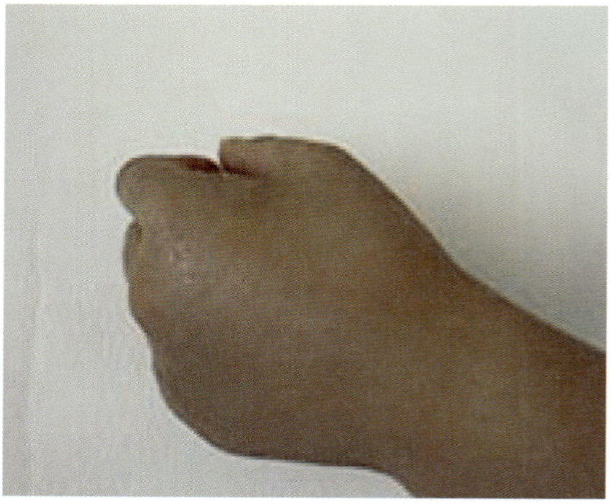

④ 실리콘베이스 혹은 워터베이스 에어브러쉬용 파운데이션으로 다시 덧발라준다.

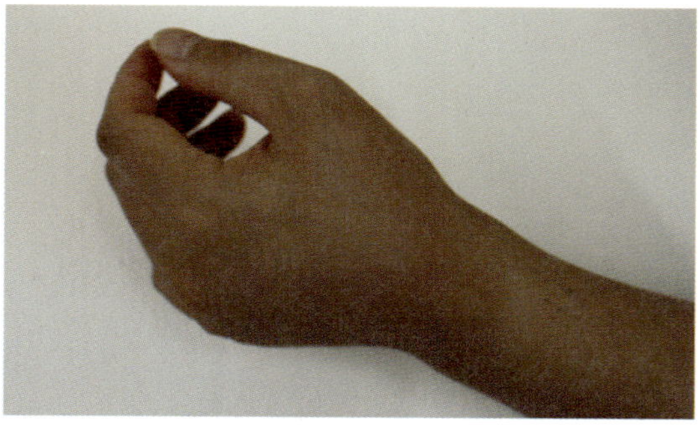

⑤ 선스프레이를 분사해준다.

**TIP**

피부에 알코올 사용 시 피부청결, 오염방지, 유분제거 등의 이유로 사용하므로 70% 이하의 에틸 알코올을 사용해야 한다.

그림 5-48 타투커버 과정

## Ⅶ 할로윈 분장

### 1. 좀비 분장

좀비zombie란 원래 서아프리카 지역의 부두교에서 뱀처럼 생긴 신을 가리키는 말로 콩고어로 신을 뜻하는 nzambi에서 나온 말이다. 이후 일부 아프리카, 카리브해 지역 종교와 공포 이야기들에 나오는 되살아난 시체를 뜻하는 말이 되었고 비유적으로 반쯤 죽은 것 같은 무기력한 사람을 일컫는 말로 쓰이고 있다. 좀비는 1968년 조시 로메로 감독의 영화 〈살아있는 시체들의 밤Day of The Dead〉 에서 캐릭터로 정착되었다. 그 이후 2010년 시작된 드라마 〈워킹데드〉시리즈의 흥행으로 B급 호러영화의 소재였던 좀비가 각광을 받기 시작하면서 한국에서는 2016년 영화 〈부산행〉을 계기로 좀비 열풍이 생기기 시작했다. 일반적인 표현방법은 핏기 없는 피부, 부패되어 보이는 피부, 상처, 정상적이지 않는 걸음걸이. 썩은 치아, 초점 없는 눈동자 등이 있다.

#### (1) 좀비분장 표현방법

**[ 분장순서 ]**

① 원하는 좀비 분장의 디자인에 적합한 재료와 방법을 결정한다.

② 기본 베이스 톤에 블루와 회색을 약간 혼합하여 깨끗해 보이지 않는 창백한 피부톤을 만든다.

③ 3rd degree, 왁스, 라텍스를 이용하여 원하는 디자인을 사실감있게 표현한다.

④ 라텍스 스펀지를 불규칙한 모양으로 뜯어낸 다음 회색, 카키색, 블루, 레드, 자주 컬러를 이용하여 부패되고 상처 난 느낌이 들도록 표현해준다.

⑤ 3rd degree로 모양을 잡은 부분은 레드, 자주, 검정계열로 적절하게 믹스하거나 단독으로 사용하여 다양한 컬러감을 표현해준다.

⑥ 치아에는 Tooth FX를 이용하여 얼룩덜룩하게 칠해준다.

⑦ 에어브러쉬를 이용하여 핏줄을 표현해준다.

⑧ 인조피를 상처 부분에 올려준다.

⑨ 눈동자 부분에 좀비 렌즈를 착용해준다.

그림 5-49　좀비분장 재료

사용 재료 : 라텍스, 3rd degree실리콘, 왁스, 젤라틴, 스파츌러, 스펀지(라텍스 스펀지, 오렌지 스펀지, 레드 스펀지), FX팔레트, 스킨일러스트레이터-리퀴드, 글레이징 젤, 라이닝 컬러, 인조피, 에어브러쉬, 에어브러쉬용 물감, 콤퓨레샤, 치아색소, 좀비렌즈

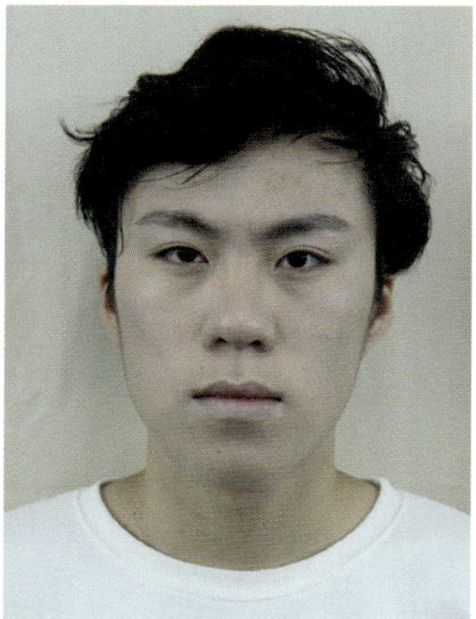

① 기본 베이스에 블루와 회색을 혼합하여 창백한 피부톤을 만든다.

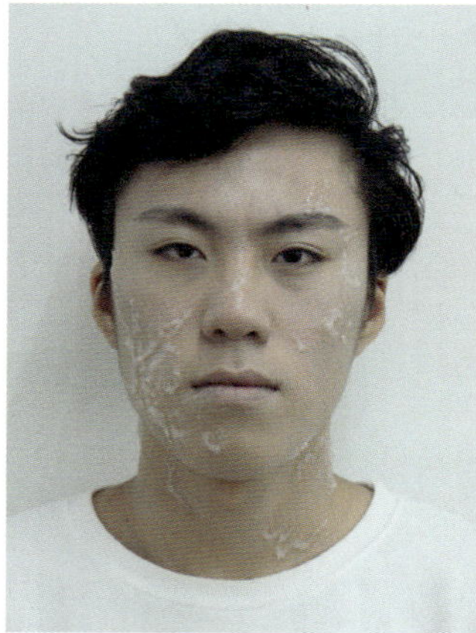

② 3rd degree를 이용하여 상처 모양을 사실감 있게 표현한다.

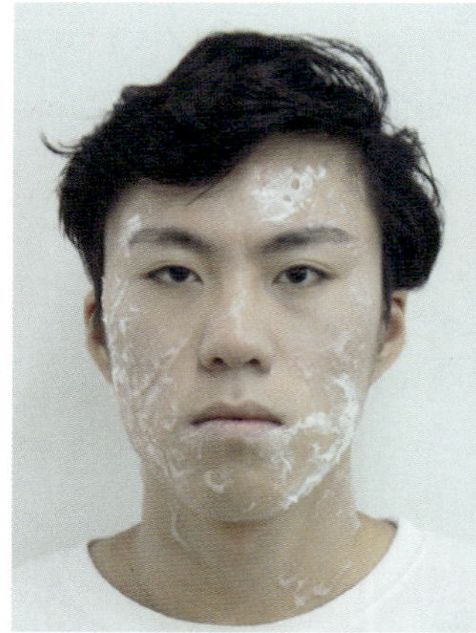

③ 라텍스와 휴지를 이용하여 불규칙한 모양으로 만들어준다.

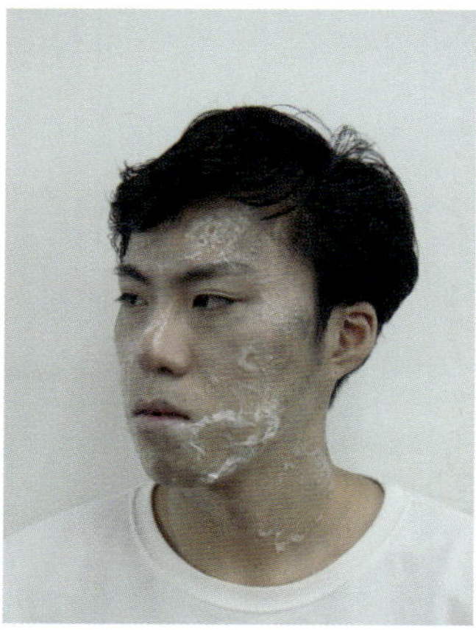

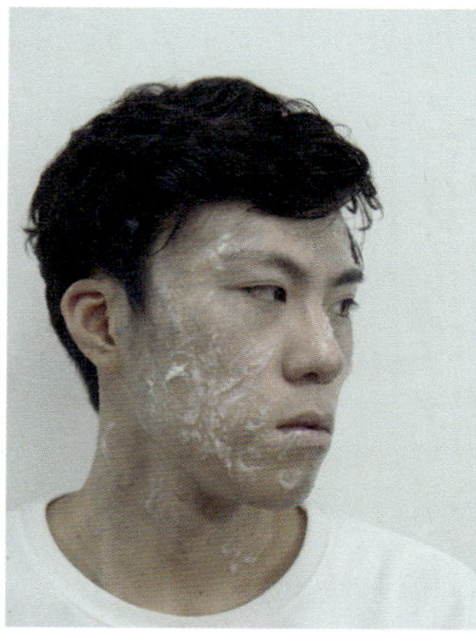

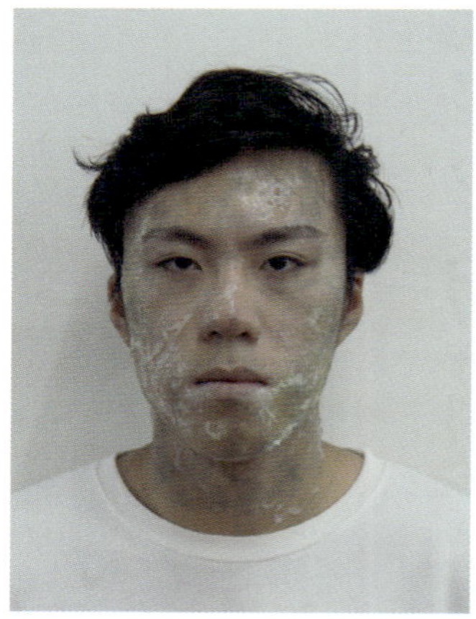

④ 회색, 카키, 블루 컬러를 이용하여 채색한다.

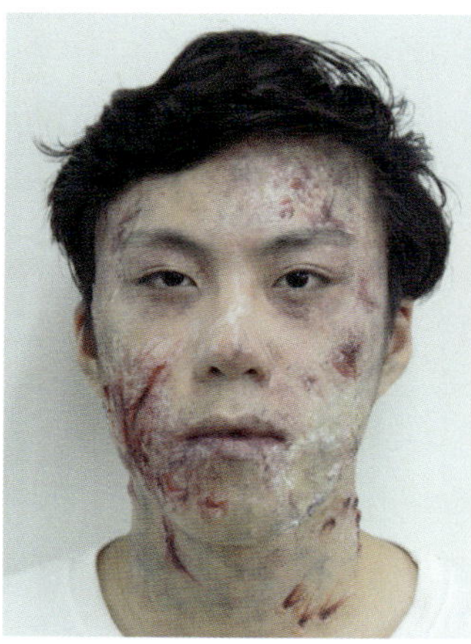

⑤ 적색, 자주, 검정계열로 다양한 컬러감을 표현해준다.

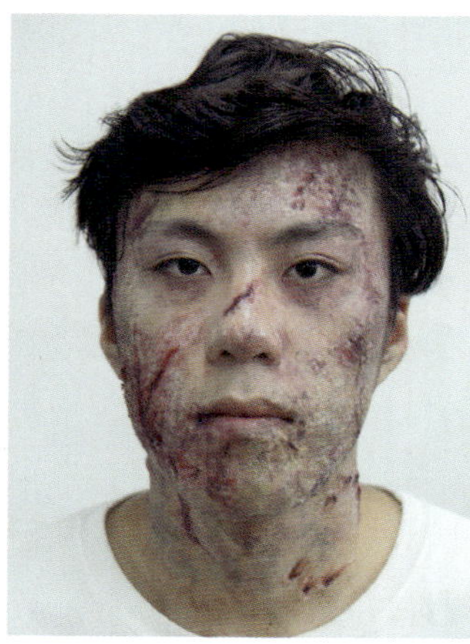

⑥ 명암을 살려 사실적으로 표현해준다.

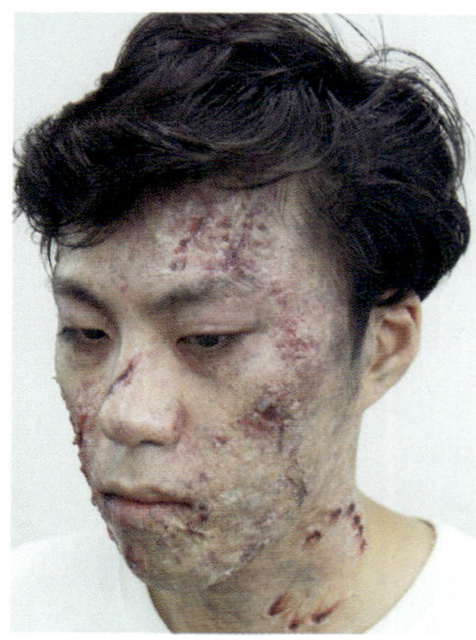

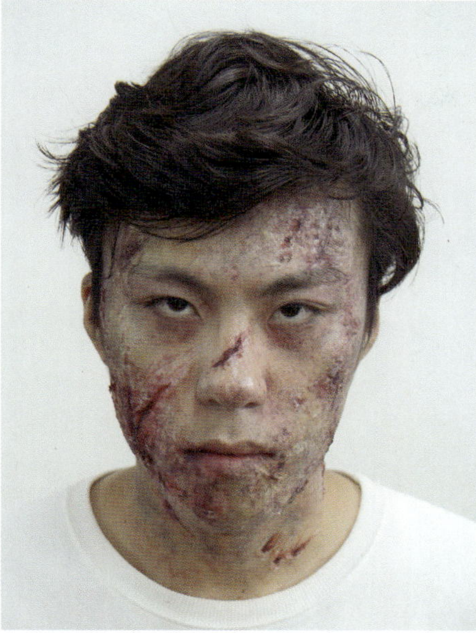

⑦ 인조피를 상처 부분에 올려준다.

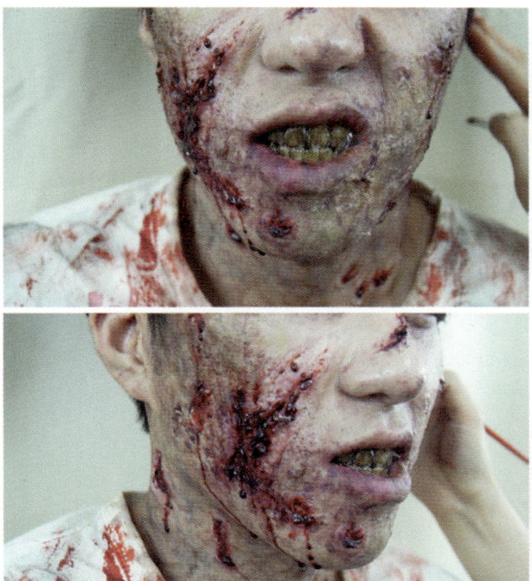

⑧ 치아에 Tooth FX를 이용하여 얼룩덜룩하게 칠해준다.

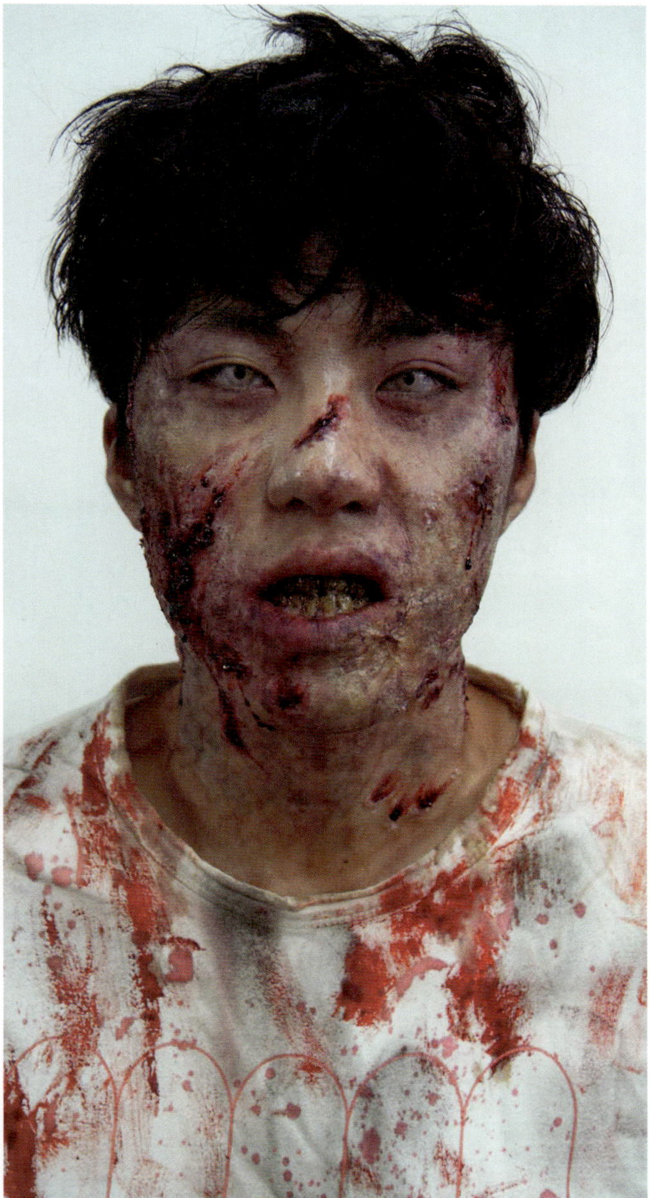

⑨ 눈동자 부분에 좀비 렌즈 착용해준다.

그림 5-50 좀비 분장

### (2) 그 밖의 할로윈 분장

그림 5-51 할로윈 분장 1

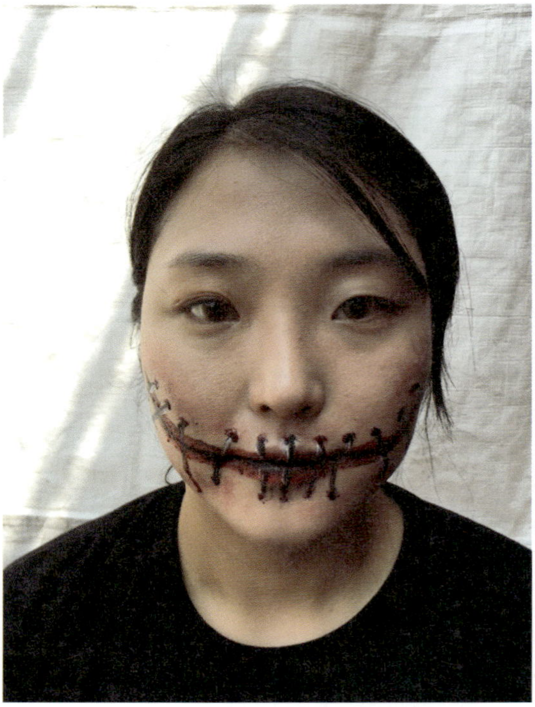

그림 5-52 할로윈 분장 2

그림 5-53 할로윈 분장 3

그림 5-54 할로윈 분장 4

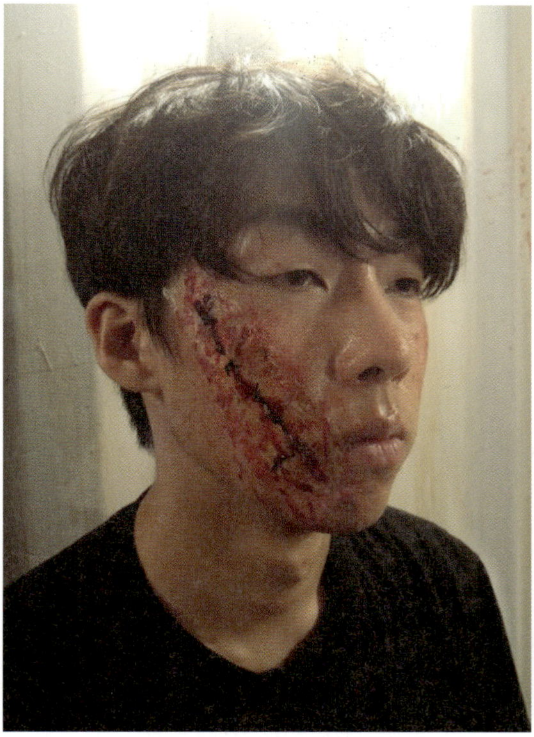

그림 5-55 할로윈 분장 5

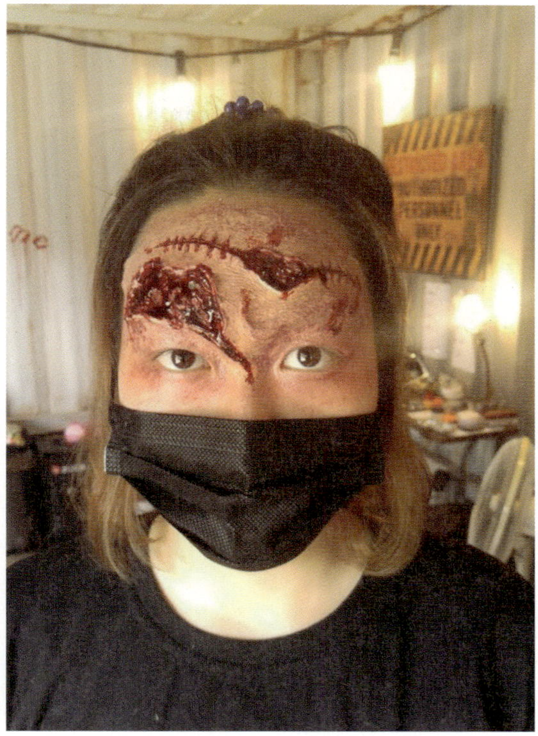

그림 5-56 할로윈 분장 6

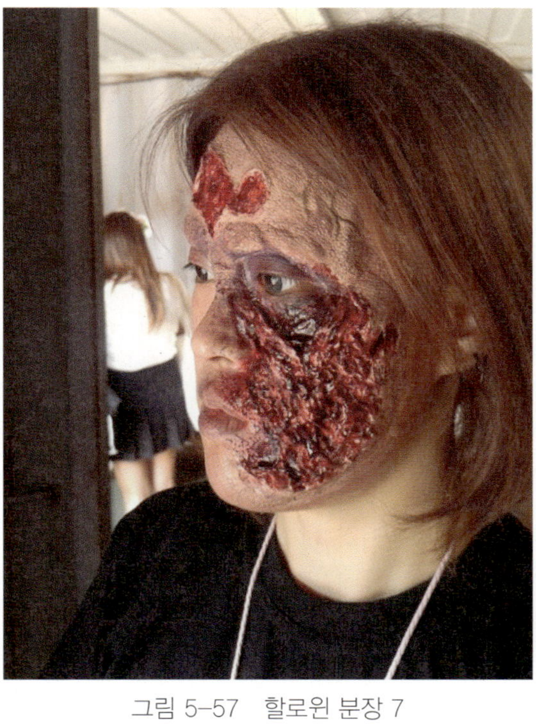

그림 5-57 할로윈 분장 7

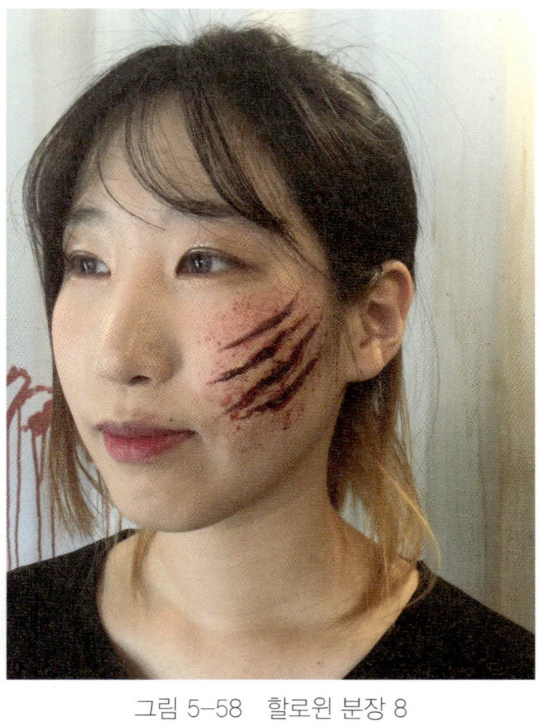

그림 5-58 할로윈 분장 8

그림 5-63　할로윈 분장 9

그림 5-64　할로윈 분장 10

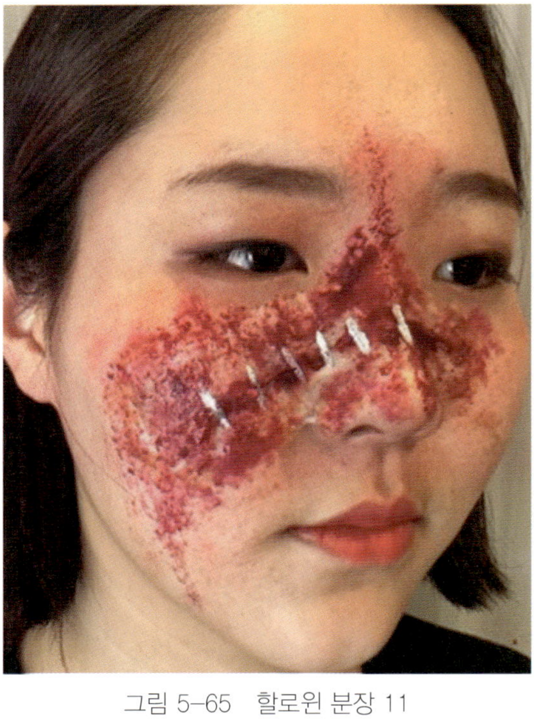

그림 5-65　할로윈 분장 11

그림 5-66　할로윈 분장 12

그림 5-67 할로윈 분장 13

그림 5-68 할로윈 분장 14

그림 5-69 할로윈 분장 15

그림 5-70 할로윈 분장 16

그림 5-71　할로윈 분장 17

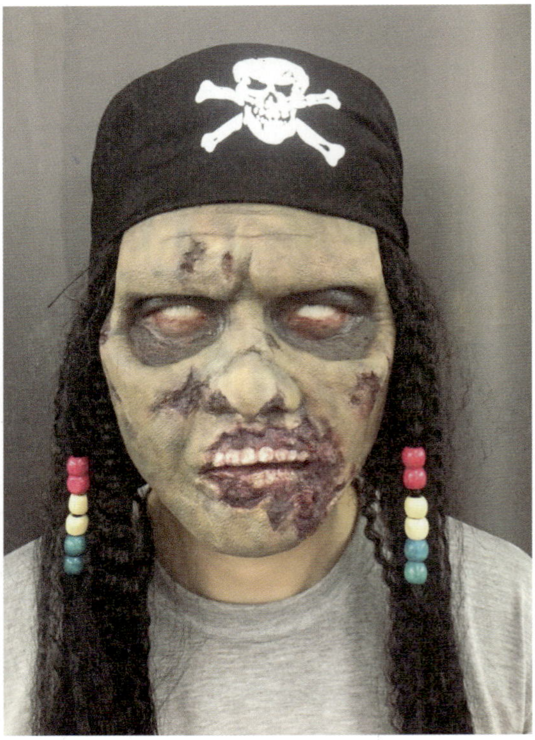

그림 5-72　할로윈 분장 18

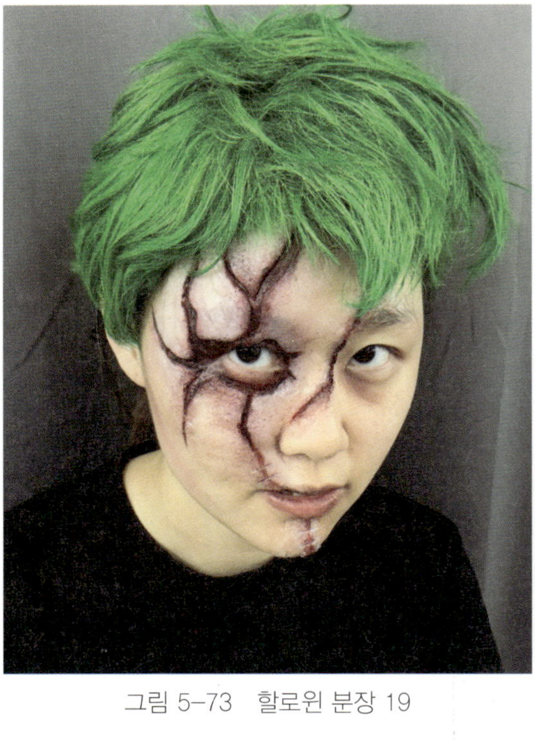

그림 5-73　할로윈 분장 19

그림 5-74　할로윈 분장 20

그림 5-75　할로윈 분장 21

그림 5-76　할로윈 분장 22

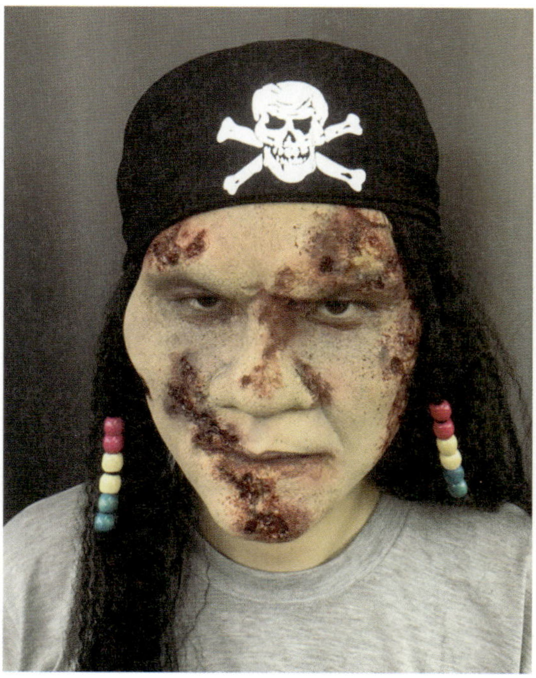

그림 5-77　할로윈 분장 23

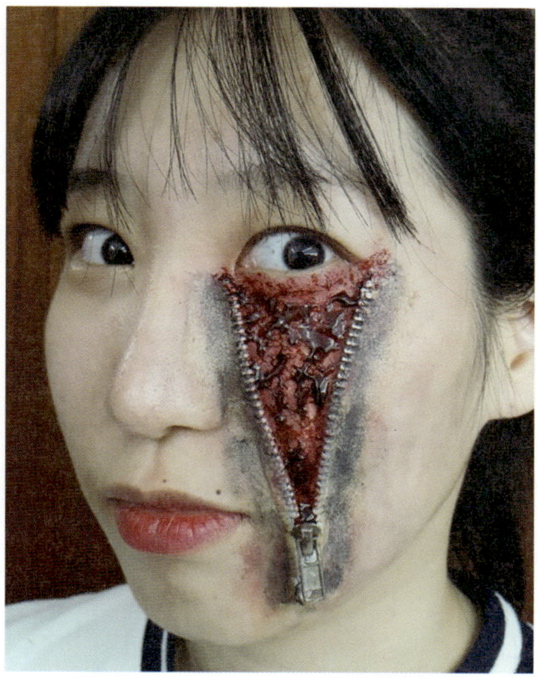

그림 5-78　할로윈 분장 24

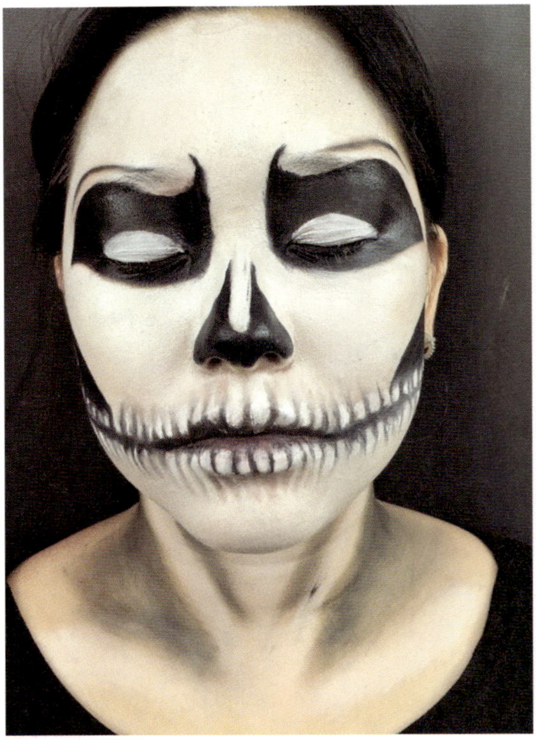
그림 5-79　할로윈 분장 25

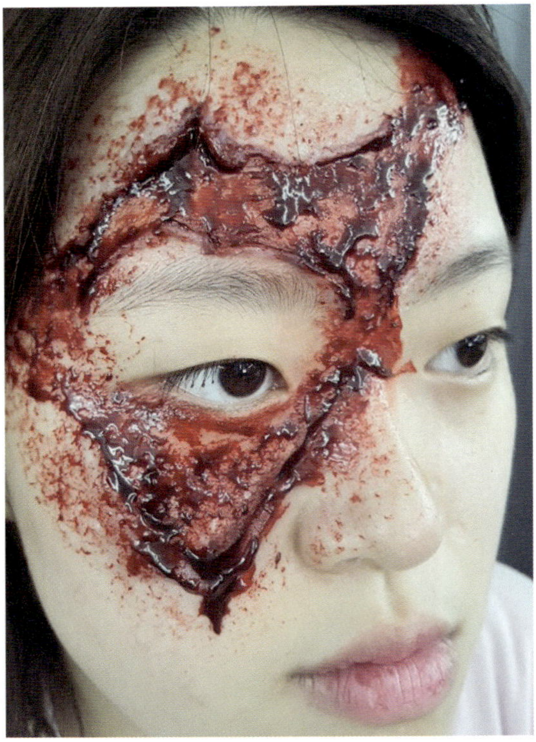
그림 5-80　할로윈 분장 26

그림 5-81　할로윈 분장 27

그림 5-82　할로윈 분장 28

(3) 컬러 챠트

# Ben Nye®

## Matte HD Foundations

| | | | | | | | | | | | | | |
|---|---|---|---|---|---|---|---|---|---|---|---|---|---|
| BEL-010 Bella 010 | BEL-001 Bella 001 | BEL-002 Bella 002 | BEL-003 Bella 003 | BEL-004 Bella 004 | BO-0 Bamboo 0 | BO-1 Bamboo 1 | BO-2 Bamboo 2 | BO-3 Bamboo 3 | BO-4 Bamboo 4 | TO-1 True Olive 1 | TO-2 True Olive 2 | TO-3 True Olive 3 | TO-4 True Olive 4 |
| NO-1 Pale Biscotte | NO-3 Biscotte | NO-5 Brulée | NO-7 Soft Caramel | NO-9 Tan Brulée | SH-0 Ivory | SH-1 Fairest | SH-2 Fair | SH-3 Medium | SH-4 Deep | CE-1 Fairest | CE-2 Fair | CE-3 Light Beige | CE-5 Beige |
| CE-7 Light Tan | CE-9 Tan | BE-1 Cameo | BE-3 Natural Beige | BE-5 Warm Sand | BN-1 Beige Natural 1 | BN-2 Beige Natural 2 | BN-3 Beige Natural 3 | BN-4 Beige Natural 4 | OB-1 Olive Beige 1 | OB-2 Olive Beige 2 | OB-3 Olive Beige 3 | OB-4 Olive Beige 4 | IS-1 Special White |
| IS-3 Pure Ivory | IS-8 Bare Beige | IS-18 Olive Tan | IS-21 Wheat | IS-35 Chinois Medium | IS-41 Soleil | EB-1 Naturelle | EB-6 Naturelle Buff | N-1 Fair | N-3 Buff | SO-1 No.1 | SO-2 No. 2 | WO-1 Warm Olive 1 | FT-1 Pale English |
| FT-6 Tawny | FT-8 Mocha Creme | FT-13 Golden Ebony | CN-0 Ultra | CN-010 Trés Clair | CN-001 Clair | CN-002 Barely Beige | CN-003 True Beige | CN-004 Dune | SA-1 Au Lait | SA-2 Golden Latté | SA-3 Latté | SA-5 Mocha | SA-7 Sumatra |
| SA-9 Java | SA-11 Espresso | MH-02 Almond | MH-04 Pecan | MH-06 Praline | MH-07 Rio Tan | MH-08 Golden Spice | MH-10 Coco Sorbet | MH-11 Brazil Nut | MH-12 Mojave Bronze | MH-14 Brown Suede | MH-16 Semi-Sweet | MH-18 Coco Soufflé | MH-20 Espresso Bean |

## Procolor Airbrush Paints

### Beauty Series - Foundations

| | | | | | |
|---|---|---|---|---|---|
| PCF-03 Porcelain | PCF-05 Ultra Beige | PCF-07 Olive Fair | PCF-09 Ciné Fairest | PCF-11 Ciné Light Beige | PCF-16 Cameo |
| PCF-18 Warm Sand | PCF-20 Olive Tan | PCF-22 Olive Beige | PCF-30 Shinsei Fairest | PCF-32 Shinsei Medium | PCF-36 Brulée |
| PCF-38 Deep Bronze | PCF-42 Sahara Au Lait | PCF-44 Espresso | PCF-46 Espresso Bean | | |

### Beauty Series - Blush & Contours

| | | | | | | |
|---|---|---|---|---|---|---|
| PCB-61 Blushing Bride | PCB-63 Shy Rose | PCB-65 Blushing Rose | PCB-67 Coral | PCB-68 Island Coral | PCB-69 Guava | PCB-615 Jazzberry |
| PCB-73 Ultralite | PCB-75 Ivory | PCB-79 Almond | PCB-710 Banana | PCB-81 Neutral | PCB-83 Natural | PCB-87 Rich Brown |

### Shimmer Series

| | | | | | |
|---|---|---|---|---|---|
| PCS-01 Ultra Ice | PCS-02 Rose Gold | PCS-03 Gold | PCS-04 Silver | PCS-05 Bronze | PCS-06 Copper |

### Classic Series

| | | | | | | |
|---|---|---|---|---|---|---|
| PCC-01 White | PCC-03 Black | PCC-05 Red | PCC-07 Blue | PCC-09 Bright Yellow | PCC-11 Green | PCC-13 Golden Yellow |
| PCC-15 Purple | PCC-17 Pink | PCC-18 Magenta | PCC-19 Orange | PCC-23 Warm Brown | PCC-25 Grey | |
| PCC-27 Turquoise | PCC-30 Fire Red | PCC-31 Cosmic Blue | PCC-32 Kelly Green | PCC-35 Royal Violet | PCC-37 Sapphire | |

### Death & Ultimate FX Series

| | | | | | | |
|---|---|---|---|---|---|---|
| PCD-14 Sallow Green | PCD-15 Cadaver Grey | PCD-17 Death Purple | PCD-18 Death Straw | PCD-19 Death Flesh | | |
| PCD-20 Pale Vampire | PCD-21 Frankenstein | PCD-22 Death Blue Grey | PCD-23 Pale Corpse | | | |
| PCFX-2 Bruise | PCFX-3 Burnt Coral | PCFX-32 Dried Blood | PCFX-33 Blood Red | PCFX-5 Dark Burgundy | PCFX-7 Midnite Violet | PCFX-9 Grey Purple |
| PCFX-90 Indigo Blue | PCFX-91 Vein | PCFX-93 Electric Blue | PCFX-97 Vintage Black | PCFX-98 Vintage Green | PCFX-11 Sallow Green | PCFX-18 Clean Dirt |

mehron
MAKEUP

## Cream Blend Stick Makeup

| | | | | | | | | | |
|---|---|---|---|---|---|---|---|---|---|
| Eurasia Ivory EI | Eurasia Fair EF | Eurasia Japanais EJ | Eurasia Chinios EC | | Soft Peach 22A | Lt. Beige Blush 24A | Tan Glow 26A | Lt. Cinnamon 28A | Warm Honey WH |
| Light Olive OS2 | Mid-Light Olive OS4 | Medium Olive OS6 | Mid-Dark Olive OS8 | Dark Olive OS10 | Lt. Cocoa 4C | Sable 7C | Ebony 10C | Lt. Ebony LE | Med. Ebony ME |
| Alabaster 1B | Extra Fair 2B | Juvenile 3B | Fair Female 5B | Med. Male 6.5B | Lt.Buff 22 | Neutral Buff 24 | Lt. Khaki 28 | True Tan TT | |
| Lt.Egyptian 8B | Auguste A | DK. Egyptian 12B | Butterfly/Geisha 14B | Lt. Auguste 7.5B | Contour I 37 | Contour II 38 | Ogre Green OG | Green G | Orange O |
| Oriental 16B | MonsterGray MG | Moonlight White MW | Burgundy BY | Pink PK | Black B | White W | Red R | Yellow Y | Blue BL |
| Ivory Bisque TV2 | Soft Beige TV4 | LT.Tan TV6 | Medium Tan TV8 | Amber Tan 23 | R/B Red RB | Light Gray LGY | Purple P | Gold GD | Silver S |

## Paradise Makeup AQ

Paradise
MAKEUP AQ

| Basic | Pastel | Tropical | Nuance | Brillant |
|---|---|---|---|---|
| White W | Light Pink LPK | Storm Cloud SC | Mauve MA | Gold/Doré BGD |
| Black B | Light Green LGR | Beach Berry BB | Sky SY | Silver/Argenté BSA |
| Yellow Y | Light Blue LBL | Amazon Green AM | Foxy FY | Purple/Violine BPV |
| Red R | Light Brown LBR | Lagoon Blue LAG | Olive OL | Lt. Blue/Blue Bebe BLB |
| Dark Green DGR | Teal T | Lime LM | Felou FL | Green/Vert Bouteille BGV |
| Dark Blue DBL | Purple P | Coral C | Deep Sea DS | Orange/Orange BOO |
| Dark Brown DBR | Dark Pink DPK | Mango M | Porto PT | Fuschia/Fushia BFF |
| Orange O | Violet V | Wild Orchid WO | Dijon DN | Dk. Blue/Azur BDA |

Skin Illustrator® PPI Premiere Products Inc

## Skin Illustrator Palette

Flesh Tone Palette

Dark Flesh Tone Palette

FX Palette

Zombie Palette

Grunge Palette

Necromania Palette

자료제공: 메이크업매직
주소: 서울시 강남구 논현로 167길 16 삼구빌딩 101호
전화번호 02-517-6080
www.makeupmagic.co.kr

## 1. 스펀지

① 라텍스 스펀지

라텍스 재질로 일반적으로 가장 많이 쓰이는 스펀지이다. 형태와 질감에 따라 다양한 종류가 있으며 미디어분장에서는 1회용 스펀지를 주로 사용한다.

② 오렌지스펀지

표면의 구멍 크기에 따라 다양한 효과를 낼 수 있다. 사람의 모공이나 혈관, 멍, 검버섯 등에 효과적이다.

③ 블랙 스펀지

필터폼 재질의 블랙 스펀지는 긁힌 상처에 가장 효과적이며 그 외 짧은 수염표현에서 자주 사용된다. 표면구멍의 크기에 따라 용도에 맞게 사용할 수 있다. 굳은 피와 라이닝 컬러를 스펀지에 묻힌 다음 손등에서 양을 조절하여 사용한다.

④ 레드스펀지

타박상 분장에서 가장 많이 사용하는 스펀지이다. 용도에 맞게 자른 후 가장자리를 가위로 라운드모양으로 다듬어 사용해야 경계가 생기지 않고 자연스럽게 표현이 가능하다.

⑤ 히드라 스펀지

팬 케이크 타입의 수성물감이나 크림타입의 제형을 넓게 펴 바르는 용도로 주로 사용하는 스펀지이다.

⑥ 해면 스펀지

바다에 서식하고 있는 해면을 건져 여러 번의 가공을 거쳐 만든 스펀지이다. 수성물감에 주로 사용되며 세안의 용도로 사용되기도 한다.

## 2. 파운데이션

① 리퀴드 파운데이션

제형이 묽은 타입의 파운데이션으로 커버력은 스틱과 크림에 비해 약하다. 잡티가 많지 않는 젊은 층의 메이크업에 적절하며 피부타입별로 오일베이스, 워터베이스, 오일프리, 벨벳 실크 등 브랜드별로 다양하게 출시되어 있다. 미디어 분장에서는 지속력이 떨어지는 단점이 있어 장시간의 촬영에는 적합하지 않다.

② 스틱 파운데이션

스틱타입의 파운데이션으로 지속력이 가장 우수한 타입이다. 쉽게 펴 발라지며 매트한 것이 특징이다. 미디어분장에서 기본분장 시 가장 적절한 타입이다.

③ 크림 파운데이션

크림타입의 제형의 파운데이션으로 질감이 부드러운 것이 특징이다. 기름기가 있는 편이어서 건성 피부에 가장 적합하며 공연분장에서 많이 사용되고 있다. 스펀지를 이용하여 뭉치지 않게 펴 발라야 한다.

## 3. 파우더

① 트랜스 루슨 파우더(투명 파우더)

파우더의 색이 피부톤에 영향을 미치지 않는 파우더 형태를 말한다. HD 전용 파우더도 여기에 속하며 HD 전용 파우더의 경우에는 입자가 아주 곱고 촉촉하여 가벼운 발림과 얇은 두께감이 장점이다.

② 컬러 파우더

컬러파우더는 파우더의 색이 피부톤에 영향을 미치는 파우더 타입을 말한다. 은은한 핑크색 파우더는 화사한 피부톤을 만들어주며 보랏빛은 노란빛을 완화해주고 어두운 톤은 태닝한 피부 표현에 적절하다.

③ 먼지 파우더

먼지나 재를 표현하기 위한 파우더로 분장의 목적에 맞게 알맞은 색상을 선택하도록 한다. 물과 비누로 쉽게 지울 수 있다.

## 4. 브러쉬

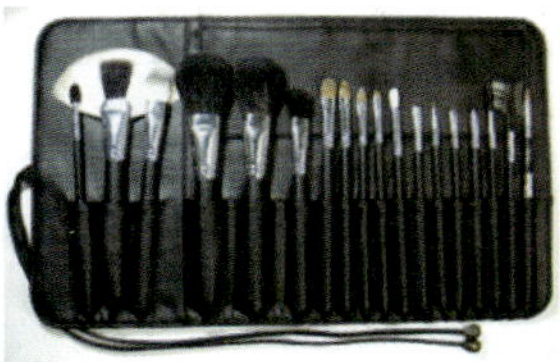

① 메이크업 브러쉬

모양에 따라 다양한 용도로 사용된다. 브러쉬 털 종류에 따라 가격이 다양하며 오래 소장하게 되는 재료인 만큼 내구성이 좋은 것을 선택하는 것이 좋다. 분장 후에는 전용 세척제로 세척하여 위생적으로 보관해야 한다.

사각브러쉬 라운드브러쉬 세필브러쉬

② 라이닝 브러쉬

크림타입의 메이크업제품을 펴 바를 때 가장 많이 사용한다. 알코올베이스, 워터베이스에도 사용하며 분장 시 가장 필요한 브러쉬이다. 용도에 맞게 사각, 라운드, 세필로 선택한다.

## 5. 에어브러쉬 Air brush

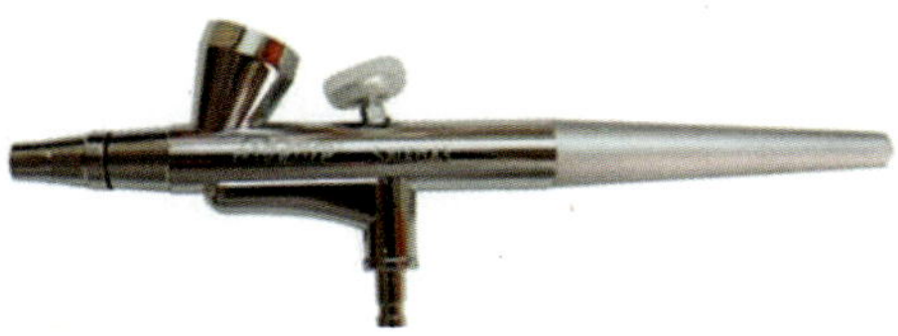

콤퓨레샤를 이용해 분출된 공기의 압력으로 물감이 분사되는 형태의 브러쉬를 말한다. 노즐의 구경에 따라 0.2, 0.3, 0.5mm 등이 있다. 일반적으로 0.3mm를 가장 많이 사용하며 세밀한 분장이 요구될 때는 0.2mm, 넓은 면적을 칠할 때는 0.5mm를 사용한다. 분사방식에 따라 싱글액션과 더블액션으로 나뉜다.

## 6. 콤퓨레샤 compressor

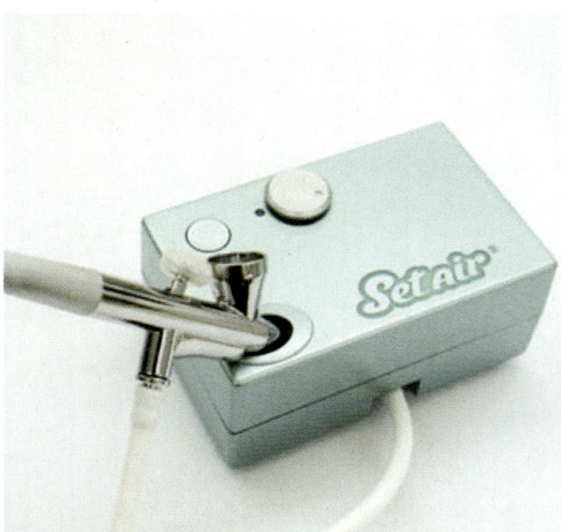


공기를 압축하여 압축공기를 만드는 기계를 말한다. 크기에 따라 에어생산량이 다르므로 세밀한 분장 시에는 소형을, 넓은 면적을 분장해야 할 때는 공기압력이 좋은 대형을 사용한다.

## 7. 에어브러쉬용 물감

① 수성

수용성으로 물에 색소를 섞어 제조한 것이다. 실리콘베이스에 비해 알러지 반응이 적은 편이며 피부에 자극이 없다. 입자가 고와 에어브러쉬 건의 막힘 현상이 드물다.

② 유성

**[ 실리콘베이스 파운데이션 ]**

실리콘성분을 첨가한 것으로 메이크업의 지속력을 높여준다. 실리콘베이스는 얇게 표현되며 긴 시간 메이크업을 유지할 수 있다.

**[ 플루이드 ]**

실리콘 베이스의 파운데이션과 함께 사용하여 농도를 조절하는 역할을 해준다.

③ 알코올

알코올성분을 함유한 물감으로서 농도조절은 에틸 알코올을 사용한다. 수성, 유성에 비해 지속력이 좋으며 제거 시에는 에틸 알코올을 사용한다. 물에도 지워지지 않기 때문에 비오는 신, 수중 촬영 시 적합하다.

## 8. 채색 재료

① 수성제품 Water based

물에 섞어 사용하는 제품으로 페이스 페인팅, 바디페인팅에 주로 쓰인다. 색이 다양하며 부드럽게 바를 수 있으며 물을 섞어 색의 농도를 조절한다. 도포 시 얼룩이 질수 있으므로 마르기전에 신속하게 그라데이션 해주어야 한다.

아쿠아 파레트

팬 케익

② 유성제품 Oil based

오일 베이스의 제품으로 매끄러운 질감을 가지고 있으며 발색력이 우수하다. 무대분장, 캐릭터분장, 멍, 특수분장 등에서 자연스럽게 표현 할 수 있는 제품이다. 사용 시에는 뭉치지 않게 자연스럽게 펴 발라주어야 한다.

크림 파레트

크림 라이너

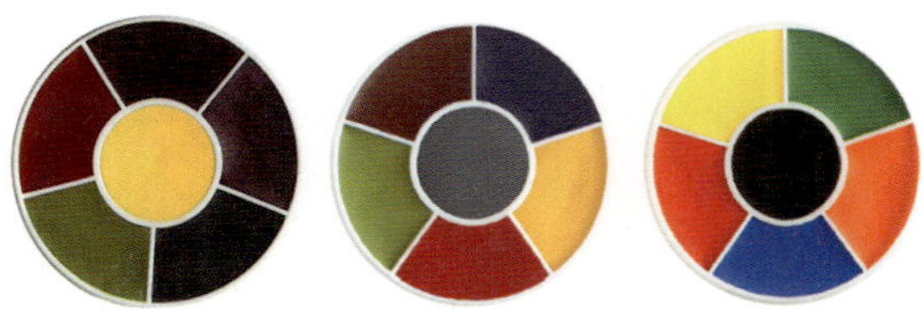

크림 휠

R.M.G(Ruber mask grease)

라텍스, 볼드캡 메이크업을 위한 전용 물감으로 유성제품이다.
캐스트 실러나 에틸알코올(99%)를 섞어 채색한다.

### ③ 알코올 베이스 제품 Alcohol based

알코올 베이스 제품은 에틸알코올(99%)로 희석하여 사용하며 고농축의 색소를 지니고 있어 지속력이 강하며 물이나 땀에 지워지지 않는다. 실리콘, 라텍스, 젤라틴, 플라스틱, 피부 등에 사용이 가능하며 수염이나 머리카락을 채울 때도 사용가능하다.

스킨일러스트레이터 – 리퀴드

스킨일러스트레이터

에틸 알코올(99%)로 희석해서 사용하며 리퀴드 타입은 바로 에어브러쉬 건으로 분사가 가능하다. 타투전용물감으로 남색과 녹색의 색상으로 자연스러운 타투색을 표현할 수 있다. 물이나 땀에 잘 지워지지 않는다.

타투 전용 물감

글레이징 젤은 피부에서 베어 나오는 듯한 자연스러운 색감을 연출할 수 있는 제품이다. 타박상에 효과가 좋으며 그 외 상처, 기미, 점 등을 표현할 수 있다. 지속력이 강하며 지울 때는 글레이징 젤 전용 리무버로 지울 수 있다.

글레이징 젤

글레이징 스프레이

치아에 사용하는 전용 색소로 에틸 알코올로 희석하여 사용한다. 채색 전 치아에 침이 묻어 있지 않도록 거즈로 닦아주고 채색을 해야 발색이 잘 된다. 물감이 마른 상태에서 입을 다물 수 있도록 안내한다. 니코틴, 썩은 효과 등에 효과적이다.

치아색소

④ 그 밖에 제품

**[ 99% 에틸 알코올 ]**
알코올베이스 물감과 R.M.G 물감의 희석 시 사용한다. 공업용인 메틸알코올은 인체에 유해하므로 절대 사용해서는 안된다. 에어브러쉬 분사시에는 마스크를 착용하도록 한다.

**[ 70% 에틸 알코올 ]**
소독용 알코올을 말한다. 약국에서 쉽게 구할 수 있다. 알코올베이스 물감에 희석하기에는 순도가 약해 발색이 잘 되지 않는다. 분장 전 후에 피부를 닦아내는 용도로 쓴다.

**[ 헤어컬러 ]**
일시적으로 헤어색을 바꾸는 데 사용하는 물감이다. 쉽게 펴 바를 수 있고 샴푸로 쉽게 지울 수 있다. 염색용 브러쉬나 칫솔을 사용하여 바른다.

## 9. 수염재료

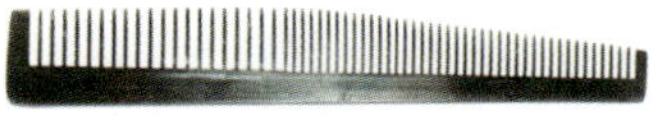

① 수염철빗

수염을 정리할 때 사용하는 전용 빗을 말한다.

② 인조사

화학섬유를 말하며 가격이 가장 싸고 색이 다양하다. 붙였을 때 사람 수염과 가장 비슷하다. 인조모는 땋아서 삶고 펴 주는 준비과정을 거쳐야 한다. 수염분장 시 인조모와 생사를 섞어서 쓰기도 한다. 헤어아이론 사용 시 타버리므로 주의하도록 한다.

③ 생사

누에명주실로 만든 재료로 수염을 표현하는 재료 중 가장 얇은 것이 특징이다. 비벼서 자연스러운 웨이브를 만들어 사용한다.

④ 야크

들소털로 브라운, 다크브라운, 흰색이 있으며 헤어아이론 사용이 가능하며 염색도 가능하다. 사람털과 가장 흡사하긴 하지만 광택이 있어 표시가 날 수 있다.

⑤ 크레이프 울

양털을 말하며 서양에서 주로 쓰이며 가격이 저렴하다. 헤어 아이론 사용이 가능하고 컬링을 줄 수 있으며 가늘어서 접착력이 강하다. 양털을 깎은 것이라 길이가 제한되어 있다.

⑥ 인모

인모는 굵어서 직접 붙일 때는 사용하지 않으며 망수염을 제작 할 때 가장 적합하나 가격이 비싼 것이 단점이다.

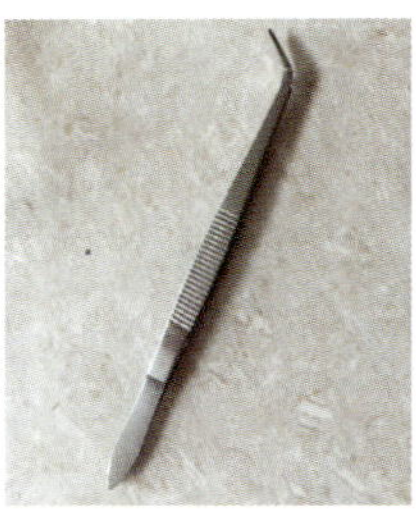

⑦ 핀셋

수염을 부착 후 정리를 위해 사용한다. 끝이 꺽인 형태가 좋으며 모델이 불편함을 느끼지 않도록 주의하여 사용한다.

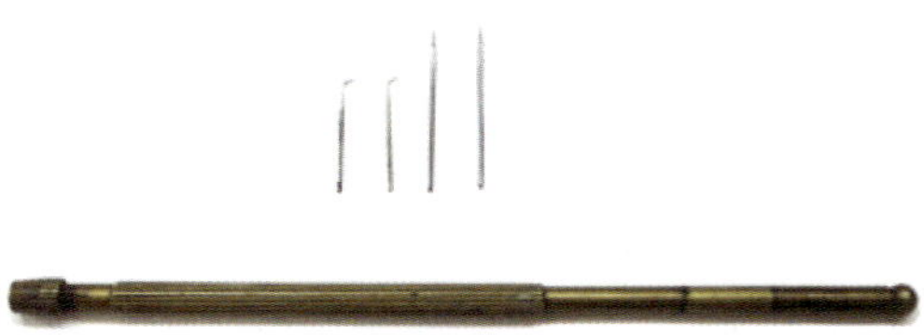

⑧ 수염 바늘

망수염을 제작할 때 수염재료를 고리에 걸어서 매듭을 만드는 데 사용한다.

⑨ 수염망

망수염을 제작할 때 사용하는 망을 말하며 육각모양을 이루고 있다.

## 10. 접착제

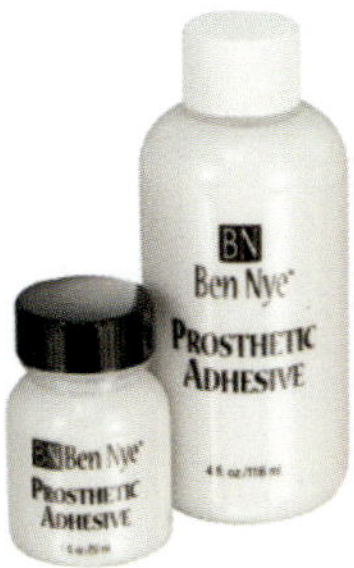

Prosthetic Adhesive

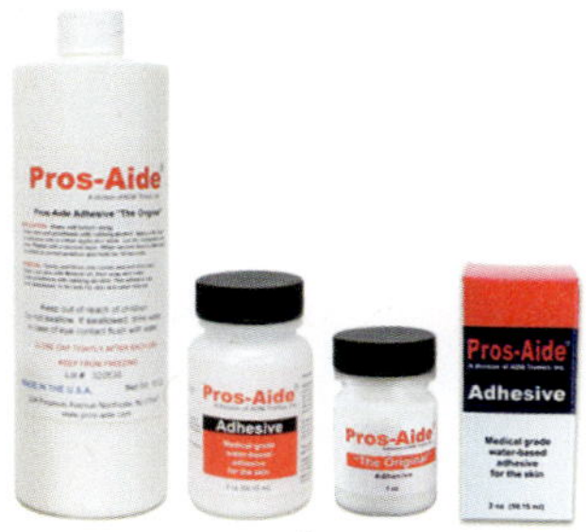

프로스에이드 Adhesive

### ① 프로스테틱 접착제

폼 라텍스용 접착제로 수염분장, 상처 분장, 볼드캡 등에 사용한다. 습기나 땀에 방수 효과가 있으며 인체에 무해한 안전한 제품이다. 전용 리무버를 사용한다.

### ② 스프릿 검 Sprit Gum

수염이나 가발, 마스크를 붙이는 접착제를 말하며 송진을 알콜로 희석하여 만들어졌다. 제거할 때는 스프릿검 리무버를 사용한다.

## 11. 리무버

### ① 스프릿 검 Sprit Gum 리무버

스프릿 검 전용 리무버를 말한다.

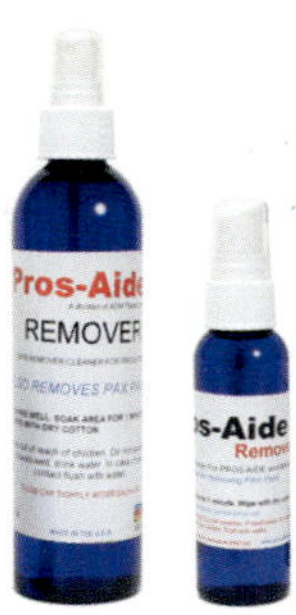


### ② 프로스에이드 remover

프로스에이드 전용 리무버로 피부에 안전하게 잔여물을 제거할 수 있다.

③ 본드 오프

프로스에이드 전용 리무버로 피부에 안전하게 잔여물을 제거할 수 있다.

④ IPM 젤

젤 타입으로 수성베이스 실러, 알코올베이스 실러리무버, 아타겔 그린 마블 실러 리무버로 사용 할 수 있다.

## 12. 질감표현재료

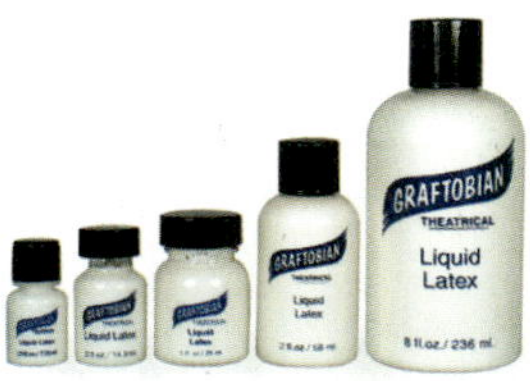


① 리퀴드라텍스

라텍스를 이용한 노인 분장, 상처 분장, 라텍스 볼드캡 제작 시 사용한다. 오래된 경우 노랗게 변색되면서 암모니아 냄새가 난다.

② 듀오

인조 속눈썹을 붙이는 용도로 쓰이나 분장에서는 리퀴드 라텍스에 비해 자극이 적어 눈주위나 입주변에 분장 시 부분적으로 사용한다.

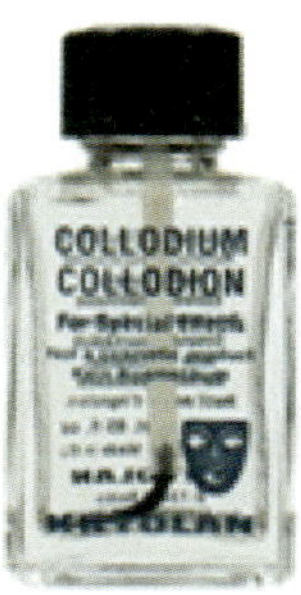


③ 콜로디온

알코올과 에테르의 혼합액이 질소량의 10%정도인 나이트로셀룰로스를 녹인 용액이다. 사진감광막에 쓰이기도 하며 마르면 쪼그라드는 성질이 있어 오래된 흉터분장에 쓰인다. 시간이 경과해 가장자리가 일어날 경우 면봉을 이용해 알코올로 녹여준다.

노즈 & 스카왁스

모델링 왁스

④ 왁스

총상이나 부러진 코, 상처 분장에 사용하며 눈썹을 지울 때 사용하기도 한다. 소프트한 타입부터 하드한 타입까지 있어 분장의 용도에 맞게 사용한다. 모델링 한 후에는 왁스 실러나 라텍스를 한 겹 발라주면 코팅이 되어 지속력을 높일 수 있으며 채색 시에도 도움이 된다.

⑤ 3rd Degree

인체에 무해한 플래티늄 실리콘이며 A,B를 1:1로 섞을 때 경화시간은 10분 정도이다. 열을 가하지 않고도 자연 경화되기 때문에 빠르게 분장을 할 수 있는 제품이다. 피부질감을 주기 위해 굳기 전 우레탄 스펀지를 사용하면 효과적이다.

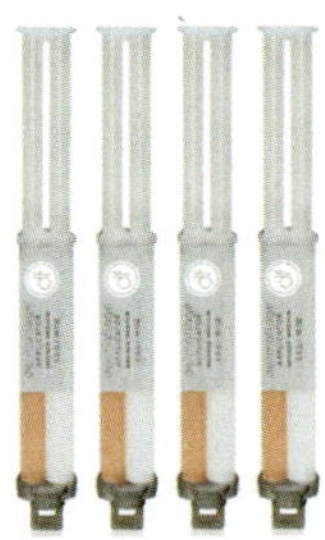

⑥ 더마플라지 Dermaflage

흉터커버에 효과적인 실리콘이다. 좁은 상처부분에 사용하기에 좋으며 상처, 수두, 여드름 표현에 적합하다.

⑦ 아타겔 ATTAGEL

Magnesium aluminum silicate 가루로 노역분장에 사용하는 제품이다. 적절한 농도를 만들기 위해 그린마블실러콘센트레이트와 함께 사용한다. 리무버로는 IPM Gel을 사용한다.

* 비율

-ATTAGEL:Marble= 1:3 Heavy

-ATTAGEL:Marble= 1:4 Medium Heavy

-ATTAGEL:Marble= 1:5 Medium Light

-ATTAGEL:Marble= 1:6 Light (fine-line wrinkle)

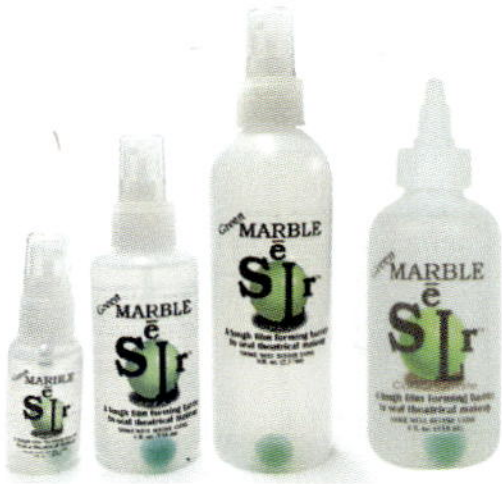


⑧ 그린 마블 실러 콘센트레이트 Green Marble Sealer Concentrate

알코올베이스 메이크업의 실러 제품으로 방수 효과가 있다. 아타겔과 원하는 비율로 섞어서 주름을 표현한다.

⑨ 아이스 FX

동사분장에 사용하는 재료로 눈, 서리, 얼음효과를 준다. 물과 비누로 쉽게 세척이 된다. 얼굴 이외에도 머리, 수염, 소품에도 장식하면 효과적이다.

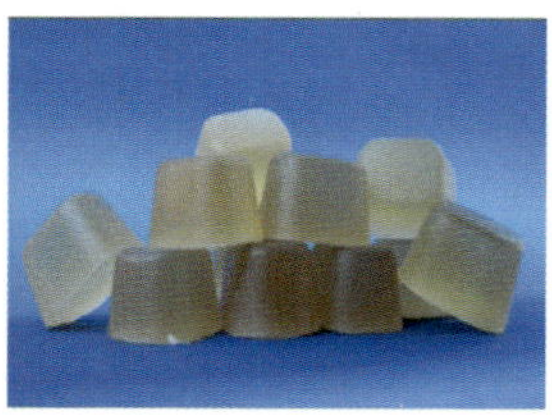

⑩ 젤라틴

열상, 화상, 상처, 흉터 등에 중탕하여 사용한다. 열을 가해 액체가 되면 굳기 전에 모양을 잡은 후 채색한다.

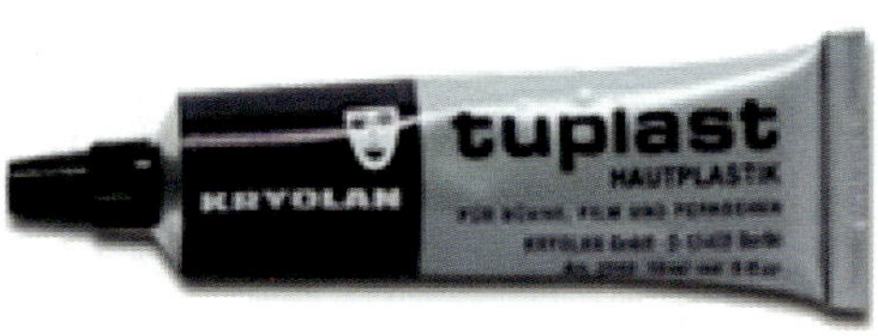


⑪ 튜플라스트 Tuplast

화상 및 상처 표현, 진물 표현에 사용하는 제품이다.

## 13. 인조피

① 식용색소

② 카라멜색소

③ 물엿

④ 인스턴트 커피

⑤ C.M.C Carboxy Methyl Cellulose

라텍스, 인조피, 글리세린 등의 액체에 섞어주면 크림타입으로 만들 수 있다. 프로스에이드(Pros-Aid)와 섞어 크림타입으로 만들어 라텍스 볼드캡이나 폼 라텍스의 빈자리나 가장자리를 메우는데 사용할 수 있다.

⑥ 제품화 된 피

굳은 피

딱지 피

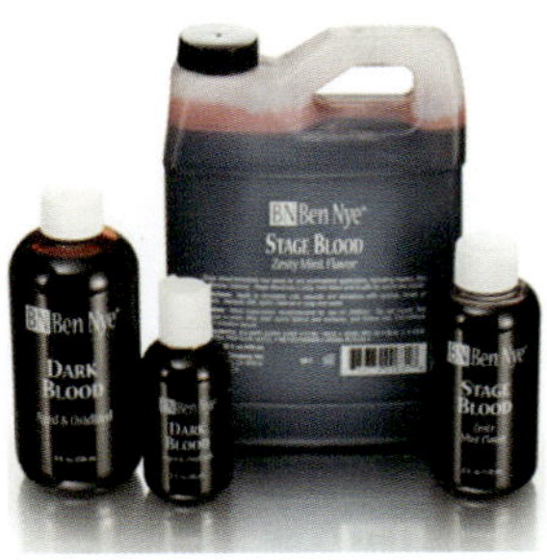


묽은 피

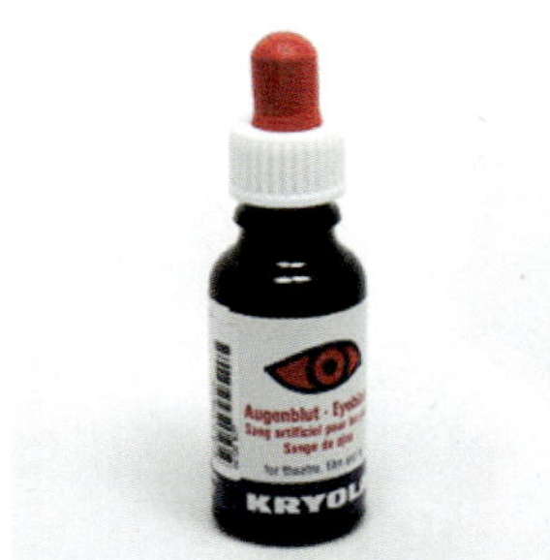


아이블러드(눈에 안약처럼 사용)

## 14. 플라스틱 캡 제작 재료

① 레드헤드

볼드캡을 만들기 위한 머리 모형으로 사용하기 전 이음새 부분은 사포 처리해야 한다.

② 워터메론

대머리 분장을 위해 필요한 재료이며 이외에도 피부에 직접 발라 노인 분장이나 화상, 상처 등 특수분장이 가능하고 지울 때는 라텍스처럼 껍질을 벗겨낸다. 석고몰드에 직접부어 특수분장에 사용하는 어플라이언스를 만들 수 있고 어플라이언스의 가장자리는 알코올을 사용하여 녹인다.
인체에 유해할 수 있는 아세톤 대신 알코올로 녹일 수 있어 안전하다. 워터멜론으로 만든 볼드캡과 어플라이언스는 접착제 대신 99% 알코올을 사용하여 붙인다.
워터멜론은 브러시, 스펀지, 에어스프레이, 또는 부어서 사용할 수 있고 사용한 브러시나 스펀지는 비눗물로 세척한다.
왁스나 어플라이언스 실러로 사용할 수 있다. 60ml 정도의 워터멜론으로 1개의 볼드캡을 만들 수 있다.

## ※ 기타 재료

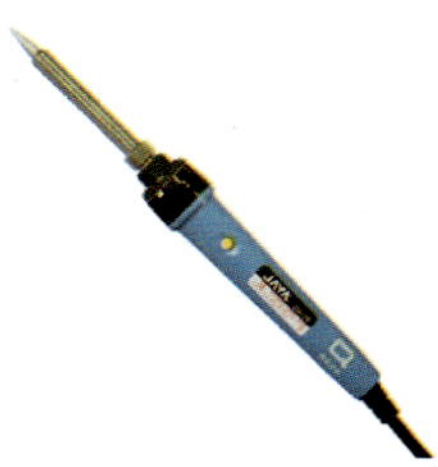

① 전기인두

열을 이용해 재료 표면을 녹이는 기구를 말한다. 스텐실 제작 시, 마스크 표면정리 시에 사용하게 된다.

# 참고문헌


- NCS 무대공연 메이크업(1201010328_16v3), p.22., 교육부, 2017.
- Stage Makeup 9th Edition, p.21., Richard Corson., James Glavan, Allyn & Bacon, 2000.
- 골상학 (phrenology), 실험심리학용어사전, 시그마프레스㈜, 2008.
- 골상학 입문(상), 음양맥진출판사, 편집부, 1988.
- 골상학(하)", 고려수지침학회, 2006.
- Head Masters: Phrenology, Secular Education, and Nineteenth-Century Social Thought; Reprint edition, Stephen Tomlinson, University Alabama Press, 2013.
- 흉터 scar, 서울대학교병원 의학정보, 서울대학교병원
- 동상 http://health.cdc.go.kr/health/HealthInfoArea/HealthInfo/View.do?idx=530
- http://health.cdc.go.kr/health/HealthInfoArea/HealthInfo/View.do?idx=530&subIdx=2&searchCate=&searchType=&searchKey=&pageNo=&category=&category_code=&dept=&sortType=&page=&searchField=&searchWord=
- http://www.amc.seoul.kr/asan/healthinfo/disease/diseaseDetail.do?contentId=32080
- http://www.msdmanuals.com/ko-kr/%ED%99%88/%EB%B6%80%EC%83%81-%EB%B0%8F-%EC%A4%91%EB%8F%85/%ED%95%9C%EB%9E%AD-%EC%86%90%EC%83%81/%EB%8F%99%EC%83%81
- 화상, http://health.cdc.go.kr/health/HealthInfoArea/HealthInfo/View.do?idx=2540
- http://health.cdc.go.kr/health/HealthInfoArea/HealthInfo/View.do?idx=2540&subIdx=2&searchCate=&searchType=&searchKey=&pageNo=&category=&category_code=&dept=&sortType=&page=&searchField=&searchWord=
- http://health.cdc.go.kr/health/HealthInfoArea/HealthInfo/View.do?idx=2540&subIdx=3&searchCate=&searchType=&searchKey=&pageNo=&category=&category_code=&dept=&sortType=&page=&searchField=&searchWord=
- https://terms.naver.com/entry.nhn?docId=2119941&cid=51004&categoryId=51004
- http://www.amc.seoul.kr/asan/healthinfo/disease/diseaseDetail.do?contentId=32321
- 화상 burns, 서울대학교병원 의학정보, 서울대학교병원
- The monstrous make-up manual
- 어여머리, 네이버 두산백과, https://terms.naver.com/entry.nhn?docId=580858&cid=46671&categoryId=46671
- 사모, 네이버 두산백과, https://terms.naver.com/entry.nhn?docId=1107275&cid=40942&categoryId=32094
- 정자관, 네이버 두산백과, https://terms.naver.com/entry.nhn?docId=2230316&cid=51293&categoryId=51293
- 전립, 네이버 두산백과, https://terms.naver.com/entry.nhn?docId=2217629&cid=51293&categoryId=51293
- 노화, 네이버 두산백과, https://terms.naver.com/entry.nhn?docId=423760&cid=42411&categoryId=42411
- 미용문화사, 전선정 외 4명, 청구문화사, 2012.
- 기초 연극메이크업 실기, 윤예령
- Stage make-up
- 네이버 미디어백과, https://terms.naver.com/entry.nhn?docId=1691448&cid=42219&categoryId=42229
- IT용어사전, http://terms.naver.com/entry.nhn?docId=853009&cid=50373&categoryId=50373
- 영화사전, http://terms.naver.com/entry.nhn?docId=349940&cid=42617&categoryId=42617, 2004.
- IT용어사전, http://terms.naver.com/entry.nhn?docId=865342&cid=50373&categoryId=50373
- 두산백과, http://terms.naver.com/entry.nhn?docId=1187596&cid=40942&categoryId=32354
- 영화편집, http://terms.naver.com/entry.nhn?docId=2275338&cid=42219&categoryId=51144, 2014.

- 영화사전, http://terms.naver.com/entry.nhn?docId=349640&cid=42617&categoryId=42617, 2004.
- 영화사전, http://terms.naver.com/entry.nhn?docId=349692&cid=50337&categoryId=50337, 2004
- 단편영화 연출, http://terms.naver.com/entry.nhn?docId=3377062&cid=42219&categoryId=58211, 2015
- 영상 콘텐츠 제작 사전, http://terms.naver.com/entry.nhn?docId=3350905&cid=58190&categoryId=58190, 2014.
- 단편영화 연출, http://terms.naver.com/entry.nhn?docId=3377062&cid=42219&categoryId=58211, 2015
- 미디어메이크업(LM1201010305_14v2), p.18., 교육부, 공공누리 홈페이지 (http://korean.visitkorea.or.kr/kor/bz15/tp/content/view.jsp?cid=2301138&type=C&listype=SPC&orderType=R)에서 공공누리 1유형, 2015.
- 공공누리 홈페이지, http://korean.visitkorea.or.kr/kor/bz15/tp/content/view.jsp?cid=2301138&type=C&listype=SPC&orderType=R)에서 공공누리 1유형
- 촬영스텝역할, Raging Bull, http://kin.naver.com/qna/detail.nhn?d1id=3&dirId=3031002&docId=212806214&qb=7LSs7JiBIOyKpO2FnQ==&enc=utf8&section=kin&rank=2&search_sort=0&spq=0&pid=TSAz1spySoCssZAn5G0ssssssbK-106920&sid=ZZ8QPrXBhrGRa9wC2T9x5A%3D%3D, 2014.
- 예술과 건축, 브리테니커 비주얼사전, http://terms.naver.com/entry.nhn?docId=1833465&cid=49063&categoryId=49063, 2012.
- 인물사진가를 위한 조명 Master Lighting Guide For Portrait Photographers, Christopher Grey · 김홍수 역, 해뜸, 2010.
- 사진의 완성 빛 그리고 조명 The complete guide to light & lighting in digital photography, Michael Freeman, 영진닷컴, 2007.
- 사진조명 교과서 Light: Science and Magic, Fil Hunter · Steven Biver & Paul Fuqua · 김문호 역, 비즈앤비즈, 2009.
- 사진조명기법이 메이크업과 뷰티이미지 결정에 미치는 영향, 이선주, 한국디자인포럼 학회지, vol.42. p.37., 2014.
- The Professoinal Make-up Artist, Joe Blasco · Vincent J-R Kehoe, Walsworth, 2005.
- 영화 단적비연수 등장인물들의 분장디자인과정, 윤정민, 중앙대학교 예술대학원 공연영상학과 연극전공 석사논문, p.73., 2000.
- 얼굴 문화, 그 예술적 위장, 존리겟 · 이영식 역, pp.245-261., 1974.
- NCS 무대공연 메이크업, p.21.
- 기초 연극메이크업 실기, 윤예령, 일정기획, P.100., 2012.
- NCS 무대공연 메이크업, p.22.
- NCS 무대공연 메이크업, p.23
- 청년고용촉진 특별법 시행령, https://kess.kedi.re.kr/post/6665812?code=&words=&since=&until=&page=0&itemCode=05&menuId=m_02_05_03, 2016.
- Stage Makeup 9th Edition, Richard Corson · James Glavan, p.21., Allyn & Bacon, 2000.
- 얼굴 문화, 그 예술적 위장, 존리겟, 이영식 역, p.26., 1974.
- 질병, 네이버두산백과, https://terms.naver.com/entry.nhn?docId=1145084&cid=40942&categoryId=32316
- 의학드라마, 네이버, https://search.naver.com/search.naver?where=nexearch&sm=top_hty&fbm=1&ie=utf8&query=%EC%9D%98%ED%95%99%EB%93%9C%EB%9D%BC%EB%A7%88
- 판데믹, 네이버 두산백과, https://terms.naver.com/entry.nhn?docId=1346271&cid=40942&categoryId=32745
- 판데믹 영화에 나타난 질병분장 분석 및 작품제작 연구, 최란, 서경대학교 석사학위논문, 2015.
- 궤양, 네이버 지식백과, http://terms.naver.com/entry.nhn?docId=1601923&cid=50362&categoryId=50362
- 한센병, 네이버 지식백과, http://terms.naver.com/entry.nhn?docId=926579&cid=51007&categoryId=51007
- 흑사병,네이버 지식백과, http://terms.naver.com/entry.nhn?docId=926622&mobile&cid=51007&categoryId=51007
- 콜레라, 네이버 지식백과, http://terms.naver.com/entry.nhn?docId=926614&mobile&cid=51007&categoryId=51007
- 중독, 네이버 지식백과, https://terms.naver.com/entry.nhn?docId=927343&cid=51007&categoryId=51007
- 심장병, 차병원 건강칼럼, 차병원, 네이버 지식백과, https://terms.naver.com/entry.nhn?docId=2101668&cid=51003&categoryId=51024

- 수두, 네이버 지식백과, http://terms.naver.com/entry.nhn?docId=926600&mobile&cid=51007&categoryId=51007
- 멍, 네이버 지식백과, http://terms.naver.com/entry.nhn?docId=927502&cid=51007&categoryId=51007
- NCS 미디어 메이크업, p. 87.
- 흉터 scar, 서울대학교병원 의학정보, 서울대학교병원
- 자상 https://ko.dict.naver.com/detail.nhn?docid=31701900
- 열상 https://ko.dict.naver.com/detail.nhn?docid=27088200&directAnchor=s272434p399967d466694
- 화상 http://www.amc.seoul.kr/asan/healthinfo/disease/diseaseDetail.do?contentId=32321
- Burn, https://en.wikipedia.org/wiki/Burn
- 문신, 네이버지식백과, https://terms.naver.com/entry.nhn?docId=1095440&cid=40942&categoryId=31614
- 현대패션에 표현된 추(醜)의 타투 메이크업, 현명과 · 장애란, 한국디자인트렌드학회, 36(0). pp.105-116.
- 문신, 금지된 패션의 역사, Gilbert Steve · 이순호 역, 르네상스, 2004.
- **現代 메이크업에 나타난 文身 類型 研究**, 홍지현, 한성대학교 예술대학원 석사학위논문, 2003.
- 타투(Tatoo)와 문신(文身))의 인지도와 표현특성에 따른 패션이미지분석, 송남경 · 박숙현, 한국디자인문화학회지, 14(2), 249-261 p.260., 2008.
- 타투에 대한 의식변화 및 실태조사, 황보라, 서경대학교 미용예술대학원 석사학위논문, 2007.
- Word Origins: The Hidden Histories of English Words from A to Z, John Ayto, A&C Black, 2013.
- 여기저기서 좀비 좀비 대체 넌 정체가 뭐니?, 구본준, 한겨레
- 콜로디온, 다음 국어사전
- Special Makeup Effects for stage and screen (2nd ed.), Todd D. Burlington, Focal Press, 2013.

NCS 집필진

[개정판]

# MEDIA MAKEUP
# 미디어 메이크업

2018년 9월 14일 초판 발행
2022년 9월 20일 개정판 발행

저 자 윤예령 / 강지연 / 이선주 / 임희경 / 최정아

발행인 주 병 오 · 주 민 기

발행처 메디시언

주 소 경기도 파주시 회동길 209
파주출판문화도시

영업팀 (031)955-7566·7577
편집디자인팀 (031)955-7731
F A X (031)955-7730
홈페이지 www.ji-gu.co.kr
전자우편 jigupub@hanmail.net
등록번호 2005년 2월 16일 제 406-2005-000045호

ISBN 979-11-90839-67-9 값 25,000원



총판 ㈜지구문화
JIGU CULTURE Co.Ltd